B. Klotzek

Einführung in die Differentialgeometrie

Benno Klotzek

Einführung in die Differentialgeometrie

Mit 120 Abbildungen, 58 Aufgaben
und zahlreichen Beispielen

3., überarbeitete Auflage

Verlag Harri Deutsch

Nach dem Lehramtsstudium der Mathematik und Physik begann Prof. Dr. Benno Klotzek seine akademische Lehrtätigkeit, die ihn nach Promotion und Habilitation auf dem Gebiet der Spiegelungsgeometrie sowie mehreren Berufungen im In- und Ausland an die Universität Potsdam führte. Dort begründete er die sog. „Potsdamer Schule der Spiegelungsgeometrie".

Die Deutsche Bibliothek · CIP - Einheitsaufnahme

Klotzek, Benno:
Einführung in die Differentialgeometrie : mit 58 Aufgaben und zahlreichen Beispielen / Benno Klotzek. - 3., überarb. Aufl. - Thun ; Frankfurt am Main : Deutsch, 1997
ISBN 3-8171-1549-0

ISBN 3-8171-1549-0

3., überarbeitete Auflage 1997

Druck: Fuldaer Verlagsanstalt, Fulda
Printed in Germany

Vorwort zur 3. Auflage

Der vorliegende Band gliedert sich in die Kapitel *Kurventheorie, Einführung in die Krümmungstheorie einer Fläche, innere Geometrie einer Fläche* und *Einführung in die Riemannsche Geometrie.* Da in der Differentialgeometrie eine Synthese von Differential- und Integralrechnung einerseits und elementarer Geometrie andererseits zu beobachten ist, wurden in zwei vorbereitenden Abschnitten diesbezügliche Begriffe und Aussagen zusammengestellt; während das erste Kapitel im wesentlichen Schulkenntnisse voraussetzt, werden für die weiteren Kapitel auch Funktionen von mehreren Variablen einschließlich ihrer partiellen Ableitungen, des Satzes von SCHWARZ und ihrer Taylorentwicklung sowie Formeln unter Einschluß des Vektorproduktes, eine Übersicht über alle Kurven und Flächen zweiter Ordnung und die Lösbarkeitsaussagen bezüglich linearer Gleichungssysteme betrachtet.

Bei der Lösung theoretischer und praktischer Aufgaben der *Kurventheorie* stehen die Bogenlänge als natürlicher Parameter, begleitendes Dreibein und Frenetsche Formel als Hilfsmittel im Vordergrund. Den Hauptgegenstand bilden Krümmung und Windung, auch wenn der Fundamentalsatz erst an späterer Stelle ihre Bedeutung für eine Kurve abschließend klärt und die Verwendung der natürlichen Gleichungen einer Kurve begründet. Ausgewählte Beispiele illustrieren die Theorie.

Die *Einführung in die Krümmungstheorie einer Fläche* stützt sich wesentlich auf die Krümmungstheorie der Kurven und hat Normalkrümmung, Hauptkrümmungen, mittlere und Gaußsche Krümmung zum Inhalt. Dabei werden der Satz von EULER sowie die Ableitungsgleichungen von GAUSS und WEINGARTEN erarbeitet. Besondere Berücksichtigung erfahren Dreh-, Regel- und Minimalflächen.

Obwohl die Grundlagen der Längen-, Winkel- und Flächeninhaltsmessung bereits im zweiten Kapitel gelegt wurden, wird im dritten Kapitel die Geometrie der durch Messung *in* der Fläche allein bestimmbaren Größen entwickelt, die *innere Geometrie einer Fläche*. Die Behandlung der Abwickelbarkeit und (stetigen) Verbiegbarkeit einerseits und des Fundamentalsatzes der Flächentheorie andererseits vertiefen diesen Begriff, der auch noch das abschließende Kapitel vorbereitet. Insbesondere werden das *theorema egregium* und die Gleichungen von GAUSS bzw. MAINARDI und CODAZZI gewonnen, die geodätische Krümmung untersucht und das Verhältnis Geodätische/Kürzeste bzw. Geodätische/Autoparallele geklärt. Im Zusammenhang mit den Abbildungen einer Fläche auf eine andere werden erstens die Haupttypen und zweitens die für die Kartographie wichtigsten

Probleme der Abbildung der Kugel in die Ebene behandelt. Schließlich sei die Herleitung der Formeln von BERTRAND und PUISEUX bzw. DIGUET, die das *theorema egregium* nun anschaulich ergeben, erwähnt.

Das Kapitel *Einführung in die Riemannsche Geometrie* soll die grandiosen Ideen der berühmten Probevorlesung von BERNHARD RIEMANN aus dem Jahre 1854 erschließen. Für diejenigen Leser, die nicht über ausreichende Kenntnis der grundlegenden Begriffe und Aussagen der Topologie und Tensorrechnung verfügen, werden hinreichende Hilfen wie etwa der Begriff des Hausdorffschen Raumes motiviert und bereitgestellt. Dann ist es nicht mehr schwer, Karte, Atlas und differenzierbare Mannigfaltigkeit zu definieren. Neben dem Begriff des Riemannschen Raumes sind Krümmungstensor, Riemannsche Schnittkrümmung, Räume konstanter Krümmung und ein Ausblick auf allgemeinere Raumtypen, insbesondere auf Finslersche Räume, wesentliche Schwerpunkte des Kapitels.

Dagegen enthält diese *Einführung in die Differentialgeometrie* keine weiteren, etwa für ein Verständnis der Einsteinschen Speziellen und Allgemeinen Relativitätstheorie wünschenswerten Themen wie Minkowski-Räume, pseudo-Riemannsche Räume, Konfigurationsräume, Untermannigfaltigkeiten, Tangentialbündel und sein Dual, Vektorfelder, Lie-Ableitung, Lie-Algebra und Flüsse, Bewegungsgleichungen und Hamiltonsche Systeme. Sie hätten wohl den Rahmen einer *Einführung* gesprengt, die einerseits der Erweiterung der geometrischen Allgemeinbildung dienen und andererseits ein Hilfsmittel für die Anwendung der Differential- und Integralrechnung in der Praxis sein soll. Deshalb wurden die Grundzüge hinreichend streng dargestellt und außerdem zahlreiche Beispiele ausgeführt.

Ich habe in den früheren Auflagen so den Interessen von Schülern der Abiturklassen, Lehrern, Lehramtskandidaten, Studenten naturwissenschaftlicher und technischer Richtungen wie auch Naturwissenschaftlern und Technikern entsprochen und hoffe, auch künftig diesen Interessentenkreis zu erreichen.

Dem Verlag Harri Deutsch danke ich für die Weiterführung des Titels. Mein Dank gilt weiterhin J. EICHHORN, R. SULANKE und P. WINTGEN† für kollegiale Ratschläge sowie H. WENDLAND und B. WERNICKE für ihre freundliche Unterstützung beim Korrekturlesen zur 1. Auflage. Diese wäre wohl nicht zustande gekommen ohne die Aufmunterung von Frau ARNDT vom ehemaligen Deutschen Verlag der Wissenschaften Berlin; für ihre sachkundige und umsichtige redaktionelle Bearbeitung des Manuskriptes zur 1. Auflage danke ich ihr. Die günstige Kritik gestattete einen nahezu unveränderten Nachdruck, wobei alle bisher bemerkten Druckfehler beseitigt wurden.

Potsdam, im April 1997 B. Klotzek

Inhalt

0. Vorbereitung

0.1. Begriffe und Aussagen aus der Differential- und Integralrechnung

Funktionen $y = f(x)$ sind oft für alle reellen Zahlen x erklärt, häufig jedoch nur für ein Intervall. Beispielsweise ist für die elektrische Leistung

$$N = N(U, I) = U \cdot I$$

oder für die Länge eines geradlinigen Weges bei einer gleichmäßig beschleunigten Bewegung

$$s = s(b, t) = \frac{b}{2} t^2$$

in bezug auf physikalische Vorgänge auf der Erde von vornherein eine Einschränkung hinsichtlich der vorkommenden physikalischen Größen U und I bzw. b und t zu fixieren. Außerdem zeigen schon diese einfachen Beispiele, daß wir in den Anwendungen nicht nur Funktionen einer Variablen antreffen, sondern auch Funktionen von zwei und mehr Variablen. Sind nun beispielsweise für die Spannung U und die Stromstärke I je ein Intervall durch $U_1 \leqq U \leqq U_2$ und $I_1 \leqq I \leqq I_2$ vorgegeben, dann ist $N = N(U, I)$ auf einem Rechteck der U, I-Ebene definiert; die Funktion selbst kann bezüglich eines dreidimensionalen Koordinatensystems mit der U-, I- und N-Achse als eine Fläche dargestellt werden, indem über jedem Punkt des Rechtecks der entsprechende Funktionswert abgetragen wird.

Wir unterscheiden *offene* Intervalle $(a, b) := \{x: a < x < b\}$ und *abgeschlossene* Intervalle $[a, b] := \{x: a \leqq x \leqq b\}$; dabei wird im Fall des offenen Intervalls $a = -\infty$ und $b = +\infty$ zugelassen. Wir betrachten das Intervall $I = [-1, \pi]$. Darin gibt es ein *größtes* Element oder *Maximum* $\left(\max\limits_{x \in I} x = \pi\right)$ und ein *kleinstes* Element oder *Minimum* $\left(\min\limits_{x \in I} x = -1\right)$; es gilt $-1, \pi \in I$ und $I \leqq \pi$ bzw. $-1 \leqq I$. Diese Eigenschaften besitzt das offene Intervall $(-1, \pi)$ nicht; zwar gibt es Zahlen s mit $I \leqq s$, beispielsweise $s = 4, \pi^2$, *obere Schranken* von I, aber es gilt dabei stets $s \notin I$. Die Menge aller oberen Schranken von I hat ein kleinstes Element, nämlich π. Dieses Resultat ergibt sich aus einer allgemeinen Eigenschaft der reellen Zahlen: *Jede nicht leere, nach oben (unten) beschränkte Menge M reeller Zahlen besitzt eine kleinste obere (größte untere)*

Schranke, die obere (untere) Grenze, das *Supremum (Infimum)*

$$\sup M = \sup_{x \in M} x \left(\inf M = \inf_{x \in M} x \right)$$

Bei Funktionen $y = f(x)$ können verschiedene x-Werte dasselbe Bild besitzen; beispielsweise gilt bezüglich $y = x^2$, $x \in \mathbf{R}$, sowohl $2^2 = 4$ als auch $(-2)^2 = 4$. Gehören jedoch zu verschiedenen Argumenten x_1, x_2 auch stets verschiedene Funktionswerte $f(x_1)$, $f(x_2)$, dann kann eine *Umkehrfunktion* f^{-1} gebildet werden; aus $y = f(x)$, $x \in D$ (Definitionsbereich) und $f(D) = W$ (Werte- oder Bildbereich) folgt für diese Funktion

$$x = f^{-1}(y), \qquad y \in W.$$

Für die Umkehrbarkeit einer Funktion ist die *strenge Monotonie* hinreichend; dabei heißt $y = f(x)$, $x \in D$, in D genau dann *streng monoton wachsend*, wenn aus $x_1 < x_2$ stets $f(x_1) < f(x_2)$ folgt; entsprechend heißt $y = f(x)$, $x \in D$, in D genau dann *streng monoton fallend*, wenn $f(x_1) > f(x_2)$ für $x_1 < x_2$ gilt.

In Anwendungen benötigt man meist *stetige* Funktionen. Das Bild einer in einem Intervall stetigen Funktion einer Variablen kann gezeichnet werden, „ohne den Zeichenstift absetzen zu müssen". Dieser anschauliche Begriff kann wie folgt mathematisch exakt eingeführt werden. Zunächst nennen wir die Menge aller Punkte der Zahlengeraden, die von einem Punkt z einen Abstand kleiner als eine positive Zahl ϱ haben, eine *ϱ-Umgebung von z*, in Zeichen $U_\varrho(z)$. Eine Funktion $y = f(x)$, $x \in D$, heißt *an der Stelle $x \in D$ stetig* genau dann, wenn es zu jeder ε-Umgebung von $f(x)$ eine δ-Umgebung von x mit $f(U_\delta(x) \cap D) \subseteqq U_\varepsilon(f(x))$ gibt (Abb. 1). Gilt für eine Folge mit Gliedern $x_k \in D$, daß sie gegen x konvergiert, dann strebt die Folge der Funktionswerte gegen $f(x)$: $f(x_k) \to f(x)$. Eine Funktion f heißt genau dann *in $U \subseteqq D$ stetig*, wenn sie in jedem Punkt von U stetig ist. Sagt man gar, daß *f stetig* ist, dann ist f in jedem Punkt des Definitionsbereiches D stetig.

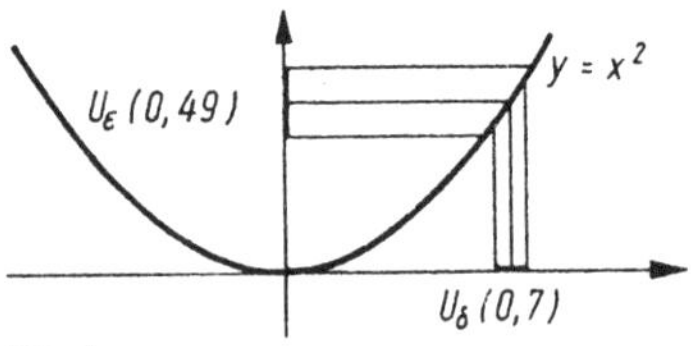

Abb. 1

Diese Definitionen werden gleichlautend für Funktionen mit mehreren Variablen ausgesprochen, wobei sich „Umgebung" nicht mehr auf die Zahlengerade, sondern auf den Raum der (unabhängigen) Variablen bezieht. In unserem Beispiel $N = N(U, I) = U \cdot I$ ist eine δ-Umgebung eine Kreisscheibe der U, I-Ebene.

Eine Funktion f, die in einem abgeschlossenen[1]) *Intervall I (oder beschränkten abgeschlossenen Gebiet*[2])) *stetig ist, nimmt dort ihr Maximum und ihr Minimum an*, d. h., daß für die Menge der Funktionswerte, für den Wertebereich $f(I)$, Maximum $\max_{x \in I} f(x)$ und Minimum $\min_{x \in I} f(x)$ existieren. *Darüber hinaus nimmt sie jeden Wert zwischen Maximum und Minimum an wenigstens einer Stelle von I an* (Zwischenwertsatz).

Eine Funktion $y = f(x)$ heißt an der Stelle x eines offenen Intervalls des Definitionsbereiches genau dann *differenzierbar*, wenn der Grenzwert

$$\lim_{h \to 0} \frac{f(x+h) - f(x)}{h}$$

existiert. Der Grenzwert wird mit $\frac{df(x)}{dx} = f'(x)$ bezeichnet und *Differentialquotient* oder *erste Ableitung an der Stelle x* genannt. *Aus der Existenz der ersten Ableitung an der Stelle x folgt die Stetigkeit der Funktion f an dieser Stelle.* Die Funktion f' ist an allen Stellen x definiert, in denen $y = f(x)$ differenzierbar ist. Die Funktion $y = f(x)$ heißt genau dann an der Stelle x *stetig differenzierbar*, wenn $y' = f'(x)$ dort stetig ist. Schließlich erhalten wir die $(n+1)$-*te Ableitung* an der Stelle x als Differentialquotient der n-ten Ableitung $f^{(n)}$ $(n = 1, 2, \ldots)$, seine Existenz vorausgesetzt.

Die Bilder zweier Funktionen $y = f(x)$ und $y = g(x)$ *berühren sich an der Stelle x von (wenigstens)* $(n+1)$-*ter Ordnung*, falls $(n+1)$-te Ableitungen in einer Umgebung U von x existieren und $f(x) = g(x), f'(x) = g'(x), \ldots, f^{(n+1)}(x) = g^{(n+1)}(x)$, $n \geq 0$, gilt. Je größer n ist, um so besser wird eine der Funktionen von der anderen in der Umgebung U von x angenähert. Beide werden gemäß der *Taylorentwicklung*[3]) von f an der Stelle $x + h$

$$f(x+h) = f(x) + \frac{f'(x)}{1!} h + \cdots + \frac{f^{(n)}(x)}{n!} h^n + R_n(x,h),$$

$$R_n(x,h) = \frac{f^{(n+1)}(x + \vartheta h)}{(n+1)!} h^{n+1} \qquad \text{(Restglied von Lagrange}^{4})), \quad 0 < \vartheta < 1^{5}),$$

---

[1]) Diese Voraussetzung ist unentbehrlich, denn die Funktion $y = \cot x$ ist im offenen Intervall $(0, \pi)$ stetig, sie besitzt dort aber weder ein Maximum noch ein Minimum.

[2]) Bei einem *Gebiet G* gehört mit einem Punkt auch eine Umgebung von ihm zu G, und je zwei Punkte von G können durch einen in G liegenden Streckenzug verbunden werden.

[3]) Brook Taylor (1685—1731).

[4]) Joseph Louis Lagrange (1736—1813).

[5]) Wegen dieser Bedingung kann $x + h$ Randpunkt von U sein, wenn f dort wenigstens noch stetig ist.

von einem Polynom n-ten Grades angenähert. Für $n = 0$ erhalten wir die charakteristische Beziehung des *Mittelwertsatzes der Differentialrechnung*

$$f'(x + \vartheta h) = \frac{f(x+h) - f(x)}{h};$$

die rechte Seite können wir als Anstieg einer Sekante deuten, die linke Seite als Anstieg der Tangente in einem Zwischenpunkt (Abb. 2a). Aus dem Mittelwertsatz erhalten wir noch folgende wichtige Aussage: *Wenn in einem offenen Intervall f' stets positiv (negativ) ist, dann ist f streng monoton wachsend (fallend), und die Umkehrfunktion f^{-1} besitzt dort die erste Ableitung*

$$\frac{dx}{dy} = f^{-1\prime}(y) = f^{-1\prime}(f(x)) = \frac{1}{f'(x)}$$

(vgl. Abb. 2a, b).

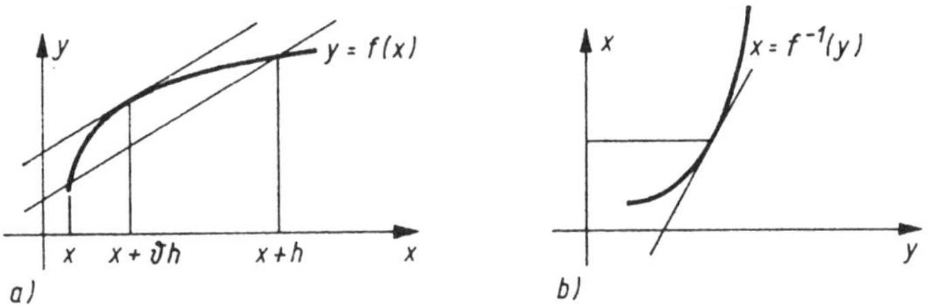

Abb. 2

Werden bei einer Funktion von mehreren Variablen bis auf x_i alle Variablen konstant gelassen, so erhält man eine Funktion einer Variablen, auf die sich die Begriffe der Differentialrechnung anwenden lassen. Die Differentialquotienten werden dabei *partielle Ableitungen* genannt und für $y = f(x_1, \ldots, x_n)$ mit

$$f_{x_i}(x_1, \ldots, x_n) = \frac{\partial f(x_1, \ldots, x_n)}{\partial x_i}$$

bezeichnet. Auch hier können höhere Ableitungen gebildet werden, wobei „gemischte" Formen, d. h. Ableitungen nach verschiedenen Variablen, auftreten können. Beispielsweise gilt bezüglich gleichmäßig beschleunigter Bewegungen (alle möglichen konstanten b berücksichtigend)

$$\frac{\partial s}{\partial t} = bt\,, \qquad \frac{\partial s}{\partial b} = \frac{1}{2} t^2\,,$$

$$\frac{\partial^2 s}{\partial t^2} = b\,, \qquad \frac{\partial^2 s}{\partial t\,\partial b} = t = \frac{\partial^2 s}{\partial b\,\partial t}\,, \qquad \frac{\partial^2 s}{\partial b^2} = 0\,.$$

Die Übereinstimmung von zweiten Ableitungen drückt die Möglichkeit der Vertauschung der Differentiationsreihenfolge aus. Die genauen Bedingungen dafür enthält der folgende Satz, der von H. A. SCHWARZ (1843—1921) bewiesen wurde: *Sind in einem Gebiet* $f, f_{x_i}, f_{x_j}, f_{x_i x_j}$ *stetige Funktionen, dann existiert außerdem* $f_{x_j x_i}$ *in G, wobei* $f_{x_i x_j} = f_{x_j x_i}$ *gilt.*

Auch die Taylorsche Formel besitzt eine Form für Funktionen von mehreren Variablen. Wenn wir die Existenz und Stetigkeit der vorkommenden Funktionen in einer Kreisscheibe voraussetzen, dann hat der Formelanfang speziell für Funktionen zweier Variablen die Gestalt

$$\begin{aligned} &f(x + h_1, y + h_2) \\ &= f(x, y) + \frac{h_1}{1!} f_x(x, y) + \frac{h_2}{1!} f_y(x, y) + \frac{h_1^2}{2!} f_{xx}(x, y) + \frac{2h_1 h_2}{2!} f_{xy}(x, y) \\ &\quad + \frac{h_2^2}{2!} f_{yy}(x, y) + \cdots\,. \end{aligned}$$

Falls wir den Prozeß des Übergangs von einer Funktion $y = f(x)$ zu ihrer ersten Ableitung umkehren wollen, stellen wir die Frage, ob es eine Funktion $y = F(x)$ mit $F'(x) = f(x)$ gibt; $y = F(x)$ heißt eine *Stammfunktion* von $y = f(x)$. Von großer Bedeutung ist die Tatsache, daß *sich alle Stammfunktionen einer gegebenen Funktion* $f(x)$ *nur um eine additive Konstante unterscheiden.* Zum Begriff der Stammfunktion kann man auch über die Flächeninhaltsbestimmung gelangen: Der Inhalt

$$\int_a^b f(x)\,dx$$

der in Abb. 3 schraffierten Fläche, wobei unterhalb der x-Achse gelegene Teile als negativ angesehen werden, heißt *bestimmtes (Riemannsches*[1]*)) Integral; es existiert*, *wenn* $y = f(x)$ *stetig ist. Das bestimmte Integral*

$$F(x) = \int_a^x f(t)\,dt$$

---

[1]) BERNHARD RIEMANN (1826—1866).

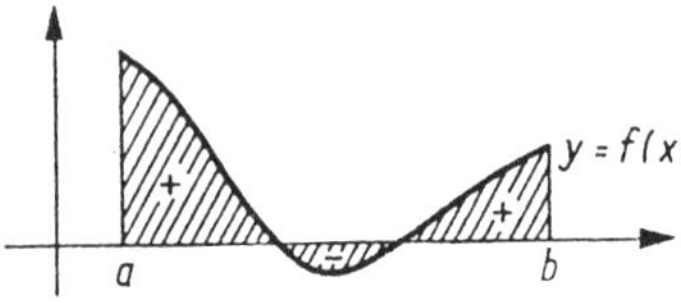

Abb. 3

als Funktion der oberen Grenze ist eine Stammfunktion von $y = f(x)$. *Folglich gilt für eine beliebige Stammfunktion* F *einer auf dem Intervall* $[a, b]$ *stetigen Funktion* f

$$F(x)|_a^b := F(b) - F(a) = \int_a^b f(x)\,dx .$$

Somit erweist sich für die meisten Anwendungen die Kenntnis der ersten Ableitung von elementaren Funktionen als unentbehrliches Hilfsmittel; u. a. wird die Beherrschung der Formeln

$$\frac{d(ax^p)}{dx} = apx^{p-1}\ ^{1)},$$

$$\frac{de^x}{dx} = e^x, \quad \frac{d\ln x}{dx} = \frac{1}{x}, \quad \frac{d\sin x}{dx} = \cos x, \quad \frac{d\cos x}{dx} = -\sin x,$$

$$\frac{d\arcsin x}{dx} = \frac{1}{\sqrt{1-x^2}}, \quad \frac{d\arctan x}{dx} = \frac{1}{1+x^2},$$

$$\frac{d\arccos x}{dx} = -\frac{1}{\sqrt{1-x^2}}, \quad \frac{d\operatorname{arccot} x}{dx} = -\frac{1}{1+x^2}$$

erwartet. Gute Dienste leisten auch die allgemeineren Regeln

$$(u+v)' = u' + v', \quad (u \cdot v)' = u'v + uv', \quad \left(\frac{u}{v}\right)' = \frac{u'v - uv'}{v^2}.$$

Die Ableitung einer mittelbaren Funktion $y = f(x(t))$ führt zur *Kettenregel*

$$\frac{dy}{dt} = \frac{dy}{dx} \cdot \frac{dx}{dt}.$$

---

[1]) Für eine natürliche Zahl p darf x eine beliebige reelle Zahl sein; für beliebige ganze Zahlen p muß $x = 0$ ausgeschlossen werden. Für reelle Zahlen p ist $x > 0$ vorauszusetzen.

Als Folgerung aus dieser Regel bzw. der Regel für ein Produkt uv erhält man

$$\int f(x)\,dx = \int f(x) \cdot \frac{dx}{dt}\,dt \qquad \text{(Substitutionsregel)}$$

bzw.

$$\int uv'\,dx = uv - \int u'v\,dx \qquad \text{(partielle Integration)}\,.$$

Die Kenntnis obiger Formeln gestattet uns beispielsweise, aus der Gleichung $y' = e^x$ auf $y = e^x + c$ zu schließen. Die Angabe einer Stammfunktion ist die Lösung einer *Differentialgleichung erster Ordnung*

$$g(x, y, y') = 0$$

für eine gesuchte Funktion $y = f(x)$; eine Differentialgleichung zweiter Ordnung hätte das Aussehen $g(x, y, y', y'') = 0$. Eine *lineare* Differentialgleichung erster Ordnung besitzt die Gestalt

$$y' + a(x)\,y + b(x) = 0\,.$$

Mitunter werden gleichzeitig n Funktionen $y_1 = f_1(x), \ldots, y_n = f_n(x)$ gesucht, die Lösungen eines linearen Differentialgleichungssystems

$$\left.\begin{array}{l} y_1' = a_{11}(x)\,y_1 + \cdots + a_{1n}(x)\,y_n + b_1(x)\,, \\ \cdots\cdots\cdots\cdots\cdots\cdots\cdots\cdots\cdots\cdots \\ y_n' = a_{n1}(x)\,y_1 + \cdots + a_{nn}(x)\,y_n + b_n(x) \end{array}\right\} \qquad (*)$$

sind. Hierfür gibt es folgenden Existenz- und Eindeutigkeitssatz: *Sind die Funktionen $a_{ij} = a_{ij}(x)$, $b_h = b_h(x)$ im Intervall (a, b) stetig, dann gibt es zu gegebenen Zahlen $x_0 \in (a, b)$ und $\eta_1, \ldots, \eta_n$ genau eine Lösung $y_1 = f_1(x), \ldots, y_n = f_n(x)$ mit dem Definitionsbereich (a, b), für die $f_1(x_0) = \eta_1, \ldots, f_n(x_0) = \eta_n$ und (*) gilt.*

Neben den bisher betrachteten *gewöhnlichen* Differentialgleichungen gibt es *partielle* Differentialgleichungen; sie enthalten partielle Ableitungen von gesuchten Funktionen mehrerer Variablen. Bezüglich aller weitergehenden Fragen, speziell nach weiteren Existenz- und Eindeutigkeitssätzen sowie nach Lösungsmethoden verweisen wir auf Bücher zur Theorie der Differentialgleichungen, etwa auf [10].

0.2. Begriffe und Aussagen aus der linearen Algebra und analytischen Geometrie

Vektoren des Raumes werden wir stets durch gerichtete Strecken veranschaulichen, wobei parallelgleiche gerichtete Strecken zu ein und demselben Vektor gehören (Abb. 4). Andererseits kann jeder Vektor durch eine gerichtete

Strecke mit einem f e s t e n A n f a n g s p u n k t dargestellt werden; Scharen von solch gerichteten Strecken, von *Ortsvektoren*, eignen sich gut zur Beschreibung von Kurven (Abb. 5).

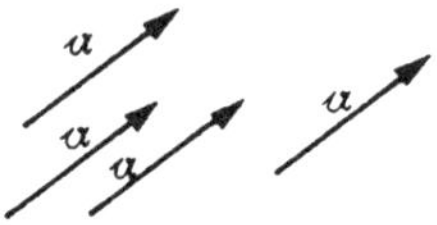

Abb. 4

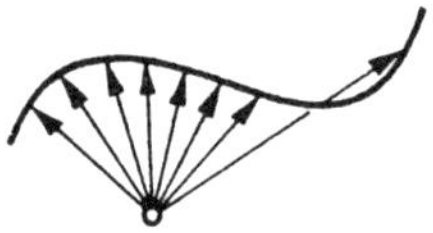

Abb. 5

Bei der Anwendung von Vektoren wird häufig mit ihnen gerechnet. Hinsichtlich ihrer *Addition* sind Assoziativität und Kommutativität

$$(\mathfrak{a} + \mathfrak{b}) + \mathfrak{c} = \mathfrak{a} + (\mathfrak{b} + \mathfrak{c}) \,,$$
$$\mathfrak{a} + \mathfrak{b} = \mathfrak{b} + \mathfrak{a}$$

sowie ihre eindeutige Umkehrbarkeit

zu gegebenen Vektoren $\mathfrak{a}$, $\mathfrak{b}$ gibt es genau einen Vektor $\mathfrak{x}$ mit $\mathfrak{a} + \mathfrak{x} = \mathfrak{b}$

besonders wichtig. Hieraus erhält man unter anderem die Existenz und Eindeutigkeit des Nullvektors $\mathfrak{o}$ mit

$$\mathfrak{a} + \mathfrak{o} = \mathfrak{a}$$

für alle Vektoren $\mathfrak{a}$ und des Entgegengesetzten $-\mathfrak{a}$ für jeden Vektor $\mathfrak{a}$

$$-\mathfrak{a} + \mathfrak{a} = \mathfrak{o} \,.$$

Daneben gibt es die *Vervielfachung mit reellen Zahlen.* Veranschaulichen wir die Vektoren $\mathfrak{a}$ und $x\mathfrak{a}$ durch gerichtete Strecken mit dem gemeinsamen Anfangspunkt O, dann liegen ihre Endpunkte mit O auf einer Geraden (Abb. 6). Für beliebige Vektoren $\mathfrak{a}$, $\mathfrak{b}$ und reelle Zahlen x, y gilt

$$1 \cdot \mathfrak{a} = \mathfrak{a} \,,$$
$$(xy)\,\mathfrak{a} = x(y\mathfrak{a}) \,,$$
$$(x + y)\,\mathfrak{a} = x\mathfrak{a} + y\mathfrak{a} \,,$$
$$x(\mathfrak{a} + \mathfrak{b}) = x\mathfrak{a} + x\mathfrak{b} \,.$$

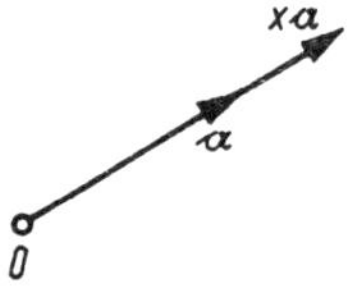

Abb. 6

Somit besteht $x\mathfrak{a} = \mathfrak{o}$ genau dann, wenn $x = 0$ oder $\mathfrak{a} = \mathfrak{o}$ ist. Wegen $(-1)\,\mathfrak{a} = -\mathfrak{a}$ gilt außerdem

$$(-x)\,\mathfrak{a} = x(-\mathfrak{a}) = -(x\mathfrak{a}) .$$

Folglich ergibt $x\mathfrak{a} = y\mathfrak{a}$ für $\mathfrak{a} \neq \mathfrak{o}$ stets $x = y$. Allgemeiner gilt: *Sind* $\mathfrak{a}$, $\mathfrak{b}$, $\mathfrak{c}$ *nichtkomplanare Vektoren, dann gibt es zu jedem Vektor* $\mathfrak{v}$ *reelle Zahlen* x, y, z *mit*

$$\mathfrak{v} = x\mathfrak{a} + y\mathfrak{b} + z\mathfrak{c}$$

($\mathfrak{v}$ als Linearkombination von $\mathfrak{a}$, $\mathfrak{b}$, $\mathfrak{c}$), *und aus* $\mathfrak{v} = x'\mathfrak{a} + y'\mathfrak{b} + z'\mathfrak{c}$ *folgt* $x' = x$, $y' = y$, $z' = z$ (Koeffizientenvergleich). Deshalb wird das Tripel $(\mathfrak{a}, \mathfrak{b}, \mathfrak{c})$ eine *Basis* genannt. Andererseits folgt aus $x\mathfrak{a} + y\mathfrak{b} + z\mathfrak{c} = x'\mathfrak{a} + y'\mathfrak{b} + z'\mathfrak{c}$

$$(x - x')\,\mathfrak{a} + (y - y')\,\mathfrak{b} + (z - z')\,\mathfrak{c} = \mathfrak{o} .$$

Der obige *Satz vom Koeffizientenvergleich* ist somit gleichwertig mit der eindeutigen Linearkombination des Nullvektors mit Nullen

$$\bar{x}\mathfrak{a} + \bar{y}\mathfrak{b} + \bar{z}\mathfrak{c} = \mathfrak{o} \Rightarrow \bar{x} = \bar{y} = \bar{z} = 0 ,$$

die die *lineare Unabhängigkeit* der Vektoren $\mathfrak{a}$, $\mathfrak{b}$, $\mathfrak{c}$ ausdrückt.

Offenbar gibt es verschiedene Basen des Raumes. Sind $(\mathfrak{a}_1, \mathfrak{a}_2, \mathfrak{a}_3)$ und $(\mathfrak{a}_1', \mathfrak{a}_2', \mathfrak{a}_3')$ zwei Basen des Raumes, dann möchte man mitunter die Koordinaten x_1', x_2', x_3' eines beliebigen Vektors $\mathfrak{v}$ bezüglich der Basis $(\mathfrak{a}_1', \mathfrak{a}_2', \mathfrak{a}_3')$ aus den Koordinaten x_1, x_2, x_3 des Vektors $\mathfrak{v}$ bezüglich der Basis $(\mathfrak{a}_1, \mathfrak{a}_2, \mathfrak{a}_3)$ berechnen. Das gelingt, wenn man die Vektoren $\mathfrak{a}_i$ als Linearkombinationen der Vektoren $\mathfrak{a}_k'$ kennt: Aus $\mathfrak{a}_i = \sum\limits_k a_{ik}\mathfrak{a}_k'$ und $x_1\mathfrak{a}_1 + x_2\mathfrak{a}_2 + x_3\mathfrak{a}_3 = \mathfrak{v} = x_1'\mathfrak{a}_1' + x_2'\mathfrak{a}_2' + x_3'\mathfrak{a}_3'$ folgt nach dem Einsetzen und dem Koeffizientenvergleich

$$\begin{aligned} x_1' &= x_1a_{11} + x_2a_{21} + x_3a_{31} , \\ x_2' &= x_1a_{12} + x_2a_{22} + x_3a_{32} , \\ x_3' &= x_1a_{13} + x_2a_{23} + x_3a_{33} \end{aligned}$$

oder — in Matrizenschreibweise —

$$(x_1', x_2', x_3') = (x_1, x_2, x_3)\,(a_{ik}) ;$$

dabei ist die Determinante der Koeffizientenmatrix (a_{ik}) von Null verschieden: $|a_{ik}| \neq 0$.

Wir erinnern daran, daß verkettete Matrizen (a_{ik}) und (b_{ik}) (Anzahl der Spalten der ersten Matrix gleich Anzahl der Zeilen der zweiten) als Produkt eine Matrix (c_{ik}) besitzen, wobei c_{ik} Produkt aus dem i-ten Zeilenvektor von (a_{ik}) und dem k-ten Spaltenvektor von (b_{ik}) ist:

$$c_{ik} = \sum_r a_{ir} b_{rk} .$$

Die Matrizenmultiplikation ist assoziativ. — Beispielsweise gilt

$$\begin{pmatrix} 2 & -1 \\ 3 & 1 \end{pmatrix} \begin{pmatrix} 1 & 5 \\ 4 & 6 \end{pmatrix} = \begin{pmatrix} 2 \cdot 1 + (-1)4 & 2 \cdot 5 + (-1)6 \\ 3 \cdot 1 + 1 \cdot 4 & 3 \cdot 5 + 1 \cdot 6 \end{pmatrix} = \begin{pmatrix} -2 & 4 \\ 7 & 21 \end{pmatrix} .$$

Offenbar ist

$$\begin{vmatrix} 2 & -1 \\ 3 & 1 \end{vmatrix} \cdot \begin{vmatrix} 1 & 5 \\ 4 & 6 \end{vmatrix} = [2 \cdot 1 - 3(-1)] \cdot [1 \cdot 6 - 4 \cdot 5] = 5 \cdot (-14) = -70 ,$$

$$\begin{vmatrix} -2 & 4 \\ 7 & 21 \end{vmatrix} = (-2)\, 21 - 7 \cdot 4 = -70 .$$

Für die Determinanten verketteter quadratischer Matrizen gilt allgemein folgender *Multiplikationssatz*

$$|a_{ik}|\, |b_{ik}| = |(a_{ir})\,(b_{rk})| .$$

Die Berechnung einer Determinante kann stets durch Entwicklung nach einer Zeile oder Spalte erfolgen; z. B. gilt

$$\begin{vmatrix} 2 & 3 & 9 \\ -1 & 8 & -5 \\ 0 & -4 & 6 \end{vmatrix} = 2 \begin{vmatrix} 8 & -5 \\ -4 & 6 \end{vmatrix} - (-1) \begin{vmatrix} 3 & 9 \\ -4 & 6 \end{vmatrix} + 0 \cdot \begin{vmatrix} 3 & 9 \\ 8 & -5 \end{vmatrix} .$$

Bekanntlich lassen sich Matrizen mit reellen Zahlen vervielfachen und — gleicher Typ vorausgesetzt — addieren, was am Beispiel erläutert sei:

$$2 \begin{pmatrix} 2 & -1 & 5 \\ 3 & 4 & 1 \end{pmatrix} = \begin{pmatrix} 2 \cdot 2 & 2(-1) & 2 \cdot 5 \\ 2 \cdot 3 & 2 \cdot 4 & 2 \cdot 1 \end{pmatrix} = \begin{pmatrix} 4 & -2 & 10 \\ 6 & 8 & 2 \end{pmatrix} ,$$

$$\begin{pmatrix} 2 & -1 & 5 \\ 3 & 4 & 1 \end{pmatrix} + \begin{pmatrix} 1 & 5 & 2 \\ -2 & 1 & -9 \end{pmatrix} = \begin{pmatrix} 2 + 1 & -1 + 5 & 5 + 2 \\ 3 + (-2) & 4 + 1 & 1 - 9 \end{pmatrix}$$

$$= \begin{pmatrix} 3 & 4 & 7 \\ 1 & 5 & -8 \end{pmatrix} .$$

Hinsichtlich der Addition und Vervielfachung gelten die gleichen Regeln wie für Vektoren. Im Zusammenhang mit der Matrizenmultiplikation besteht Distributivität: $(\boldsymbol{A} + \boldsymbol{B})\boldsymbol{C} = \boldsymbol{AC} + \boldsymbol{BC}$ und $\boldsymbol{A}(\boldsymbol{B} + \boldsymbol{C}) = \boldsymbol{AB} + \boldsymbol{AC}$; es müssen beide Gleichungen angegeben werden, da die Matrizenmultiplikation nicht kommutativ ist.

Durch „Spiegelung an der Hauptdiagonale" ergibt sich die Transponierte (a^*_{ik}) einer Matrix (a_{ik}); es gilt $a^*_{ik} = a_{ki}$. Mit der Bezeichnung $(a_{ik})^{\mathrm{T}} := (a^*_{ik})$ haben wir

$$(\boldsymbol{A} + \boldsymbol{B})^{\mathrm{T}} = \boldsymbol{A}^{\mathrm{T}} + \boldsymbol{B}^{\mathrm{T}}, \qquad (x\boldsymbol{A})^{\mathrm{T}} = x\boldsymbol{A}^{\mathrm{T}}, \qquad (\boldsymbol{AB})^{\mathrm{T}} = \boldsymbol{B}^{\mathrm{T}}\boldsymbol{A}^{\mathrm{T}},$$
$$|\boldsymbol{A}^{\mathrm{T}}| = |\boldsymbol{A}|.$$

Jeder Vektor $\mathfrak{a}$, der durch die gerichtete Strecke $\overrightarrow{PQ}$ veranschaulicht wird, besitzt als seinen *Betrag* $|\mathfrak{a}|$ die Maßzahl des Abstands von P und Q bezüglich einer Längeneinheit. Der Vektor $\mathfrak{e}$ heißt *Einheitsvektor* genau dann, wenn $|\mathfrak{e}| = 1$ ist. Allgemein gilt

$$|x\mathfrak{a}| = |x|\,|\mathfrak{a}|.$$

Im Fall $\mathfrak{a} \neq \mathfrak{o}$ ist

$$\mathfrak{a}^0 := \frac{\mathfrak{a}}{|\mathfrak{a}|}$$

ein Einheitsvektor.

Für Vektoren lassen sich die Relationen $\parallel$ und $\perp$ über die entsprechenden Relationen für gerichtete Strecken einführen; der Nullvektor sei zu allen Vektoren parallel und senkrecht. Jeder Vektor $\mathfrak{v}$ kann bezüglich eines Vektors $\mathfrak{a} \neq \mathfrak{o}$ in eine *Parallelkomponente* $\mathfrak{v}_{\mathfrak{a}}$ und eine *Normalkomponente* $\mathfrak{v}_{\mathfrak{a}}^{\perp}$ zerlegt werden; dabei gilt (Abb. 7)

$$\mathfrak{v}_{\mathfrak{a}} \parallel \mathfrak{a}, \qquad \mathfrak{v}_{\mathfrak{a}}^{\perp} \perp \mathfrak{a}, \qquad \mathfrak{v} = \mathfrak{v}_{\mathfrak{a}} + \mathfrak{v}_{\mathfrak{a}}^{\perp}.$$

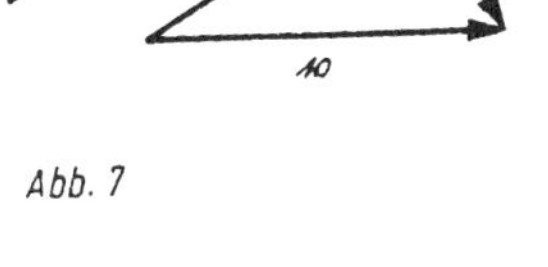

Abb. 7

Unter dem *Skalarprodukt* $\mathfrak{ab}$ zweier Vektoren $\mathfrak{a}$, $\mathfrak{b}$ versteht man die Zahl

$$\mathfrak{ab} := \begin{cases} 0 & \text{für} \quad \mathfrak{a} = \mathfrak{o} \quad \text{oder} \quad \mathfrak{b} = \mathfrak{o}, \\ |\mathfrak{a}|\,|\mathfrak{b}| \cos \sphericalangle(\mathfrak{a}, \mathfrak{b}) & \text{sonst}. \end{cases}$$

Aus dieser Definition liest man ab: *Es gilt* $\mathfrak{a}\mathfrak{b} = 0$ *genau dann, wenn* $\mathfrak{a} \perp \mathfrak{b}$ *ist*. Die grundlegenden Eigenschaften des Skalarproduktes sind

$$\mathfrak{a}\mathfrak{a} > 0 \quad \text{für} \quad \mathfrak{a} \neq \mathfrak{o}\,,$$
$$\mathfrak{a}\mathfrak{b} = \mathfrak{b}\mathfrak{a}\,,$$
$$t(\mathfrak{a}\mathfrak{b}) = (t\mathfrak{a})\,\mathfrak{b}\,,$$
$$(\mathfrak{a} + \mathfrak{b})\,\mathfrak{c} = \mathfrak{a}\mathfrak{c} + \mathfrak{b}\mathfrak{c}$$

für alle Vektoren $\mathfrak{a}, \mathfrak{b}, \mathfrak{c}$ und reelle Zahlen t. Wegen $\mathfrak{a}\mathfrak{a} = |\mathfrak{a}|\,|\mathfrak{a}| \geqq 0$ gilt

$$|\mathfrak{a}| = \sqrt{\mathfrak{a}\mathfrak{a}}\,.$$

Diese Formel wird häufig angewandt. Für die Berechnung des Skalarproduktes erhalten wir aus seinen obigen Eigenschaften: *Sind* $\mathfrak{i}, \mathfrak{j}, \mathfrak{k}$ *paarweise senkrechte Einheitsvektoren (orthonormierte Basis) und ist* $\mathfrak{u} = x\mathfrak{i} + y\mathfrak{j} + z\mathfrak{k}$, $\mathfrak{v} = \tilde{x}\mathfrak{i} + \tilde{y}\mathfrak{j} + \tilde{z}\mathfrak{k}$, *dann gilt*

$$\mathfrak{u}\mathfrak{v} = x\tilde{x} + y\tilde{y} + z\tilde{z}\,.$$

Das Tripel $(\mathfrak{i}, \mathfrak{j}, \mathfrak{k})$ wird im folgenden als (*orientierendes*) *Dreibein* vorausgesetzt, d. h., daß $(\mathfrak{i}, \mathfrak{j}, \mathfrak{k})$ nicht nur ein System paarweise senkrechter Einheitsvektoren darstellt, sondern auch ein *Rechtssystem*; bei der Drehung von $\mathfrak{i}$ in $\mathfrak{j}$ um 90° soll $\mathfrak{k}$ in Fortbewegungsrichtung einer Rechtsschraube zeigen.

Das *Vektorprodukt* oder (*vektorielle*) *Kreuzprodukt* der Vektoren $\mathfrak{a}$ und $\mathfrak{b}$ ist ein Vektor mit folgenden Eigenschaften:

$$|\mathfrak{a} \times \mathfrak{b}| = |\mathfrak{a}|\,|\mathfrak{b}| \sin \sphericalangle (\mathfrak{a}, \mathfrak{b})\,,$$
$$\mathfrak{a} \times \mathfrak{b} \perp \mathfrak{a}, \mathfrak{b}\,,$$

und im Fall $|\mathfrak{a} \times \mathfrak{b}| \neq 0$ ist $\mathfrak{a}, \mathfrak{b}, \mathfrak{a} \times \mathfrak{b}$ ein Rechtssystem.

Hieraus erhalten wir $\mathfrak{a} \times \mathfrak{b} = \mathfrak{o}$ genau dann, wenn $\mathfrak{a} \parallel \mathfrak{b}$ ist. Außerdem ist $\mathfrak{i} \times \mathfrak{j} = \mathfrak{k}$, $\mathfrak{j} \times \mathfrak{k} = \mathfrak{i}$, $\mathfrak{k} \times \mathfrak{i} = \mathfrak{j}$, aber $\mathfrak{j} \times \mathfrak{i} = -\mathfrak{k}$ usw. Sind x, y, z bzw. $\tilde{x}, \tilde{y}, \tilde{z}$ die Koordinaten von $\mathfrak{a}$ bzw. $\mathfrak{b}$ bezüglich der Basis $(\mathfrak{i}, \mathfrak{j}, \mathfrak{k})$, dann gilt

$$\mathfrak{a} \times \mathfrak{b} = \begin{vmatrix} \mathfrak{i} & \mathfrak{j} & \mathfrak{k} \\ x & y & z \\ \tilde{x} & \tilde{y} & \tilde{z} \end{vmatrix}.$$

Die wichtigsten Rechenregeln sind

$$\mathfrak{a} \times \mathfrak{b} = -\mathfrak{b} \times \mathfrak{a}\,,$$
$$x(\mathfrak{a} \times \mathfrak{b}) = (x\mathfrak{a}) \times \mathfrak{b}\,,$$
$$\mathfrak{a} \times (\mathfrak{b} + \mathfrak{c}) = \mathfrak{a} \times \mathfrak{b} + \mathfrak{a} \times \mathfrak{c}\,.$$

Offenbar ist $|\mathfrak{a} \times \mathfrak{b}|$ Maßzahl des Flächeninhalts des von $\mathfrak{a}$, $\mathfrak{b}$ aufgespannten Parallelogramms (Abb. 8a).

Spannen $\mathfrak{a}$, $\mathfrak{b}$, $\mathfrak{c}$ einen Spat auf (Abb. 8b), dann ist $(\mathfrak{a} \times \mathfrak{b})\,\mathfrak{c}$ wegen $(\mathfrak{a} \times \mathfrak{b})\,\mathfrak{c} = (\mathfrak{a} \times \mathfrak{b})\,\mathfrak{c}_{\mathfrak{a}\times\mathfrak{b}}$ bis aufs Vorzeichen gleich der Maßzahl des Spatvolumens. Deshalb wird für beliebige Vektoren $\mathfrak{a}$, $\mathfrak{b}$, $\mathfrak{c}$

$$\mathfrak{a}\mathfrak{b}\mathfrak{c} := (\mathfrak{a} \times \mathfrak{b})\,\mathfrak{c}$$

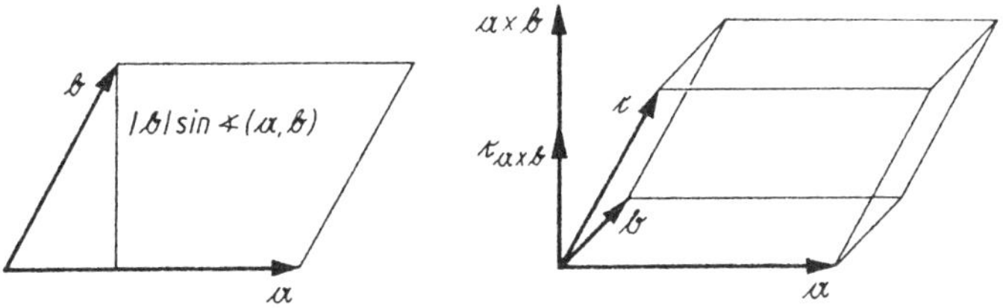

a) b)

Abb. 8

Spatprodukt genannt. Es gilt

$$\mathfrak{a}\mathfrak{b}\mathfrak{c} = D(\mathfrak{a}, \mathfrak{b}, \mathfrak{c}) := \begin{vmatrix} a_1 & b_1 & c_1 \\ a_2 & b_2 & c_2 \\ a_3 & b_3 & c_3 \end{vmatrix},$$

wobei die Spaltenvektoren die Koordinaten von $\mathfrak{a}$, $\mathfrak{b}$ und $\mathfrak{c}$ enthalten. *Die Vektoren $\mathfrak{a}$, $\mathfrak{b}$, $\mathfrak{c}$ sind genau dann komplanar (linear abhängig), wenn $\mathfrak{a}\mathfrak{b}\mathfrak{c} = 0$ ist.* Außerdem gilt

$$(\mathfrak{a} \times \mathfrak{b})\,\mathfrak{c} = \mathfrak{a}(\mathfrak{b} \times \mathfrak{c})\,.$$

Der Vektor $(\mathfrak{a} \times \mathfrak{b}) \times \mathfrak{c}$ steht auf $\mathfrak{a} \times \mathfrak{b}$ senkrecht und ist folglich eine Linearkombination von $\mathfrak{a}$ und $\mathfrak{b}$; nach dem *Entwicklungssatz* sind die Koeffizienten Skalarprodukte:

$$(\mathfrak{a} \times \mathfrak{b}) \times \mathfrak{c} = -\mathfrak{a}(\mathfrak{b}\mathfrak{c}) + \mathfrak{b}(\mathfrak{c}\mathfrak{a})\,.$$

Jeder Vektor $\mathfrak{a}$ des Raumes kann als Verschiebung gedeutet werden; das Bild P' eines Punktes P geben wir folgendermaßen an:

$$P' = P + \mathfrak{a}\,.$$

Diese Schreibweise ist vor allem deshalb zweckmäßig, weil entsprechende Koordinaten addiert werden. Gilt beispielsweise $P = (3, -2, 5)$ und $\mathfrak{a} = (2, 1, -4)$, dann ist $P' = P + \mathfrak{a} = (3 + 2, -2 + 1, 5 - 4) = (5, -1, 1)$. Umgekehrt ist

$\mathfrak{a} = (5 - 3, -1 - (-2), 1 - 5)$, so daß wir gelegentlich den durch $\overrightarrow{PP'}$ bestimmten Vektor $\mathfrak{v}(PP')$ mit $P' - P$ oder $\mathfrak{r}' - \mathfrak{r}$ ($\mathfrak{r}'$, $\mathfrak{r}$ Ortsvektoren von P' bzw. P) bezeichnen. Außerdem gilt stets

$$(P + \mathfrak{a}) + \mathfrak{b} = P + (\mathfrak{a} + \mathfrak{b}) .$$

Eine *Gerade* durch P mit dem *Richtungsvektor* $\mathfrak{a}$ besitzt die *Parametergleichung*

$$X = P + t\mathfrak{a}, \quad t \in \mathbf{R} .$$

Die *von* $\mathfrak{a}$, $\mathfrak{b}$ ($\nparallel \mathfrak{a}$) *aufgespannte Ebene* ε durch P wird mittels

$$X = P + u\mathfrak{a} + v\mathfrak{b} , \quad u, v \in \mathbf{R} ,$$

beschrieben. Ohne Parameter kann die Ebene ε mit Hilfe eines zu ihr senkrechten Vektors $\mathfrak{s}$ durch

$$(X - P)\,\mathfrak{s} = (\mathfrak{x} - \mathfrak{p})\,\mathfrak{s} = 0$$

charakterisiert werden; dabei wird $\mathfrak{s}$ ein *Stellungsvektor* von ε genannt, im Fall $|\mathfrak{s}| = 1$ auch *Normalvektor* von ε.

Sollen z. B. die gemeinsamen Punkte der Geraden

$$(x, y, z) = (1, 0, 2) + t(1, 1, 1)$$

und der Ebene durch die Punkte $A = (2, 1, 0)$, $B = (-1, 1, 4)$, $C = (0, 2, 3)$ ermittelt werden, dann können wir eine Parametergleichung für ε_{ABC} mit Hilfe von $B - A$ und $C - A$ aufstellen:

$$(x, y, z) = (2, 1, 0) + u(-3, 0, 4) + v(-2, 1, 3) ,$$

gleichsetzen:

$$\begin{pmatrix}1\\0\\2\end{pmatrix} + t\begin{pmatrix}1\\1\\1\end{pmatrix} = \begin{pmatrix}2\\1\\0\end{pmatrix} + u\begin{pmatrix}-3\\0\\4\end{pmatrix} + v\begin{pmatrix}-2\\1\\3\end{pmatrix}$$

und durch Koeffizientenvergleich das lineare Gleichungssystem

$$\begin{aligned} t + 3u + 2v &= 1 ,\\ t \qquad\quad - v &= 1 ,\\ t - 4u - 3v &= -2 \end{aligned}$$

erhalten. Mit Hilfe des Kreuzproduktes ließe sich aber auch eine parameterfreie Gleichung erhalten:

$$[(x, y, z) - (2, 1, 0)]\,(-4, 1, -3) = 0 ;$$

Einsetzen führt über

$$(t-1,t-1,t+2)(-4,1,-3)=0$$

zu dem „Gleichungssystem“ mit einer Gleichung

$$6t+3=0\,.$$

Die Bestimmung der gemeinsamen Punkte zweier Ebenen kann zu einem linearen Gleichungssystem mit drei Gleichungen und vier Unbekannten oder drei Gleichungen mit zwei Unbekannten führen. Solch Gleichungssystem kann stets als Matrizengleichung geschrieben werden:

$$\begin{pmatrix} a_{11} & \dots & a_{1n} \\ \vdots & & \vdots \\ a_{m1} & \dots & a_{mn} \end{pmatrix} \begin{pmatrix} t_1 \\ \vdots \\ t_n \end{pmatrix} = \begin{pmatrix} b_1 \\ \vdots \\ b_m \end{pmatrix},$$

kurz als $A\mathfrak{t} = \mathfrak{b}$. In dieser Form lassen sich die Lösbarkeitsbedingungen am übersichtlichsten formulieren. Dabei heißt A *Koeffizientenmatrix*,

$$\begin{pmatrix} a_{11} & \dots & a_{1n} & b_1 \\ \vdots & & \vdots & \vdots \\ a_{m1} & \dots & a_{mn} & b_m \end{pmatrix}$$

erweiterte Koeffizientenmatrix und $\mathfrak{t}$ *(gesuchter) Lösungsvektor*. Die maximale Anzahl linear unabhängiger Zeilenvektoren einer Matrix $\boldsymbol{B}$ heißt deren *Rang* $\varrho(\boldsymbol{B})$; $\varrho(\boldsymbol{B})$ ist auch gleich der maximalen Anzahl linear unabhängiger Spaltenvektoren von $\boldsymbol{B}$. *Ein lineares Gleichungssystem ist genau dann lösbar, wenn $\varrho(A)$ auch Rang der erweiterten Koeffizientenmatrix ist.* Im Falle $\mathfrak{b} = \mathfrak{o}$ (homogenes Gleichungssystem) ist das stets der Fall; eine Lösung ist die triviale Lösung $\mathfrak{t} = \mathfrak{o}$. Aus $A\mathfrak{t}_1 = \mathfrak{o}$ und $A\mathfrak{t}_2 = \mathfrak{o}$ folgt für eine Linearkombination $\mathfrak{t} = \lambda_1\mathfrak{t}_1 + \lambda_2\mathfrak{t}_2$

$$A\mathfrak{t} = \lambda_1 A\mathfrak{t}_1 + \lambda_2 A\mathfrak{t}_2 = \mathfrak{o}\,,$$

d. h., *daß alle Lösungen einen Vektorraum bilden; er hat die Dimension $n - \varrho(A)$.* Da wir aus $A\mathfrak{t}_0 = \mathfrak{b}$ und $A\mathfrak{t} = \mathfrak{o}$ bzw. $A\mathfrak{t}_1 = \mathfrak{b}$

$$A(\mathfrak{t}_0 + \mathfrak{t}) = A\mathfrak{t}_0 + A\mathfrak{t} = \mathfrak{b} \quad \text{bzw.} \quad A(\mathfrak{t}_1 - \mathfrak{t}_0) = A\mathfrak{t}_1 - A\mathfrak{t}_0 = \mathfrak{o}$$

erhalten, *ist $\{\mathfrak{t}_0 + \mathfrak{t} : A\mathfrak{t} = \mathfrak{o}\}$ die Menge aller Lösungen des inhomogenen Gleichungssystems $A\mathfrak{t} = \mathfrak{b}$ mit der partikulären Lösung $\mathfrak{t}_0$. Ist A dabei eine quadratische Matrix mit $|A| \neq 0$, dann gilt $\varrho(A) = n$, und $\mathfrak{t} = A^{-1}\mathfrak{b}$ ist die eindeutige Lösung.*

Gerade und Ebene werden durch lineare Gleichungen oder Gleichungssysteme beschrieben. Das trifft auf Kreis und Kugel nicht mehr zu. In der

x, y-Ebene hat der Kreis $k(O, r)$ mit dem Ursprung als Mittelpunkt und dem Radius r die Gleichung

$$x^2 + y^2 = r^2 ,$$

die im Raum eine Kreiszylinderfläche kennzeichnet (Abb. 9). Für den Kreis kann auch eine Parameterdarstellung angegeben werden:

$$P = O + r \cos t\mathfrak{i} + r \sin t\mathfrak{j} .$$

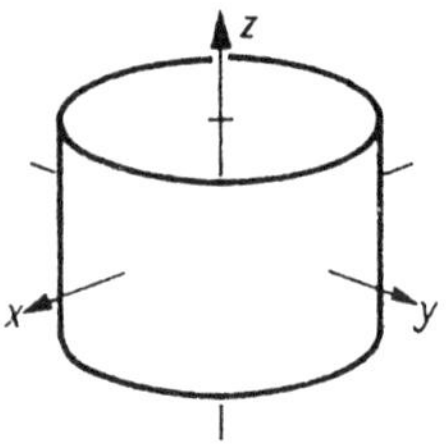

Abb. 9

Hier ist aber nicht zu erkennen, daß wir mit einer Gleichung zweiten Grades auskommen. In der analytischen Geometrie kann man sich eine Übersicht über alle Kurven und Flächen mit solchen Gleichungen verschaffen. Durch Wahl eines geeigneten Koordinatensystems (Hauptachsentransformation) erhält man, wenn man die Koordinaten mit $x_1, \dots, x_n$ bezeichnet, zunächst folgende Möglichkeiten für die Gleichung (mit $\lambda_i \neq 0$):

$$\lambda_1 x_1^2 + \ldots + \lambda_\varrho x_\varrho^2 = \begin{cases} 1 \\ 0 \end{cases}$$

(dabei ist der Ursprung Mittelpunkt) oder

$$\lambda_1 x_1^2 + \ldots + \lambda_\varrho x_\varrho^2 + 2a_{\varrho+1} x_{\varrho+1} = 0.$$

Die Fallunterscheidung wird nun für $n = 2$ (Kurven in einer Ebene) und für $n = 3$ (Flächen im Raum) durch die Auflistung der möglichen Koeffizienten verfeinert. Wie üblich setzen wir für $1 \leq i \leq \varrho$

$$\frac{x_i^2}{a_i^2} := \begin{cases} \lambda_i x_i^2 \text{ für } \lambda_i > 0 \\ -\lambda_i x_i^2 \text{ für } \lambda_i < 0 \end{cases}$$

mit $a_i > 0$. Es gibt folgende Möglichkeiten, wenn wir wieder x, y, z statt x_1, x_2, x_3 und a, b, c statt a_1, a_2, a_3 schreiben:

$\boldsymbol{n} = \mathbf{2}$ Kurven in der Ebene

ϱ	Gleichung	Kurve oder Entartung	Abb.
2	$\frac{x^2}{a^2} + \frac{y^2}{b^2} = 1$	Ellipse (für $a = b$ Kreis)	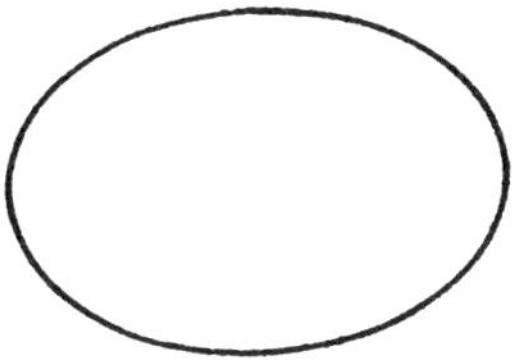 Abb. 10a
	$\frac{x^2}{a^2} - \frac{y^2}{b^2} = 1$	Hyperbel	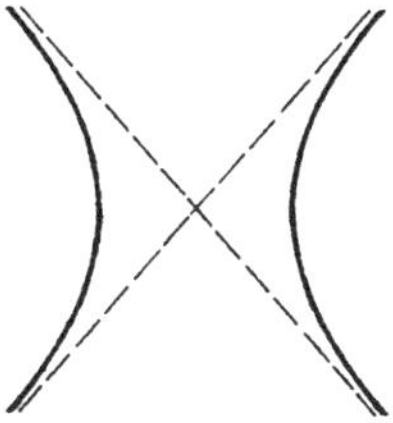 Abb. 10b
	$-\frac{x^2}{a^2} - \frac{y^2}{b^2} = 1$	$\emptyset$	
	$\frac{x^2}{a^2} + \frac{y^2}{b^2} = 0$	$\{O\}$	
	$\frac{x^2}{a^2} - \frac{y^2}{b^2} = 0$	Kreuz (Paar sich schneidender Geraden)	 Abb. 10c

$\boldsymbol{n} = \mathbf{2}$ Kurven in der Ebene

ϱ	Gleichung	Kurve oder Entartung	Abb.
1	$\frac{x^2}{a^2} = 1$	Streifen, Parallelgeradenpaar	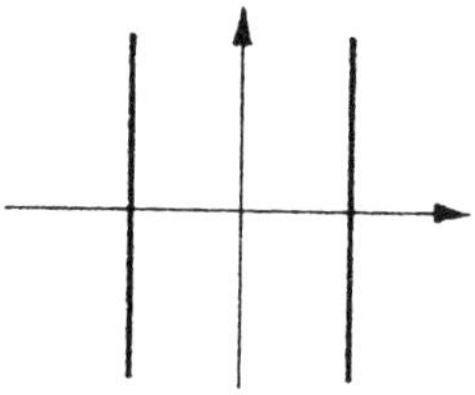 Abb. 11a
	$-\frac{x^2}{a^2} = 1$	$\emptyset$	
	$\frac{x^2}{a^2} = 0$	Gerade (Doppelgerade)	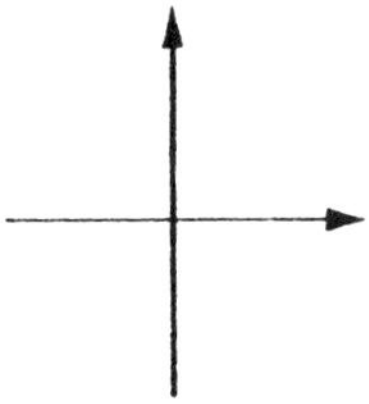 Abb. 11b
	$\frac{x^2}{a^2} + 2by = 0$	Parabel	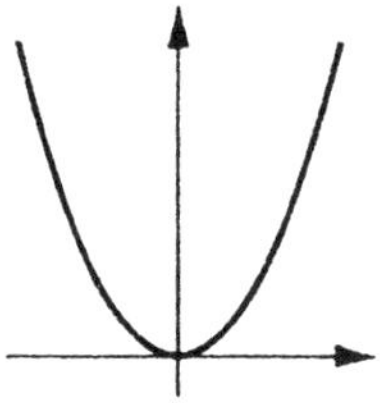 Abb. 11c

$\boldsymbol{n} = \mathbf{3}$ Flächen im Raum

ϱ	Gleichung	Fläche oder Entartung	Abb.
3	$\frac{x^2}{a^2} + \frac{y^2}{b^2} + \frac{z^2}{c^2} = 1$	Ellipsoid (für $a = b = c$ Kugel)	

n = 3 Flächen im Raum

ϱ	Gleichung	Fläche oder Entartung	Abb.
3	$\frac{x^2}{a^2}+\frac{y^2}{b^2}-\frac{z^2}{c^2}=1$	einschaliges Hyperboloid (für $a=b$ einschaliges Rotationshyperboloid)	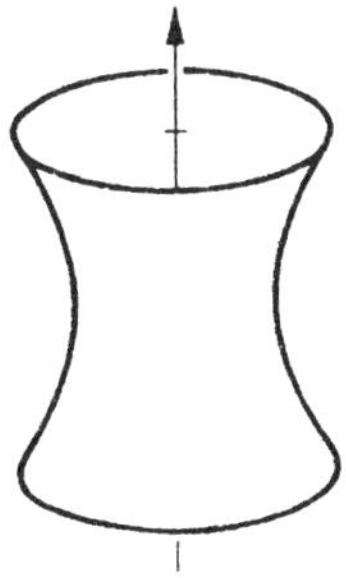 Abb. 12a
	$-\frac{x^2}{a^2}-\frac{y^2}{b^2}+\frac{z^2}{c^2}=1$	zweischaliges Hyperboloid (für $a=b$ zweischaliges Rotationshyperboloid)	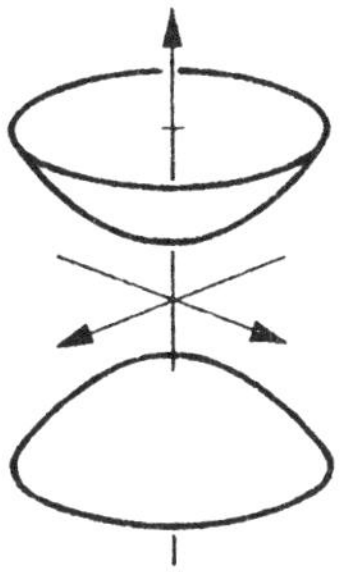 Abb. 12b
	$-\frac{x^2}{a^2}-\frac{y^2}{b^2}-\frac{z^2}{c^2}=1$	$\emptyset$	
	$\frac{x^2}{a^2}+\frac{y^2}{b^2}+\frac{z^2}{c^2}=0$	$\{O\}$	
	$\frac{x^2}{a^2}+\frac{y^2}{b^2}-\frac{z^2}{c^2}=0$	Kegel (für $a=b$ Rotationskegel oder Drehkegel)	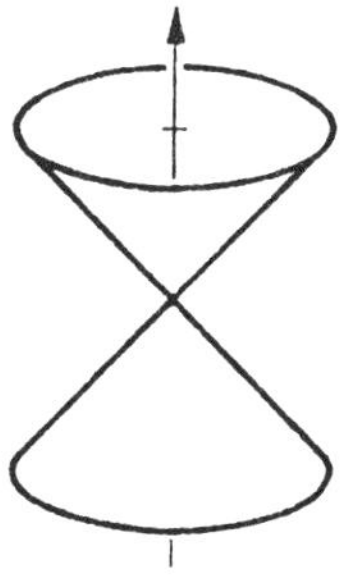 Abb. 12c

$n = 3$ Flächen im Raum

ϱ	Gleichung	Fläche oder Entartung	Abb.
2	$\frac{x^2}{a^2} + \frac{y^2}{b^2} = 1$	elliptischer Zylinder	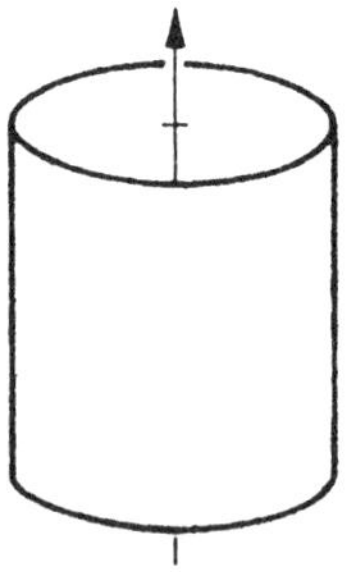 Abb. 13a
	$\frac{x^2}{a^2} - \frac{y^2}{b^2} = 1$	hyperbolischer Zylinder	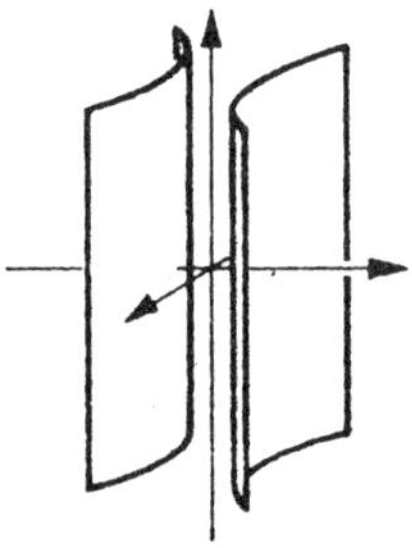 Abb. 13b
	$-\frac{x^2}{a^2} - \frac{y^2}{b^2} = 1$	$\emptyset$	
	$\frac{x^2}{a^2} + \frac{y^2}{b^2} = 0$	Gerade (z-Achse)	
	$\frac{x^2}{a^2} - \frac{y^2}{b^2} = 0$	Paar sich schneidender Ebenen	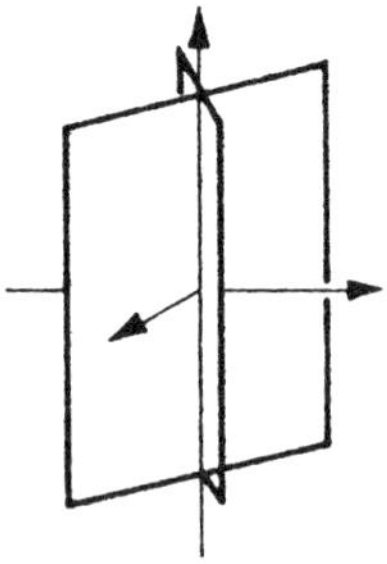 Abb. 13c

$n = 3$ Flächen im Raum

ϱ	Gleichung	Fläche oder Entartung	Abb.
2	$\frac{x^2}{a^2} + \frac{y^2}{b^2} + 2cz = 0$	elliptisches Paraboloid	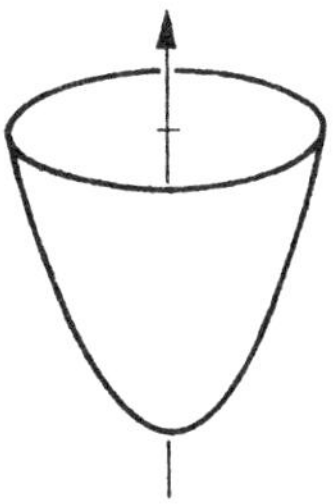 Abb. 14 a
	$\frac{x^2}{a^2} - \frac{y^2}{b^2} + 2cz = 0$	hyperbolisches Paraboloid	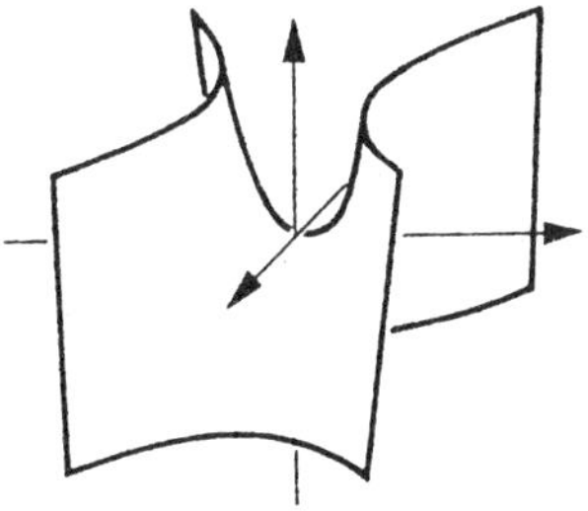 Abb. 14 b

$n = 3$ Flächen im Raum

ϱ	Gleichung	Fläche oder Entartung	Abb.
1	$\frac{x^2}{a^2} = 1$	Parallelebenenpaar	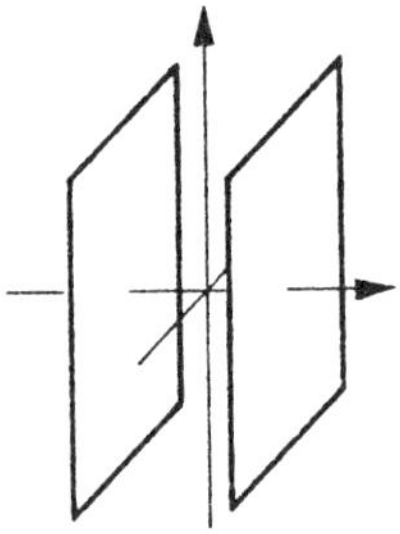 Abb. 15a
	$-\frac{x^2}{a^2} = 1$	$\emptyset$	
	$\frac{x^2}{a^2} = 0$	Ebene (Doppelebene)	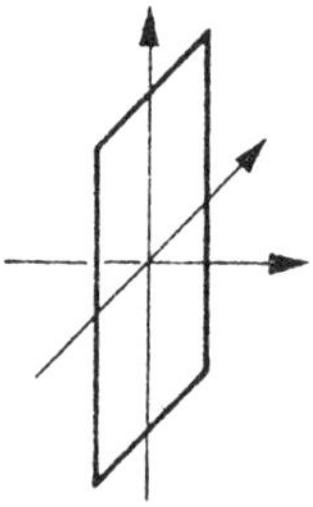 Abb. 15b
	$\frac{x^2}{a^2} + 2by = 0$	parabolischer Zylinder	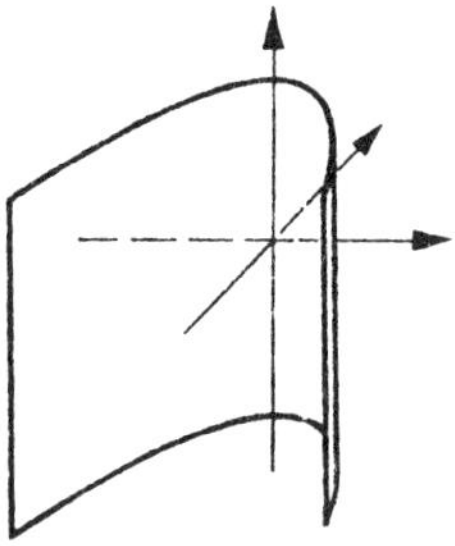 Abb. 15c

1. Kurventheorie

1.1. Kurve und Parameterdarstellung

Ursprünglich waren *Linie* und *Fläche* Begriffe, die bei der Betrachtung der Gegenstände der Umwelt durch Abstraktion gewonnen und für die Herstellung von Gegenständen mit gewünschtem Aussehen benötigt wurden. Als spezielle Linien und Flächen wurden beispielsweise *gerade* Linien und *ebene* Flächen eingeführt. Das können wir in den *Elementen* des EUKLID (365?—300 v. u. Z.) beobachten; für den Umgang mit diesen Begriffen in der Praxis werden in den sogenannten Definitionen folgende Beschreibungen angegeben:

> Ein *Punkt* ist, was keine Teile hat.
> Eine *Linie* breitenlose Länge.
> Die Enden einer Linie sind Punkte.
> Eine *gerade Linie (Strecke)* ist eine solche, die zu den Punkten auf ihr gleichmäßig liegt.
> Eine *Fläche* ist, was nur Länge und Breite hat.
> Die Enden einer Fläche sind Linien.
> Eine *ebene* Fläche ist eine solche, die zu den geraden Linien auf ihr gleichmäßig liegt.
> ..... (Vgl. [6], S. 1.)

Im Geometrieunterricht an unseren Schulen werden *Geraden* und *Ebenen* als undefinierte Begriffe benutzt. Später werden einige spezielle Kurven wie *Kreis*, *Parabel*, *Ellipse* und *Hyperbel* erklärt und mehr oder weniger ausführlich behandelt.

Eine brauchbare Definition des Begriffes *Kurve*, wie wir statt Linie sagen, ist keineswegs einfach. Die anschauliche Version „Bahn eines Punktes“

$$P = P(t)\,, \quad t_1 \leqq t \leqq t_2\,, \tag{1}$$

d. h. eine Abbildung einer Strecke der Zeitachse in den Raum, ist noch zu allgemein. In Abb. 16 ist zu sehen, wie eine Strecke auf eine Strecke (Abb. 16a), auf einen Punkt (Abb. 16b), genauer: auf die einelementige Punktmenge $\{A'\}$, bzw. wie eine offene Strecke auf eine Gerade projiziert werden kann (Abb. 16c). Neben diesen Abbildungen einer Strecke können weitere Beispiele angegeben werden, die mit unseren Vorstellungen von einer „Bahn eines Punktes“ nicht zu vereinbaren sind. So läßt sich eine Strecke, die wir als Intervall [0, 1] einer Zahlengeraden ansehen, eineindeutig auf ein

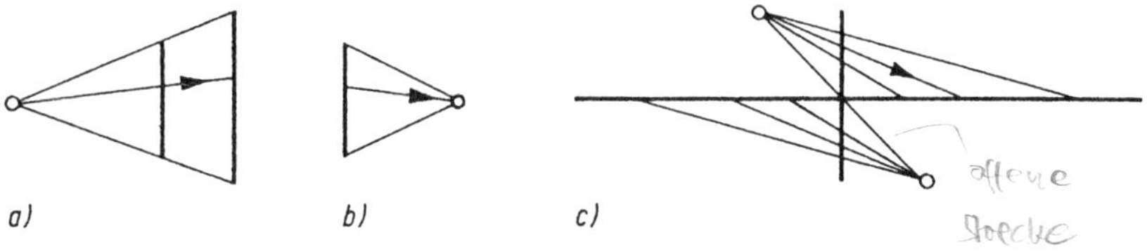

Abb. 16

halboffenes Einheitsquadrat abbilden: Jedem Punkt Z der Strecke (Abb. 17a) entspricht eine reelle Zahl z; dieser Zahl ordnen wir einen Dezimalbruch zu, wobei wir das eindeutig tun können, indem wir statt der endlichen Dezimalbrüche wie z.B. 0,2 Dezimalbrüche mit der Periode 9 (im Beispiel 0,199...) verwenden:

$$Z \to z = 0{,}z_1 z_2 \ldots z_n \ldots$$

Dem Dezimalbruch $0{,}z_1 z_2 \ldots$ ordnen wir ein Paar (x, y) von reellen Zahlen zu, indem wir Ziffernkolonnen bilden, bei denen einzig die letzte Ziffer von 0 verschieden ist, und aus den Kolonnen mit ungerader bzw. gerader Nummer zwei neue Dezimalbrüche $x = 0{,}x_1 x_2 \ldots$ und $y = 0{,}y_1 y_2 \ldots$ bilden; beispielsweise erhalten wir aus

$$z = 0{,}\underline{3}\,\underline{5}\,\underline{08}\,\underline{1}\,\underline{002}\,\underline{0004}\,\underline{07}\,\underline{6}\,\underline{009}\ldots$$

die beiden Dezimalbrüche

$$x = 0{,}\underline{3}\,\underline{08}\,\underline{002}\,\underline{07}\,\underline{009}\ldots, \quad y = 0{,}5100046\ldots$$

Dem Paar (x, y) entspricht ein Punkt Z' im Einheitsquadrat der x, y-Koordinatenebene (Abb. 17a), dabei kommt jeder Punkt des Einheitsquadrates

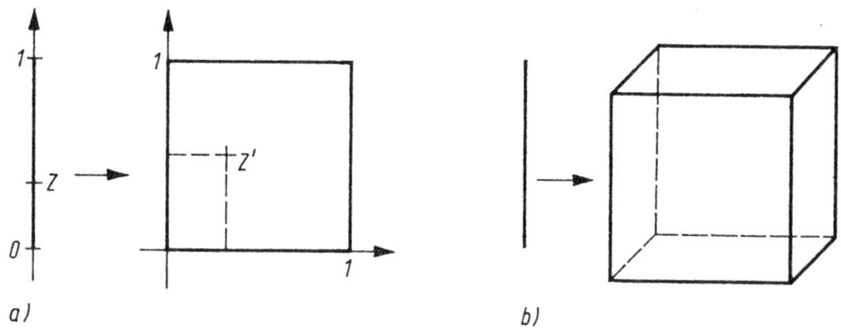

Abb. 17

außerhalb der Achsen als Bildpunkt vor. Abschließend bemerken wir, daß sich ein halboffenes Intervall bzw. Quadrat eineindeutig auf das abgeschlossene Intervall bzw. Quadrat abbilden läßt. [1])

Offenbar kann man analog eine Einheitsstrecke auf einem Einheitswürfel eineindeutig abbilden (Abb. 17b)

Die Abbildungen in den letzten Beispielen sind nicht stetig. Wir können sie ausschließen, wenn wir unter Kurve eine „verbogene Strecke" verstehen, d. h. das Bild einer Strecke bei einer Abbildung φ, bei der es für jeden Punkt X der Strecke eine Umgebung $U(X)$ gibt, in der φ eineindeutig ist (Abb. 18), und bei der für jedes „Genauigkeitsmaß" $\varepsilon > 0$ in der Strecke jeder Punkt X eine Umgebung U mit $\varphi(U) \subseteqq U_\varepsilon(\varphi(X))$ besitzt (Stetigkeit von φ) und umgekehrt (Stetigkeit von φ^{-1}). Für differentialgeometrische Untersuchungen ist diese Erklärung auch noch zu allgemein; die notwendige Spezialisierung setzt den Begriff des Tangentenvektors voraus (Abb. 19): Um einen solchen Vektor in $P_0 = P(t_0)$ zu erhalten, betrachten wir einen benachbarten Punkt $P = P(t)$ und bilden

$$\frac{\mathfrak{v}(P_0P)}{t-t_0} = \frac{\mathfrak{r}(t)-\mathfrak{r}(t_0)}{t-t_0} = \left(\frac{x(t)-x(t_0)}{t-t_0}, \frac{y(t)-y(t_0)}{t-t_0}, \frac{z(t)-z(t_0)}{t-t_0}\right).$$

Existiert $\lim\limits_{t\to t_0} \dfrac{\mathfrak{r}(t)-\mathfrak{r}(t_0)}{t-t_0}$, d. h., daß $\dot{x} := \lim\limits_{t\to t_0} \dfrac{x(t)-x(t_0)}{t-t_0}$, $\dot{y} := \lim\limits_{t\to t_0} \dfrac{y(t)-y(t_0)}{t-t_0}$ und $\dot{z} := \lim\limits_{t\to t_0} \dfrac{z(t)-z(t_0)}{t-t_0}$, die erste Ableitung[2]) sämtlicher Koordinaten-

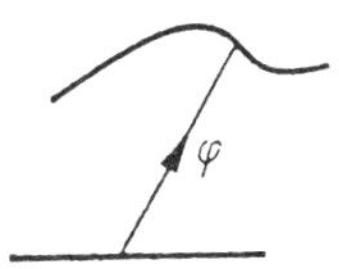

Abb. 18

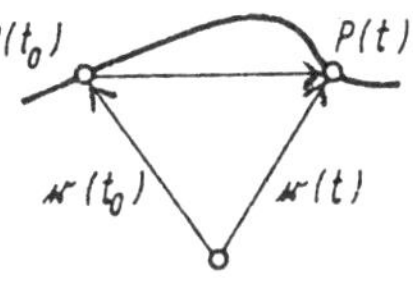

Abb. 19

[1]) Dazu läßt man in einem "Hotel mit unendlich vielen Betten unendlich viele Gäste umziehen"; das werde am Beispiel $[0, 1] \to [0, 1)$ erläutert: $1 \to \frac{1}{2}, \frac{1}{2} \to \frac{1}{4}, \frac{1}{4} \to \frac{1}{8}, \ldots, \frac{1}{2^k} \to \frac{1}{2^{k+1}}, \ldots$ und $z \to z$ für $z \neq 2^{-k}$, $k \in \mathbb{N}$.

[2]) Die Bezeichnung der Ableitungen einer Funktion mit Hilfe von ˙, ¨ usw. geht auf ISAAC NEWTON (1642-1727) zurück, der etwa gleichzeitig mit GOTTFRIED WILHELM LEIBNIZ (1646-1716) die Infinitesimalrechnung entwickelt hatte.

funktionen, vorhanden sind, dann wird

$$\dot{P}(t_0) := \lim_{t\to t_0} \frac{\mathfrak{r}(t) - \mathfrak{r}(t_0)}{t - t_0} = (\dot{x}(t), \dot{y}(t), \dot{z}(t)) \tag{2}$$

Tangentenvektor genannt. Entsprechend sind

$$\ddot{P}(t_0) := \lim_{t\to t_0} \frac{\dot{P}(t) - \dot{P}(t_0)}{t - t_0} = (\ddot{x}(t), \ddot{y}(t), \ddot{z}(t)), \tag{3}$$

$$\dddot{P}(t_0) := \lim_{t\to t_0} \frac{\ddot{P}(t) - \ddot{P}(t_0)}{t - t_0} = (\dddot{x}(t), \dddot{y}(t), \dddot{z}(t)) \tag{4}$$

erklärt. Wenn $\dot{P}(t)$, $\ddot{P}(t)$, $\dddot{P}(t)$ existieren und stetig sind, wird $P = P(t)$ *dreimal stetig differenzierbar* genannt. Diese Begriffe gestatten nun, die für die späteren Ausführungen entscheidende Erklärung bezüglich des Kurvenbegriffes auszusprechen; als Variable benutzen wir weiterhin t, wobei in $t \in I$ durch I ein Intervall reeller Zahlen gekennzeichnet wird; wird kein Intervall angegeben, so variiert t auf der Menge aller reellen Zahlen oder einem (evtl. früher angegebenen) Intervall.

Definition. $P = P(t)$, $t \in I$, heißt *(zulässige) Parameterdarstellung eines Kurvenstückes* genau dann, wenn $P = P(t)$ für alle $t \in I$ wenigstens dreimal stetig differenzierbar ist und $\dot{P}(t) \neq \mathfrak{o}$ gilt.

Beispiele

(1.1) *Gerade* (Abb. 20): $P(t) = P_1 + t\mathfrak{a}$, $\mathfrak{a} \neq \mathfrak{o}$, $t \in \mathbf{R}$.
Wegen $P(t) = (x_1 + tx, y_1 + ty, z_1 + tz)$ gilt

$$\dot{P}(t) = (x, y, z) = \mathfrak{a} \neq \mathfrak{o}, \quad \ddot{P}(t) = (0,0,0) = \mathfrak{o}, \quad \dddot{P}(t) = (0,0,0) = \mathfrak{o},$$

d.h., daß eine zulässige Parameterdarstellung vorliegt.

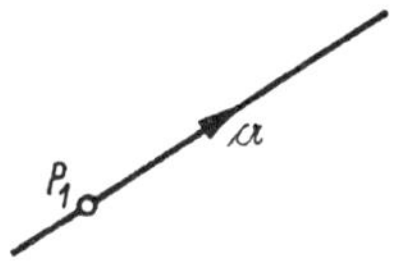

Abb. 20

(1.2) *Kreis* (Abb. 21): $P(t) = O + r\cos t\mathfrak{i} + r\sin t\mathfrak{j}$, $r \neq 0$. Aus $P(t) = (r\cos t, r\sin t, 0) = O + \mathfrak{r}(t)$ folgt

$$\dot{P}(t) = (-r\sin t, r\cos t, 0) = -r\sin t\mathfrak{i} + r\cos t\mathfrak{j},$$

$$\ddot{P}(t) = (-r\cos t, -r\sin t, 0) = -r\cos t\mathfrak{i} - r\sin t\mathfrak{j} = -\mathfrak{r}(t),$$

$$\dddot{P}(t) = (r\sin t, -r\cos t, 0) = r\sin t\mathfrak{i} - r\cos t\mathfrak{j};$$

wegen $\dot{P}^2 = r^2\sin^2 t + r^2\cos^2 t = r^2$ gilt $\dot{P} \neq \mathfrak{o}$, so daß auch hier eine zulässige Parameterdarstellung vorliegt.

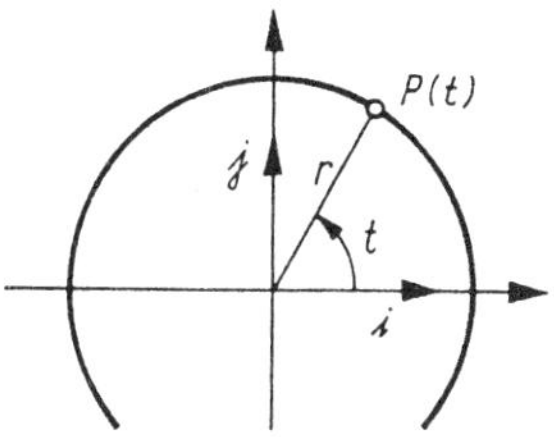

Abb. 21

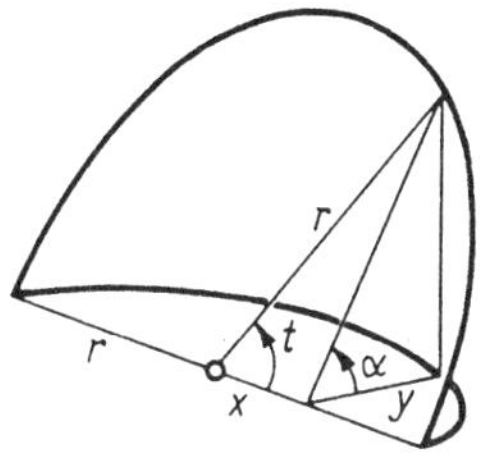

Abb. 22

(1.3) *Ellipse als Bild eines Kreises bei Parallelprojektion.* Setzen wir $a := r$ und $b := r\cos\alpha$, dann gilt zunächst $x = r\cos t$ und $y = \cos\alpha\cdot(r\sin t)$ (Abb. 22), d. h.

$$P(t) = (a\cos t, b\sin t, 0) = O + a\cos t\mathfrak{i} + b\sin t\mathfrak{j}.$$

Somit erhalten wir

$$\dot{P}(t) = (-a\sin t, b\cos t, 0) = -a\sin t\mathfrak{i} + b\cos t\mathfrak{j},$$

$$\ddot{P}(t) = (-a\cos t, -b\sin t, 0) = -a\cos t\mathfrak{i} - b\sin t\mathfrak{j},$$

$$\dddot{P}(t) = (a\sin t, -b\cos t, 0) = a\sin t\mathfrak{i} - b\cos t\mathfrak{j},$$

wobei $\dot{P}(t) \neq \mathfrak{o}$ ist, denn aus $\dot{P}^2 = a^2\sin^2 t + b^2\cos^2 t = 0$ folgte $a^2\sin^2 t = b^2\cos^2 t = 0$, $\sin^2 t = \cos^2 t = 0$ und schließlich $\sin t = \cos t = 0$ im Widerspruch dazu, daß $\sin t = 0$ nur für $t = k\pi$ und $\cos t = 0$ nur für $t = \frac{\pi}{2} + k\pi$ (k ganze Zahl) gilt.

(1.4) *Schraubenlinie* (Abb. 23). Da sich die Schraubenlinie auf einem Zylinder vom Radius r befindet, für den die z-Achse die Zylinderachse ist, gilt $x = r\cos t$, $y = r\sin t$ und $z = ht$ für eine Konstante $h \neq 0$, d. h.

$$P(t) = (r\cos t, r\sin t, ht) = O + r\cos t\mathfrak{i} + r\sin t\mathfrak{j} + ht\mathfrak{k}.$$

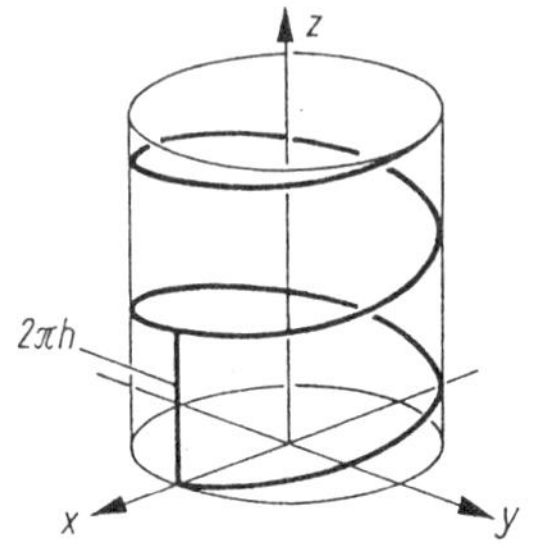

Abb. 23

Auch dieses Beispiel ist eine zulässige Parameterdarstellung, denn es gilt

$$\dot{P}(t) = (-r\sin t, r\cos t, h) = -r\sin t\mathfrak{i} + r\cos t\mathfrak{j} + h\mathfrak{k},$$
$$\ddot{P}(t) = (-r\cos t, -r\sin t, 0) = -r\cos t\mathfrak{i} - r\sin t\mathfrak{j},$$
$$\dddot{P}(t) = (r\sin t, -r\cos t, 0) = r\sin t\mathfrak{i} - r\cos t\mathfrak{j}$$

und

$$\dot{P}^2 = r^2\sin^2 t + r^2\cos^2 t + h^2 = r^2 + h^2 \neq 0\,, \quad \text{d. h.} \quad \dot{P} \neq \mathfrak{o}\,.$$

Die Resultate $\dot{P}$, $\ddot{P}$, $\dddot{P}$ hätten wir rascher gewonnen, wenn wir die Differentiationsregeln für eine Summe bzw. bei einem konstanten Faktor formal auf $P(t) = P_1 + t\mathfrak{a}$ angewandt hätten: $\dot{P} = \mathfrak{a}$, $\ddot{P} = \mathfrak{o}$, $\dddot{P} = \mathfrak{o}$. Dieses Vorgehen wird durch die folgenden Regeln gerechtfertigt: *Für konstante Funktionen* $P(t) = P_1$ *bzw.* $\mathfrak{x}(t) = \mathfrak{a}$ *gilt* $\dot{P}_1 = \dot{\mathfrak{a}} = \mathfrak{o}$. *Sind* $\mathfrak{a} = \mathfrak{a}(t)$, $\mathfrak{b} = \mathfrak{b}(t)$, $\mathfrak{c} = \mathfrak{c}(t)$, $\mathfrak{v} = \mathfrak{v}(t)$, $f = f(t)$, $t = t(s)$ *differenzierbar, dann gelten die Regeln*

$$(\mathfrak{a} \pm \mathfrak{b})^{\cdot} = \dot{\mathfrak{a}} \pm \dot{\mathfrak{b}} \quad \text{(Summenregel)}\,,$$

$$(f\mathfrak{a})^{\cdot} = \dot{f}\mathfrak{a} + f\dot{\mathfrak{a}}\,,$$
$$(\mathfrak{a}\mathfrak{b})^{\cdot} = \dot{\mathfrak{a}}\mathfrak{b} + \mathfrak{a}\dot{\mathfrak{b}}\,,$$
$$(\mathfrak{a} \times \mathfrak{b})^{\cdot} = \dot{\mathfrak{a}} \times \mathfrak{b} + \mathfrak{a} \times \dot{\mathfrak{b}}\,,$$

} Produktregeln bezüglich skalarem Faktor sowie Skalar-, Kreuz- und Spatprodukt

$$\dot{D}(\mathfrak{a}, \mathfrak{b}, \mathfrak{c}) = D(\dot{\mathfrak{a}}, \mathfrak{b}, \mathfrak{c}) + D(\mathfrak{a}, \dot{\mathfrak{b}}, \mathfrak{c}) + D(\mathfrak{a}, \mathfrak{b}, \dot{\mathfrak{c}})\,,$$

$$\frac{d}{ds}\mathfrak{v}(t(s)) = \dot{\mathfrak{v}}\frac{dt}{ds} \qquad \text{(Kettenregel)}\,.$$

Die Gültigkeit der Regeln erhalten wir aus den entsprechenden Regeln der Differentialrechnung. Beispielsweise gilt

$$\begin{aligned}(\mathfrak{a}\mathfrak{b})^{\cdot} &= (a_x(t)\, b_x(t) + a_y(t)\, b_y(t) + a_z(t)\, b_z(t))^{\cdot} \\ &= (\dot{a}_x b_x + a_x \dot{b}_x) + (\dot{a}_y b_y + a_y \dot{b}_y) + (\dot{a}_z b_z + a_z \dot{b}_z) \\ &= (\dot{a}_x b_x + \dot{a}_y b_y + \dot{a}_z b_z) + (a_x \dot{b}_x + a_y \dot{b}_y + a_z \dot{b}_z) = \dot{\mathfrak{a}}\mathfrak{b} + \mathfrak{a}\dot{\mathfrak{b}}\,,\end{aligned}$$

$$\begin{aligned}\frac{d}{ds}\, \mathfrak{v}(t(s)) &= \left(\frac{d}{ds}\, x(t(s)), \frac{d}{ds}\, y(t(s)), \frac{d}{ds}\, z(t(s))\right) \\ &= \left(\dot{x}\,\frac{dt}{ds}, \dot{y}\,\frac{dt}{ds}, \dot{z}\,\frac{dt}{ds}\right) = \dot{\mathfrak{v}}\,\frac{dt}{ds}\,.\end{aligned}$$

Wie die Beispiele (1.2) und (1.3) lehren, ist eine zulässige Parameterdarstellung im allgemeinen nicht eineindeutig. Beispielsweise gilt dort stets $P(t + 2\pi) = P(t)$. Allgemein ist jedoch $\dot{P}(t) \neq \mathfrak{o}$, d. h., daß für jeden Parameterwert t wenigstens einer der Funktionswerte $\dot{x}(t)$, $\dot{y}(t)$ bzw. $\dot{z}(t)$ nicht verschwindet. Es sei etwa $\dot{x}(t) \neq 0$. Wegen der Stetigkeit von $\dot{x}(t)$ gibt es zu $\varepsilon := |\dot{x}(t)| > 0$ eine Umgebung $U_\delta(t)$ derart, daß aus $\tau \in U_\delta(t)$

$$|\dot{x}(\tau) - \dot{x}(t)| < |\dot{x}(t)|$$

folgt, daß $\dot{x}(\tau)$ zwischen 0 und $2 \cdot \dot{x}(t)$ liegt. Unter dieser Voraussetzung ist $x(t)$ streng monoton und somit $P = P(t)$ eineindeutig. Insgesamt gilt der

Satz 1.1. *Es sei $P = P(t)$ eine zulässige Parameterdarstellung eines Kurvenstückes. Dann gibt es zu jedem Parameterwert t eine Umgebung $U_\delta(t)$ derart, daß $P = P(\tau)$ für $\tau \in U_\delta(t)$ eineindeutig ist.*

Eine zulässige Parameterdarstellung ist — anders ausgedrückt — *im Kleinen* umkehrbar eindeutig.

Aufgaben

1. Man berechne $\dot{P}$, $\ddot{P}$, $\dddot{P}$ für die Parameterdarstellung einer Ellipse aus dem Beispiel (1.3) mit Hilfe obiger Regeln und vergleiche die erhaltenen Ergebnisse mit den früher erhaltenen Resultaten.
2. Ist $P(t) = O + t\mathfrak{i} + at^2\mathfrak{j}$ eine zulässige Parameterdarstellung der Parabel $y = ax^2$?

3*. Es sei $P(t) = O + a\cosh t\mathfrak{i} + b\sinh t\mathfrak{j}$ mit $a, b > 0$.

a) Man zeige, daß die Hyperbelgleichung

$$\frac{x^2}{a^2} - \frac{y^2}{b^2} = 1$$

erfüllt ist.

Anleitung. Die Funktionen cosh (cosinus hyperbolicus) und sinh (sinus hyperbolicus) sind definiert durch (vgl. Abb. 24)

$$\cosh t := \frac{1}{2}(e^t + e^{-t}), \qquad \sinh t := \frac{1}{2}(e^t - e^{-t})\,;$$

folglich gilt nach den binomischen Formeln $\cosh^2 t - \sinh^2 t = 1$.

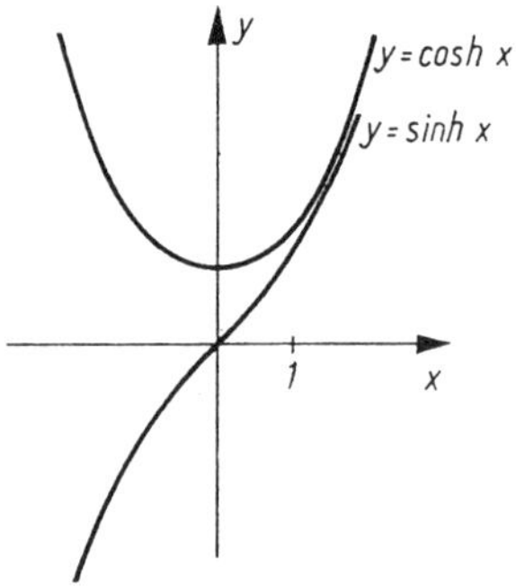

Abb. 24

b) Man berechne $\dot{P}$, $\ddot{P}$, $\dddot{P}$ und prüfe, ob eine zulässige Parameterdarstellung vorliegt.
Anleitung. Es gilt

$$\frac{d}{dt}\cosh t = \frac{1}{2}(e^t - e^{-t}) = \sinh t\,, \qquad \frac{d}{dt}\sinh t = \frac{1}{2}(e^t + e^{-t}) = \cosh t\,,$$

$$\cosh^2 t = 1 + \sinh^2 t \geqq 1$$

und folglich $\dot{P}^2 \geqq b^2 \cosh^2 t \geqq b^2 > 0$.

1.2. Bogenlänge

Eine Parameterdarstellung eines Kurvenstückes versetzt uns in die Lage, für die Untersuchung seiner Eigenschaften analytische Hilfsmittel wie die Differential- und Integralrechnung einzusetzen. Andererseits besitzen Kurven die verschiedenartigsten Parameterdarstellungen. Neben der Darstellung

$$P(t) = O + a\cos t\mathfrak{i} + b\sin t\mathfrak{j}$$

für eine Ellipse kann auch

$$P(t) = O + t\mathfrak{i} + b\sqrt{1 - \frac{t^2}{a^2}}\;\mathfrak{j}\,, \qquad -a \leqq t \leqq a\,,$$

für einen Ellipsenbogen gewählt werden. In dieser Situation können wir Gefahr laufen, eine „Besonderheit" einer Kurve festzustellen, die sich allein aus der gewählten besonderen Parameterdarstellung ergibt. Dieser Gefahr können wir entgehen, indem wir uns auf einen ausgezeichneten, geometrisch erklärten Parameter, die *Bogenlänge*, beziehen.

An die Definition der Länge eines Bogens AB bezüglich einer Parameterdarstellung $P = P(t)$ mit $A = P(a)$ und $B = P(b)$ können wir wie folgt herangehen (Abb. 25):

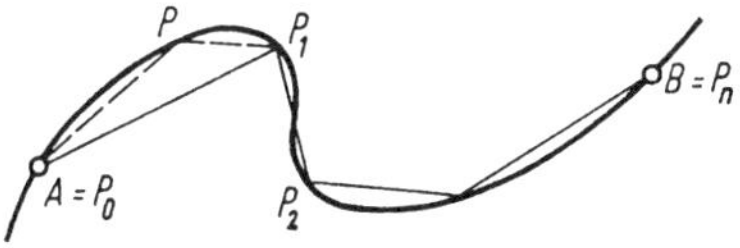

Abb. 25

Wir bilden alle *Näherungspolygone* $P_0P_1P_2...P_n$. Ein Näherungspolygon besitzt die Eigenschaft, daß die den Punkten $P_0, P_1, \ldots, P_n$ zugeordneten Parameterwerte $t_0, t_1, \ldots, t_n$ streng monoton geordnet sind:

$$a = t_0 < t_1 < t_2 < \cdots < t_n = b; \tag{5}$$

umgekehrt bestimmt jede Zerlegung (5) ein Näherungspolygon $P_0P_1P_2...P_n$. Bezeichnen wir die Zerlegung (5) mit $\mathbf{Z}$ und setzen wir $\mathfrak{v}_k := \mathfrak{v}(P_{k-1}P_k)$, dann können wir die Länge $l_{\mathbf{Z}}$ des Näherungspolygons $P_0P_1 \ldots P_n$ in der Form

$$l_{\mathbf{Z}} = \sum_{k=1}^{n} |\mathfrak{v}_k|$$

angeben.

Die Wahl eines Zwischenpunktes P (vgl. Abb. 25) führt nach der Dreiecksungleichung — in Abb. 25 etwa $|\mathfrak{v}_1| \leqq |\mathfrak{v}(P_0P)| + |\mathfrak{v}(PP_1)|$ — zu einem Näherungspolygon größerer (evtl. auch gleicher) Länge. Somit wird man die kleinste obere Schranke, die obere Grenze, für die Längen sämtlicher Näherungspolygone als Länge $l_{\widehat{AB}}$ des Bogens $\widehat{AB}$ ansehen:

$$l_{\widehat{AB}} := \sup_{\mathbf{Z}} l_{\mathbf{Z}}.$$

Notwendig und hinreichend für die Existenz der oberen Grenze ist für eine nichtleere Menge reeller Zahlen die Existenz einer oberen Schranke. Wir wollen uns die geistreiche Konstruktion eines Kurvenbogens ohne Länge versagen, jedoch die sogenannte *Rektifizierbarkeit*[1]) bei zulässiger Parameter-

[1]) *Rektifizierbar* heißt sinngemäß *streckbar*. Nicht rektifizierbare Bögen befinden sich z. B. auf der *von Kochschen Kurve* (vgl. [13]).

darstellung beweisen: Gilt $P(t) = (x(t), y(t), z(t))$, dann können wir die Koordinaten von $\mathfrak{v}_k$ nach dem Mittelwertsatz der Differentialrechnung ausdrücken:

$$x(t_k) - x(t_{k-1}) = (t_k - t_{k-1})\,\dot{x}(\xi_k)\,, \quad t_{k-1} < \xi_k < t_k\,,$$
$$y(t_k) - y(t_{k-1}) = (t_k - t_{k-1})\,\dot{y}(\eta_k)\,, \quad t_{k-1} < \eta_k < t_k\,,$$
$$z(t_k) - z(t_{k-1}) = (t_k - t_{k-1})\,\dot{z}(\zeta_k)\,, \quad t_{k-1} < \zeta_k < t_k\,.$$

Als stetige Funktionen nehmen $\dot{x}$, $\dot{y}$ und $\dot{z}$ auf dem abgeschlossenen Intervall $[a, b]$ ihr Maximum und ihr Minimum an; mit der Konstanten $K := \max(\max|\dot{x}|, \max|\dot{y}|, \max|\dot{z}|)$ gilt

$$\begin{aligned} l_Z &= \sum_{k=1}^{n} |\mathfrak{v}_k| = \sum_{k=1}^{n}(t_k - t_{k-1})\,|(\dot{x}(\xi_k), \dot{y}(\eta_k), \dot{z}(\zeta_k))| \\ &\leq K\sqrt{3}\sum_{k=1}^{n}(t_k - t_{k-1}) = K\sqrt{3}(b-a); \end{aligned} \tag{6}$$

d.h. daß $P = P(t)$ rektifizierbar ist.[1)]

Gemäß der Taylorentwicklung für $P(t + \Delta t)$ gilt

$$|P(t+\Delta t) - P(t)| = |\dot{P}(t) + \Delta t \cdot \mathfrak{r}(t, \Delta t)|\,\Delta t$$

mit einem Restglied $\mathfrak{r}(t, \Delta t)$. Das ergibt

$$l_{\overset{\frown}{AB}} = \lim_{\Delta t \to 0} l_Z = \int_a^b |\dot{P}(t)|\,dt; \tag{7}$$

wir verzichten auf die vollständige Ausführung der Details.

Die Anwendung von (7) ergibt im Fall des Kreises (vgl. Beispiel (1.2)) mit $a = 0$ und $b = 2\pi$ dessen Umfang

$$\int_0^{2\pi} r\,dt = 2\pi r$$

und im Fall der Schraubenlinie

$$\int_0^{2\pi} \sqrt{r^2 + h^2}\,dt = 2\pi\sqrt{r^2 + h^2}\,;$$

---

1) Für diesen Beweis haben wir nicht dreimal stetige Differenzierbarkeit, sondern nur einmal stetige Differenzierbarkeit benötigt. Folglich sind schon alle *glatten* Kurven rektifizierbar.

dieses Resultat erhalten wir elementargeometrisch, wenn wir den Zylindermantel mit der Schraubenlinie in eine Ebene abwickeln: das fragliche Kurvenstück geht in die Hypotenuse eines rechtwinkligen Dreiecks über, dessen Katheten die Längen $2\pi r$ und $2\pi h$ (Ganghöhe) besitzen; nach dem Satz des PYTHAGORAS[1]) erhalten wir wiederum $2\pi\sqrt{r^2 + h^2}$.

Wir betrachten jetzt die Funktion

$$s(t) := \int_{t_0}^{t} |\dot{P}(\tau)|\, d\tau\,. \tag{8}$$

Wegen $\dot{s}(t) = |\dot{P}| > 0$ ist diese Funktion streng monoton wachsend, und es existiert stets eine Umkehrfunktion

$$t = t(s)\,, \tag{9}$$

die dreimal stetig differenzierbar ist, denn nach der Kettenregel erhalten wir (im Gegensatz zu den Ableitungen nach t gebrauchen wir zur Bezeichnung der Ableitungen nach s den sonst üblichen $'$):

$$\frac{dt}{ds} = t'(s) = \frac{1}{\dot{s}(t)} = \frac{1}{|\dot{P}|} = \frac{1}{\sqrt{\dot{P}\dot{P}}} = (\dot{P}\dot{P})^{-1/2}\,,$$

$$\frac{d^2t}{ds^2} = t''(s) = -\frac{1}{2}(\dot{P}\dot{P})^{-3/2}\cdot 2\dot{P}\ddot{P}\cdot\frac{dt}{ds} = -\frac{\dot{P}\ddot{P}}{(\dot{P}\dot{P})^2}\,,$$

$$\frac{d^3t}{ds^3} = t'''(s) = \frac{4(\dot{P}\ddot{P})^2 - (\ddot{P}^2 + \dot{P}\dddot{P})\,\dot{P}^2}{(\dot{P}\dot{P})^3\sqrt{\dot{P}\dot{P}}}\,.$$

In bezug auf das Beispiel (1.2) erhalten wir $s(t) = rt$ [2]) und $t = \frac{s}{r}$, so daß sich durch Einsetzen und Differenzieren

$$\left.\begin{aligned}
\bar{P}(s) &= O + r\cos\frac{s}{r}\,\mathfrak{i} + r\sin\frac{s}{r}\,\mathfrak{j}\,,\\
\bar{P}'(s) &= -\sin\frac{s}{r}\,\mathfrak{i} + \cos\frac{s}{r}\,\mathfrak{j} \neq \mathfrak{o}\,,\\
\bar{P}''(s) &= -\frac{1}{r}\cos\frac{s}{r}\,\mathfrak{i} - \frac{1}{r}\sin\frac{s}{r}\,\mathfrak{j}\,,\\
\bar{P}'''(s) &= \frac{1}{r^2}\sin\frac{s}{r}\,\mathfrak{i} - \frac{1}{r^2}\cos\frac{s}{r}\,\mathfrak{j}
\end{aligned}\right\} \tag{10}$$

ergibt, d. h. eine zulässige Parameterdarstellung.

---

[1]) PYTHAGORAS von Samos (580?—500? v. u. Z.).

[2]) Hier wird wie meist auch später auf additive Konstanten verzichtet.

Schließlich ist

$$\bar{P}(s) := P(t(s)), \quad s(t_1) \leqq s \leqq s(t_2), \tag{11}$$

stets eine zulässige Parameterdarstellung mit dem *natürlichen* Parameter s bzw. eine Darstellung bezüglich der *Bogenlänge s*. Zum Beweis dieser Behauptung differenzieren wir $\bar{P}(s)$:

$$\bar{P}'(s) = \dot{P} \cdot \frac{dt}{ds} = \frac{\dot{P}}{|\dot{P}|} \neq \mathfrak{o},$$

$$\bar{P}''(s) = \ddot{P} \cdot \left(\frac{dt}{ds}\right)^2 + \dot{P}\frac{d^2t}{ds^2},$$

$$\bar{P}'''(s) = \dddot{P}\left(\frac{dt}{ds}\right)^3 + 3\ddot{P} \cdot \frac{dt}{ds} \cdot \frac{d^2t}{ds^2} + \dot{P}\frac{d^3t}{ds^3}.$$

Die allgemeinen Aussagen, die sich auf die Existenz einer Umkehrfunktion stützen, sind — wie wir später erkennen werden — für die Lösung theoretischer und praktischer Aufgaben von großer Bedeutung. Um ihre spätere Anwendung zu erleichtern, sollen hier noch zwei Folgerungen herausgestellt werden:

1. Offenbar ist $\bar{P}'(s)$ für alle s ein Einheitsvektor; gilt umgekehrt $|\dot{P}(t)| = 1$, $t_1 \leqq t \leqq t_2$, dann gilt $s = t$ nach (8); zusammenfassend formulieren wir das

Kriterium 1.2. *Bezüglich der Parameterdarstellung $P = P(t)$ ist t genau dann gleich der Bogenlänge s, wenn $|\dot{P}(t)| = 1$ gilt.*

2. Auch wenn sich die Integration (8) nicht elementar ausführen läßt, kann $\bar{P}''(s)$ aus einer gegebenen Parameterdarstellung berechnet werden. Unter Berücksichtigung der Resultate für $\frac{dt}{ds}$ und $\frac{d^2t}{ds^2}$ gilt

$$\bar{P}''s(t) = \frac{1}{\dot{P}^2}\left(\ddot{P} - \frac{\dot{P}\ddot{P}}{\dot{P}\dot{P}}\dot{P}\right). \tag{12}$$

Aufgaben

1. Man gebe für die Schraubenlinie (vgl. Beispiel (1.4)) eine Darstellung bezüglich der Bogenlänge an und berechne $\bar{P}'(s)$ und $\bar{P}''(s)$.

2. Man berechne $\bar{P}''(s)$ an der Stelle $t = 0$
   a) für eine Ellipse nach Beispiel (1.3),
   b*) für eine Parabel bzw. eine Hyperbel nach Aufgabe 2 bzw. 3* des Abschnitts 1.1.

1.3. Begleitendes Dreibein und Frenetsche Formeln

Für viele Untersuchungen einer Kurve ist es vorteilhaft, in jedem Punkt ein Koordinatensystem einzuführen, das dem Verlauf der Kurve angepaßt ist. Bei wachsendem Parameter drängt sich die Vorstellung von einem die Kurve „begleitenden Dreibein“ auf.

Nach den Ergebnissen des vorigen Abschnitts dürfen wir von einer Darstellung $P = P(s)$ mit dem natürlichen Parameter s ausgehen. Folglich gilt für den Einheitsvektor $P'(s)$ offenbar

$$P'(s) \cdot P'(s) = 1\,;$$

daraus folgt

$$P''(s) \cdot P'(s) + P'(s) \cdot P''(s) = 0\,, \quad \text{d. h.} \quad P'(s) \cdot P''(s) = 0\,.$$

Im Fall $P''(s) \neq \mathfrak{o}$ definieren wir das *begleitende Dreibein* im Punkt $P(s)$:

$$\left.\begin{aligned} \mathfrak{t}(s) &:= P'(s) && \text{(Tangentenvektor)}\,, \\ \mathfrak{n}(s) &:= \frac{P''(s)}{|P''(s)|} && \text{(Hauptnormalenvektor)}\,, \\ \mathfrak{b}(s) &:= \mathfrak{t}(s) \times \mathfrak{n}(s) && \text{(Binormalenvektor)}\,. \end{aligned}\right\} \qquad (13)$$

Wegen $P'P'' = 0$ gilt $\mathfrak{t}(s) \perp \mathfrak{n}(s)$. *Somit stehen diese Einheitsvektoren paarweise aufeinander senkrecht, und sie bilden ein Rechtssystem* (Abb. 26). Der Name Tangentenvektor ist gerechtfertigt, da es sich um einen Richtungsvektor der *Tangente* in $P(s)$ handelt. Außerdem wird eine zur Tangente senkrechte Gerade *Normale* genannt; daher erklärt sich die Benennung von $\mathfrak{n}(s)$ und $\mathfrak{b}(s)$.

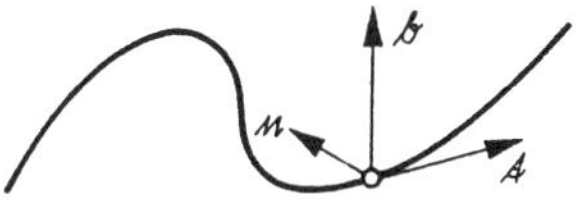

Abb. 26

Neben dem Hauptfall $P''(s) \neq \mathfrak{o}$ haben wir noch den Fall $P''(s) = \mathfrak{o}$ zu untersuchen. Gilt $P''(s) = \mathfrak{o}$ in einem s-Intervall I, dann muß $P'(s) = \mathfrak{c}$ mit einem konstanten Einheitsvektor $\mathfrak{c}$ und folglich

$$P(s) = P_1 + s\mathfrak{c} \quad \text{(Strecke)}$$

gelten. Da umgekehrt $P''(s) = \mathfrak{o}$ für Geraden gilt (vgl. Beispiel (1.1) mit einem Einheitsvektor $\mathfrak{a}$), ist $P''(s) = \mathfrak{o}$, $s \in I$, *kennzeichnend für den geradlinigen Verlauf*. Gilt jedoch $P''(s_0) = \mathfrak{o}$ und mit Ausnahme von s_0 in einer Umgebung von s_0 stets $P''(s) \neq \mathfrak{o}$, dann sind Sonderbetrachtungen notwendig; mitunter kann für solche Punkte auch ein Dreibein in einer befriedigenden Art und Weise festgelegt werden (vgl. Beispiel (1.8)).

Zusammenfassend können wir feststellen, daß ein begleitendes Dreibein $\mathfrak{t}, \mathfrak{n}, \mathfrak{b}$ existiert, wenn

$$k(s) := |P''(s)|\,, \tag{14}$$

die *Krümmung* oder *Flexion* in $P(s)$, nicht verschwindet.

Um die für die Definition des begleitenden Dreibeins wesentlichen Vektoren $P'(s)$ und $P''(s)$ zu deuten, denken wir bei $P = P(s)$ wieder an die „Bahn eines Punktes" im Raum. Dann stellt $P'(s)$ einen Geschwindigkeitsvektor mit dem konstanten Betrag 1 dar. Wegen (Abb. 27)

$$\frac{|P'(\sigma) - P'(s)|}{|\sigma - s|} = \frac{2\sin\dfrac{\alpha}{2}}{|\sigma - s|} \approx \frac{\alpha}{|\sigma - s|}$$

und

$$\lim_{\sigma \to s} \frac{P'(\sigma) - P'(s)}{\sigma - s} = P''(s)$$

gilt

$$|P''(s)| = \omega := \lim_{\sigma \to s} \frac{\alpha}{|\sigma - s|}\,, \tag{15}$$

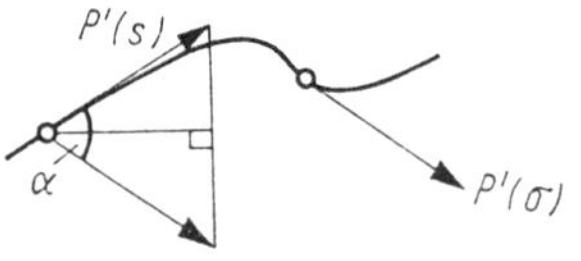

Abb. 27

d. h., daß $|P''(s)|$ eine Winkelgeschwindigkeit ω ausdrückt, wegen $\mathfrak{b} \perp P'(s)$, $P''(s)$ wird dabei die Binormale $P = P(s) + t\mathfrak{b}$ als Drehachse betrachtet. Der Vektor $P''(s)$ selbst kann als Änderungsgeschwindigkeit von $P'(s)$ gedeutet werden. Dabei kennzeichnet $|P''(s)| = 0$ für ein Intervall geradlinigen Verlauf, während $|P''(s)|$ sonst als Maß für die Abweichung vom geradlinigen Verlauf angesehen werden kann. Für einen Kreis erhalten wir nach (10) offensichtlich $k(s) = |\bar{P}''(s)| = \frac{1}{r}$, d. h., daß die Krümmung eines Kreises konstant und in Übereinstimmung mit unserer Anschauung umgekehrt proportional seinem Radius ist.

Durch obige Überlegungen angeregt, fragen wir nach der Änderung der Vektoren des begleitenden Dreibeins beim Fortschreiten auf der Kurve. Dazu machen wir folgenden Ansatz, wobei wir statt $\mathfrak{t}(s)$, $\mathfrak{n}(s)$, $\mathfrak{b}(s)$ kurz $\mathfrak{t}$, $\mathfrak{n}$, $\mathfrak{b}$ schreiben:

$$\left.\begin{aligned} \mathfrak{t}'(s) &= a_{11}\mathfrak{t} + a_{12}\mathfrak{n} + a_{13}\mathfrak{b}\,, \\ \mathfrak{n}'(s) &= a_{21}\mathfrak{t} + a_{22}\mathfrak{n} + a_{23}\mathfrak{b}\,, \\ \mathfrak{b}'(s) &= a_{31}\mathfrak{t} + a_{32}\mathfrak{n} + a_{33}\mathfrak{b}\,. \end{aligned}\right\} \tag{16}$$

Zur Bestimmung der gesuchten Koeffizienten steht uns die Gleichungskette $\mathfrak{t}'(s) = P''(s) = k\mathfrak{n}$, d. h. $a_{11} = a_{13} = 0$ und $a_{12} = k$, zur Verfügung. Da $\mathfrak{t}, \mathfrak{n}, \mathfrak{b}$ ein Dreibein ist ($\mathfrak{t}^2 = \mathfrak{n}^2 = \mathfrak{b}^2 = 1$ und $\mathfrak{t}\mathfrak{n} = \mathfrak{n}\mathfrak{b} = \mathfrak{b}\mathfrak{t} = 0$), können wir nach a_{ik} auflösen:

$$\begin{aligned} a_{11} &= \mathfrak{t}'\mathfrak{t} = 0\,, & a_{12} &= \mathfrak{t}'\mathfrak{n} = k\,, & a_{13} &= \mathfrak{t}'\mathfrak{b} = 0\,, \\ a_{21} &= \mathfrak{n}'\mathfrak{t}\,, & a_{22} &= \mathfrak{n}'\mathfrak{n}\,, & a_{23} &= \mathfrak{n}'\mathfrak{b}\,, \\ a_{31} &= \mathfrak{b}'\mathfrak{t}\,, & a_{32} &= \mathfrak{b}'\mathfrak{n}\,, & a_{33} &= \mathfrak{b}'\mathfrak{b}\,. \end{aligned}$$

Wegen $\mathfrak{t}\mathfrak{t} = \mathfrak{n}\mathfrak{n} = \mathfrak{b}\mathfrak{b} = 1$ gilt $\mathfrak{t}'\mathfrak{t} + \mathfrak{t}\mathfrak{t}' = 0, \ldots$, d. h. $\mathfrak{t}\mathfrak{t}' = \mathfrak{n}\mathfrak{n}' = \mathfrak{b}\mathfrak{b}' = 0$. Aus $\mathfrak{t}\mathfrak{n} = \mathfrak{n}\mathfrak{b} = \mathfrak{b}\mathfrak{t} = 0$ folgt $\mathfrak{t}'\mathfrak{n} + \mathfrak{t}\mathfrak{n}' = 0$, $\mathfrak{n}'\mathfrak{b} + \mathfrak{n}\mathfrak{b}' = 0$ und $\mathfrak{b}'\mathfrak{t} + \mathfrak{b}\mathfrak{t}' = 0$, d. h. $a_{12} = -a_{21}$, $a_{23} = -a_{32}$ und $a_{13} = -a_{31}$. Damit sind bis auf a_{23} und a_{32} alle Koeffizienten bestimmt. Mit der Festlegung

$$w(s) := \mathfrak{n}'\mathfrak{b} = -\mathfrak{n}\mathfrak{b}'\,, \tag{17}$$

Windung oder *Torsion* in $P(s)$, erhalten wir folgendes System von Differentialgleichungen:

$$\left.\begin{aligned} \mathfrak{t}' &= \phantom{-k\mathfrak{t}} \quad k\mathfrak{n}\,, \\ \mathfrak{n}' &= -k\mathfrak{t} \qquad\qquad + w\mathfrak{b}\,, \\ \mathfrak{b}' &= \phantom{-k\mathfrak{t}} \; - w\mathfrak{n}\,, \end{aligned}\right\} \tag{18}$$

die *Frenetschen Formeln*, wobei sämtliche Koeffizienten und Vektoren Funktionen von s sind. Entdeckt wurden diese Formeln 1847 von F. J. FRENET (1816—1868, veröffentlicht 1852) und 1851 von A. SERRET (1819—1885).

Sie bilden eines der wichtigsten Hilfsmittel bei der Lösung der Aufgaben der Kurventheorie.

Da $k(s) = 0$ für ein Intervall geradlinigen Verlauf kennzeichnet, liegt es nahe, für $w(s) = 0$, $s \in I$, eine geometrische Deutung zu suchen: In I ergibt sich der Reihe nach, daß $\mathfrak{b}' = \mathfrak{o}$ gilt und $\mathfrak{b}$ ein konstanter Einheitsvektor $\mathfrak{c}$ ist. Aus $P'(s) \cdot \mathfrak{c} = \mathfrak{t}\mathfrak{b} = 0$ bzw. $\mathfrak{r}'(s)\,\mathfrak{c} = 0$ erhalten wir durch Integration $(\mathfrak{r}(s) - \mathfrak{r}_0)\,\mathfrak{c} = c$, wobei sich für die Konstante c stets ein Vektor $\mathfrak{c}_0$ mit $\mathfrak{c}_0\mathfrak{c} = c$ finden läßt. Das ergibt mit $\mathfrak{c}_1 := \mathfrak{r}_0 + \mathfrak{c}_0$

$$(\mathfrak{r}(s) - \mathfrak{c}_1)\,\mathfrak{c} = 0\,,$$

d. h., daß $P(s)$ in einer Ebene ε durch den Punkt $P_1 := O + \mathfrak{c}_1$ liegt, für die $\mathfrak{c}$ ein Normalvektor ist (Abb. 28).

Ist umgekehrt $P = P(s)$ für $s \in I$ eine ebene, aber nicht geradlinige Kurve, dann gibt es zueinander senkrechte Einheitsvektoren $\mathfrak{e}_1$ und $\mathfrak{e}_2$ mit

$$P(s) = P_1 + a_1(s)\,\mathfrak{e}_1 + a_2(s)\,\mathfrak{e}_2\,;$$

folglich sind $\mathfrak{t}(s) = P'(s)$, $P''(s)$ und somit auch $\mathfrak{n}(s)$ und $\mathfrak{n}'(s)$ Linearkombinationen von $\mathfrak{e}_1$ und $\mathfrak{e}_2$:

$$P'(s) = a_1'(s)\,\mathfrak{e}_1 + a_2'(s)\,\mathfrak{e}_2 = \mathfrak{t}(s)\,,$$

$$P''(s) = a_1''(s)\,\mathfrak{e}_1 + a_2''(s)\,\mathfrak{e}_2\,,$$

$$\mathfrak{n}(s) = \frac{a_1''}{\sqrt{a_1''^2 + a_2''^2}}\,\mathfrak{e}_1 + \frac{a_2''}{\sqrt{a_1''^2 + a_2''^2}}\,\mathfrak{e}_2\,.$$

Wir können von der Basis $\mathfrak{e}_1$, $\mathfrak{e}_2$ der betrachteten Ebene zur Basis $\mathfrak{t}$, $\mathfrak{n}$ übergehen, so daß $\mathfrak{n}'(s)$ als Linearkombination von $\mathfrak{e}_1$ und $\mathfrak{e}_2$ eine Linearkombination von $\mathfrak{t}$ und $\mathfrak{n}$ allein sein muß. Nach den Frenetschen Formeln ist das nur für $w(s) = 0$ möglich. Zusammenfassend kann festgestellt werden, daß $w(s) = 0$, $s \in I$, *für ebenen Verlauf kennzeichnend ist.*

Allgemein wird man $w(s)$ als Maß für die Abweichung vom ebenen Verlauf auffassen. Die Windung kann ähnlich der Krümmung (vgl. (15)) als Winkelgeschwindigkeit gedeutet werden (Abb. 29): Dort war $k(s) = |P''(s)| = |\mathfrak{t}'(s)|$

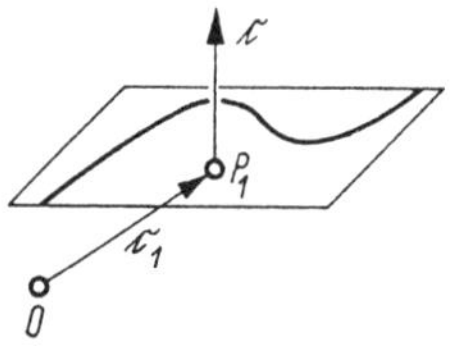

Abb. 28

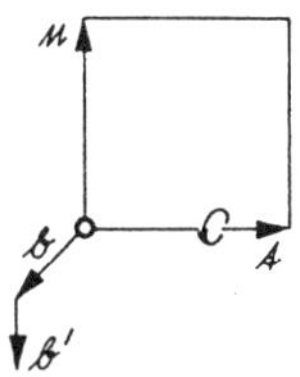

Abb. 29

$= |k(s)\,\mathfrak{n}|$; wegen $\mathfrak{b}'(s) = -w(s)\,\mathfrak{n}$ können wir die Änderung der Binormalen als Drehung um die Tangente deuten, die gleichzeitig Drehung der von $\mathfrak{t}$ und $\mathfrak{n}$ aufgespannten Ebene ist. Somit kennzeichnet $w(s)$ das „Herauswinden" der Kurve aus dieser Ebene. (Auf die Deutung des Vorzeichens von $w(s)$ gehen wir im Abschnitt 1.5 noch ein.)

Aufgabe

Man bestimme das begleitende Dreibein

a) eines Kreises mit Hilfe von (10),

b) einer Schraubenlinie (vgl. Beispiel (1.4) und (12), wobei wegen $\dot{P}\ddot{P} = 0$ hier $\mathfrak{t} = |\dot{P}|^{-1}\dot{P}$ und $\mathfrak{n} = |\ddot{P}|^{-1}\ddot{P}$ gilt).

1.4. Krümmung und Windung einiger spezieller Kurven

Beispiele

(1.5) *Gerade*: $P(s) = P_1 + s\mathfrak{a}$, $|\mathfrak{a}| = 1$, $s \in \mathbf{R}$. Wegen $P'(s) = \mathfrak{a}$ und $P''(s) = \mathfrak{o}$ gilt

$$k(s) = 0\,, \quad w(s) := 0\,.$$

(1.6) *Kreis*: $P(s) = O + r\cos\frac{s}{r}\,\mathfrak{i} + r\sin\frac{s}{r}\,\mathfrak{j}$, $r > 0$, $s \in \mathbf{R}$. Nach (10) gilt außerdem $P''(s) = -\frac{1}{r}\cos\frac{s}{r}\,\mathfrak{i} - \frac{1}{r}\sin\frac{s}{r}\,\mathfrak{j}$, und folglich ist $|P''(s)| = \frac{1}{r}$ für diese ebene Kurve konstant, d. h.

$$k(s) = \frac{1}{r}\,, \quad w(s) = 0\,.$$

(1.7) *Krümmung einer Ellipse in ihren Scheiteln* (vgl. Beispiel (1.3)). Aus $P(t) = (a\cos t,\ b\sin t,\ 0)$, $\dot{P}(t) = (-a\sin t,\ b\cos t,\ 0)$ und $\ddot{P}(t) = (-a\cos t, -b\sin t, 0)$ können wir, obwohl

$$s(t) = \int^{t} \sqrt{a^2\sin^2\tau + b^2\cos^2\tau}\,d\tau$$

nicht elementar ausgewertet werden kann, mit Hilfe von (12) die gestellte Aufgabe lösen:

$$\bar{P}''(0) = \frac{1}{\dot{P}^2}\left(\ddot{P} - \frac{\dot{P}\ddot{P}}{\dot{P}^2}\,\dot{P}\right) = \frac{1}{b^2}(-a\mathfrak{i} - 0\cdot b\mathfrak{j}) = -\frac{a}{b^2}\,\mathfrak{i}\,.$$

Daraus erhalten wir $k(0) = \frac{a}{b^2}$.

Im Punkt $P\left(\frac{\pi}{2}\right)$ ergibt sich analog $\frac{b}{a^2}$ für die Krümmung.

(1.8) *Krümmung der Parabel* $y = ax^2$ *im Scheitel* (vgl. Aufgabe 2 zu Abschnitt 1.1). Wegen

$$\begin{aligned} P(t) &= (t, at^2, 0)\,, \\ \dot{P}(t) &= (1, 2at, 0)\,, \quad \dot{P}(0) = (1, 0, 0)\,, \\ \ddot{P}(t) &= (0, 2a, 0)\,, \quad \ddot{P}(0) = (0, 2a, 0) \end{aligned}$$

gilt $\dot{P}(0) \cdot \dot{P}(0) = 1$, $\dot{P}(0) \cdot \ddot{P}(0) = 0$ und somit

$$\bar{P}''(0) = 1 \cdot \ddot{P}(0) = (0, 2a, 0)\,.$$

Als gesuchte Krümmung ergibt sich $k(0) = 2\,|a|$.

(1.9) *Verschwindende Krümmung in einem isolierten Punkt.* Bei der *biquadratischen* Parabel $y = x^4$ (Abb. 30) erhalten wir aus der Parameterdarstellung $P(t) = (t, t^4, 0)$

$$\begin{aligned} \dot{P}(t) &= (1, 4t^3, 0)\,, \quad \dot{P}^2 = 1 + 16t^6\,, \\ \ddot{P}(t) &= (0, 12t^2, 0)\,, \quad \dot{P}\ddot{P} = 48t^5\,. \end{aligned}$$

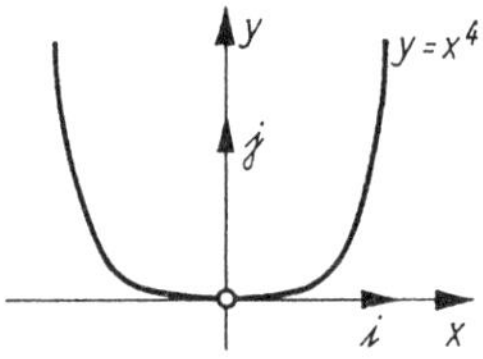

Abb. 30

Wegen der Darstellung

$$\begin{aligned} \bar{P}''(t) &= \frac{1}{1 + 16t^6}\left(\ddot{P} - \frac{48t^5}{1 + 16t^6}\,\dot{P}\right) \\ &= \left(-\frac{48t^5}{(1 + 16t^6)^2}, \frac{12t^2(1 + 16t^6) - 48t^5 \cdot 4t^3}{(1 + 16t^6)^2}, 0\right) \\ &= \frac{12t^2}{(1 + 16t^6)^2}\,(-4t^3, 1, 0) \end{aligned}$$

gilt $\bar{P}''(t) = \mathfrak{o}$ genau dann, wenn $t = 0$ ist. Somit verschwindet die Krümmung lediglich für $t = 0$, d. h. im Ursprung.

An der Stelle $t = 0$ läßt sich folgendermaßen das begleitende Dreibein erklären: $\mathfrak{t} = \mathfrak{i}$,

$$\mathfrak{n} = \lim_{t \to 0} \frac{\bar{P}''}{|\bar{P}''|} = \lim_{t \to 0} \frac{-4t^3\mathfrak{i} + \mathfrak{j}}{\sqrt{16\,t^6 + 1}} = \mathfrak{j}$$

und damit $\mathfrak{b} = \mathfrak{k}$.

(1.10) *Schraubenlinie.* Ebenso wie Gerade und Kreis besitzt eine Schraubenlinie konstante Krümmung und Windung (vgl. Beispiel (1.4)):

$$k(s) = \frac{r}{r^2 + h^2}, \qquad w(s) = \frac{h}{r^2 + h^2}. \tag{19}$$

Dabei kennzeichnet $w > 0$ (bzw. $h > 0$) eine *Rechtsschraube* (Abb. 23) und $w < 0$ (bzw. $h < 0$) eine *Linksschraube.* Den rechnerischen Nachweis der Gültigkeit dieser Formeln überlassen wir dem Leser als Aufgabe.

Aufgaben

1. Man berechne für eine Schraubenlinie Krümmung und Windung, indem man auf der Grundlage der Resultate der Aufgabe 1 zu Abschnitt 1.2 eine Darstellung mit dem natürlichen Parameter s benutzt.
2. Man zeige für eine *kubische* Parabel $y = x^3$, daß
   a) nur im Ursprung die Krümmung verschwindet
   und daß
   b) in diesem Punkt (sogenannter *Wendepunkt*) keine sinnvolle (d. h. stetig differenzierbare) Festlegung des begleitenden Dreibeins möglich ist.
   Vgl. dazu Beispiel (1.9)!

1.5. Weitergehende Deutung von Krümmung und Windung

Gegeben sei die Parameterdarstellung $P = P(s)$ einer Kurve.

A. *Krümmung.* Wir suchen im Fall $k(s_0) \neq 0$ einen Kreis, der die Kurve in $P(s_0)$ möglichst gut annähert. Für ihn ist vor allem der Mittelpunkt M gesucht; denn mit M erhalten wir den Radius $r = |\mathfrak{v}(MP(s_0))|$, und wegen der geforderten Annäherung muß der Kreis in der von M und der Kurventangente in $P(s_0)$ bestimmten Ebene liegen.

Im folgenden sehen wir zunächst M und damit r als gegeben an und betrachten die Funktion (Abb. 31a)

$$f(s) := (\mathfrak{v}(MP(s)))^2 - r^2 ;$$

sie stellt ein gewisses Maß für die Abweichung des Abstands der Punkte M und $P(s)$ von r, d. h. für die Abweichung der Kurve von der Kugel $K(M, r)$ um M mit dem Radius r dar. Gemäß Taylorentwicklung liegt gute Berührung vor, wenn

$$\begin{aligned} f(s_0) &= 0 , \\ f^{(\nu)}(s_0) &= 0 \quad \text{für möglichst viele } \nu = 1, 2, \ldots \end{aligned}$$

gilt. Sind $\mathfrak{m}$ und $\mathfrak{r}(s)$ die Ortsvektoren von M bzw. $P(s)$, dann können diese Forderungen unter Berücksichtigung der Frenetschen Formeln umformuliert werden. Zunächst gilt

$$\begin{aligned} f(s) &= (\mathfrak{r}(s) - \mathfrak{m})^2 - r^2 , \\ f'(s) &= 2(\mathfrak{r}(s) - \mathfrak{m}) \cdot \mathfrak{r}'(s) = 2(\mathfrak{r}(s) - \mathfrak{m}) \cdot \mathfrak{t} , \\ f''(s) &= 2\mathfrak{r}'(s) \cdot \mathfrak{t} + 2(\mathfrak{r}(s) - \mathfrak{m})\, \mathfrak{t}' = 2 + 2k(\mathfrak{r}(s) - \mathfrak{m})\, \mathfrak{n} , \\ f'''(s) &= 2[k'(\mathfrak{r}(s) - \mathfrak{m})\, \mathfrak{n} + k\mathfrak{t}\mathfrak{n} + k(\mathfrak{r}(s) - \mathfrak{m})\, (-k\mathfrak{t} + w\mathfrak{b})] \\ &= 2(\mathfrak{r}(s) - \mathfrak{m})\, [-k^2\mathfrak{t} + k'\mathfrak{n} + kw\mathfrak{b}] , \\ &\ldots\ldots\ldots\ldots\ldots\ldots\ldots\ldots \end{aligned}$$

Die beiden ersten Forderungen ergeben

$$\begin{aligned} f(s_0) &= (\mathfrak{r}(s_0) - \mathfrak{m})^2 - r^2 = 0 , \quad \text{d. h.} \quad P(s_0) \in K(M, r) , \\ f'(s_0) &= 2(\mathfrak{r}(s_0) - \mathfrak{m}) \cdot \mathfrak{t} = 0 , \quad \text{d. h.} \quad \mathfrak{r}(s_0) - \mathfrak{m} \perp \mathfrak{t} . \end{aligned}$$

Wir machen den Ansatz $\mathfrak{r}(s_0) - \mathfrak{m} = x\mathfrak{n}(s_0) + y\mathfrak{b}(s_0)$ und erhalten nach der dritten Forderung

$$f''(s_0) = 2(1 + k(x\mathfrak{n} + y\mathfrak{b})\, \mathfrak{n}) = 2(1 + kx) = 0 ,$$

d. h. sofort

$$x = -\frac{1}{k(s_0)} .$$

Die vierte Forderung führt über

$$f'''(s_0) = 2\left(-\frac{1}{k}\,\mathfrak{n} + y\mathfrak{b}\right)[-k^2\mathfrak{t} + k'\mathfrak{n} + kw\mathfrak{b}] = 2\left(-\frac{k'}{k} + kwy\right) = 0$$

zur Bestimmung von y:

$$y = \begin{cases} \dfrac{k'}{k^2 w} & \text{für} \quad w(s_0) \neq 0, \\ \text{beliebig} & \text{für} \quad w(s_0) = k'(s_0) = 0; \end{cases}$$

dagegen läßt sich die vierte Bedingung für $w(s_0) = 0$ und $k'(s_0) \neq 0$ nicht erfüllen.

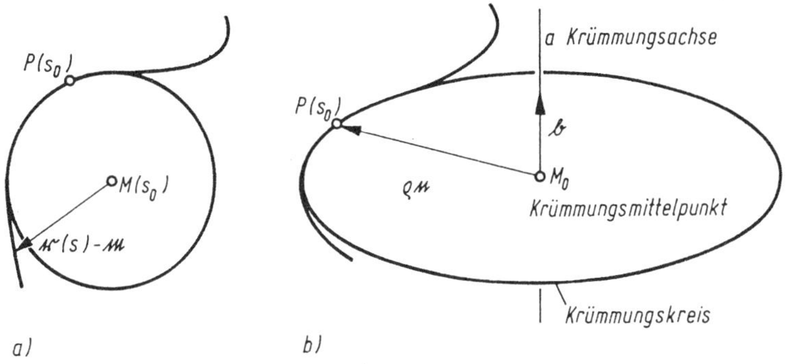

Abb. 31

Die Mittelpunkte aller Kugeln mit $f(s_0) = f'(s_0) = f''(s_0) = 0$ genügen nach obigem Ansatz der Gleichung

$$M = P(s_0) + \frac{1}{k}\mathfrak{n} - y\mathfrak{b};$$

sie liegen auf der Geraden a durch $M(s_0) := P(s_0) + \dfrac{1}{k}\mathfrak{n}$ mit dem Richtungsvektor $\mathfrak{b}$ (Abb. 31b). Die Gerade a wird *Krümmungsachse* genannt. Sie ist parallel zur Binormalen der Kurve in $P(s_0)$.

In allen Kugeln mit $f(s_0) = f'(s_0) = f''(s_0) = 0$, d. h. in allen Kugeln durch $P(s_0)$ mit $M \in a$ liegt ein Kreis mit dem Mittelpunkt $M_0 = M(s_0)$, der *Krümmungskreis* (Abb. 31b). $M_0 = M(s_0)$ heißt *Krümmungsmittelpunkt* und $\varrho(s_0) := \dfrac{1}{k(s_0)}$ *Krümmungsradius*.

In Verallgemeinerung des Zusammenhanges von Krümmung und Radius eines Kreises gilt der

Satz 1.3. *Die Krümmung $k(s)$ einer Kurve ist gleich dem Kehrwert des Krümmungsradius $\varrho(s)$, d. h.*

$$k(s) = \frac{1}{\varrho(s)}.$$

Der Mittelpunkt des Krümmungskreises

$$M(s) = P(s) + \varrho(s)\,\mathfrak{n}(s) = P(s) + \varrho^2(s)\,P''(s)$$

ist zur Angabe einer Gleichung für ihn bedeutsam (ϱ, k, $\mathfrak{t}$, $\mathfrak{n}$ an der Stelle s_0):

$$K(s) = M(s_0) + \varrho \sin k(s - s_0)\,\mathfrak{t} - \varrho \cos k(s - s_0)\,\mathfrak{n}\,.$$

Der Krümmungskreis berührt die Kurve in $P(s_0)$ von mindestens zweiter Ordnung, denn es gilt

$$\begin{aligned} K(s_0) &= M(s_0) - \varrho\mathfrak{n} = P(s_0)\,, \\ K'(s_0) &= \cos k(s_0 - s_0)\,\mathfrak{t} + \sin k(s_0 - s_0)\,\mathfrak{n} = \mathfrak{t} = P'(s_0)\,, \\ K''(s_0) &= -k \sin k(s_0 - s_0)\,\mathfrak{t} + k \cos k(s_0 - s_0)\,\mathfrak{n} = k\mathfrak{n} = P''(s_0)\,. \end{aligned}$$

Eine Kugel mit Berührung von wenigstens dritter Ordnung existiert für $w(s_0) \neq 0$ oder $w(s_0) = k'(s_0) = 0$. Ihr Mittelpunkt ist

$$M = P(s_0) + \frac{1}{k}\,\mathfrak{n} - \frac{k'}{k^2 w}\,\mathfrak{b}\,, \qquad w(s_0) \neq 0\,,$$

bzw.

$$M = P(s_0) + \frac{1}{k}\,\mathfrak{n} - y\mathfrak{b}\,, \qquad w(s_0) = k'(s_0) = 0\,, \qquad y \text{ beliebig.}$$

Solche Kugeln heißen *Schmiegkugeln.*

Der Krümmungsmittelpunkt bezüglich eines Punktes eines Kreises ist offensichtlich der Kreismittelpunkt. Für die Scheitel einer Ellipse (vgl. Beispiel (1.7)) führt die Bestimmung der Krümmungsmittelpunkte zu folgendem Ergebnis: Wegen $k(0) = \dfrac{a}{b^2}$ und $\mathfrak{n}(0) = -\mathfrak{i}$ erhalten wir

$$M(0) = P(0) + \varrho\mathfrak{n} = O + a\mathfrak{i} - \varrho\mathfrak{i} = O + \left(a - \frac{b^2}{a}\right)\mathfrak{i}\,.$$

Dieser Punkt läßt sich durch eine einfache Konstruktion ermitteln (Abb. 32a): Wegen der Ähnlichkeit der entsprechenden rechtwinkligen Dreiecke bestehen die Proportionen

$$\frac{u}{b} = \frac{b}{a}\,, \qquad \frac{v}{a} = \frac{a}{b}\,,$$

d. h. $u = \frac{b^2}{a} = \varrho(0)$ und $v = \frac{a^2}{b} = \varrho\left(\frac{\pi}{2}\right)$. *Das Lot vom Punkt* (a, b) *auf die Verbindungsgerade der Punkte* $P(0)$ *und* $P\left(\frac{\pi}{2}\right)$ *trifft die Achsen in den gesuchten Krümmungsmittelpunkten.* Die Krümmungskreise in den Scheiteln sind ein wichtiges Konstruktionshilfsmittel für das Ziehen einer Ellipse; denn werden um die Krümmungsmittelpunkte diese Kreise als Hilfslinien geschlagen (Abb. 32b), dann kann mit dem Kurvenlineal bereits eine formschöne Näherungskurve für die Ellipse ausgezogen werden.

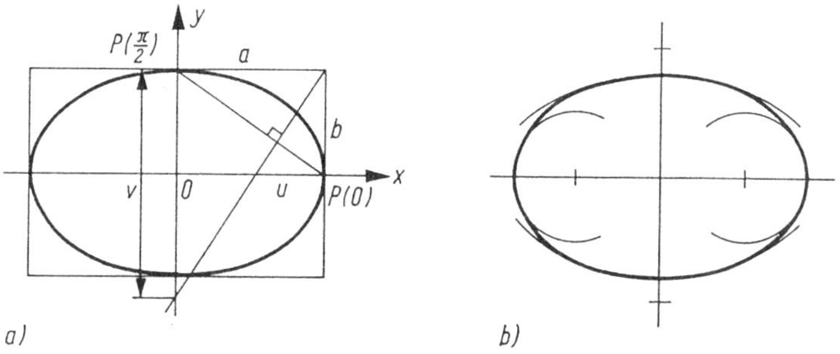

Abb. 32

B. *Windung.* Um im Fall $k(s_0) > 0$ und $w(s_0) \neq 0$ Krümmung und Windung der Kurve zu deuten, fragen wir nach einer Schraubenlinie, welche die Kurve wie der Krümmungskreis von wenigstens zweiter Ordnung berührt; denn die konstante Windung der Schraubenlinie darf als Prototyp der Windung aufgefaßt werden.

Zuerst leiten wir noch einige Formeln über die Schraubenlinie

$$S(s) = O + r \cos \frac{s}{\sqrt{r^2 + h^2}}\, \mathfrak{i} + r \sin \frac{s}{\sqrt{r^2 + h^2}}\, \mathfrak{j} + \frac{hs}{\sqrt{r^2 + h^2}}\, \mathfrak{k} \qquad (20)$$

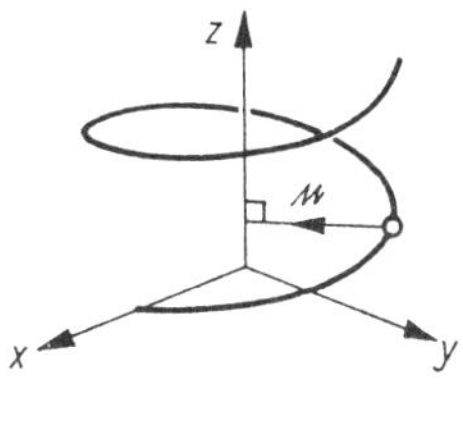

Abb. 33

her. Für jede Kurve ist das begleitende Dreibein ein ausgezeichnetes Koordinatensystem. Um die Achse der Schraubenlinie mit seiner Hilfe zu beschreiben, stellen wir fest, daß $\mathfrak{k}$ wegen $\mathfrak{k} \perp \mathfrak{n}$ eine Linearkombination von $\mathfrak{t}$ und $\mathfrak{b}$ sein muß (Abb. 33). Zur Berechnung der Koeffizienten werden die Vektoren $\mathfrak{t}$ und $\mathfrak{b}$ benötigt:

$$\mathfrak{t} = S' = -\frac{r}{\sqrt{r^2+h^2}} \sin\frac{s}{\sqrt{r^2+h^2}}\,\mathfrak{i} + \frac{r}{\sqrt{r^2+h^2}} \cos\frac{s}{\sqrt{r^2+h^2}}\,\mathfrak{j} + \frac{h}{\sqrt{r^2+h^2}}\,\mathfrak{k},$$

$$S'' = -\frac{r}{r^2+h^2} \cos\frac{s}{\sqrt{r^2+h^2}}\,\mathfrak{i} - \frac{r}{r^2+h^2} \sin\frac{s}{\sqrt{r^2+h^2}}\,\mathfrak{j},$$

$$\mathfrak{n} = \frac{S''}{|S''|} = -\cos\frac{s}{\sqrt{r^2+h^2}}\,\mathfrak{i} - \sin\frac{s}{\sqrt{r^2+h^2}}\,\mathfrak{j},$$

$$\mathfrak{b} = \mathfrak{t} \times \mathfrak{n} = \frac{h}{\sqrt{r^2+h^2}} \sin\frac{s}{\sqrt{r^2+h^2}}\,\mathfrak{i} - \frac{h}{\sqrt{r^2+h^2}} \cos\frac{s}{\sqrt{r^2+h^2}}\,\mathfrak{j} + \frac{r}{\sqrt{r^2+h^2}}\,\mathfrak{k}.$$

Unter Berücksichtigung von

$$k = \frac{r}{r^2+h^2}, \qquad w = \frac{h}{r^2+h^2}$$

(vgl. (19) im Beispiel (1.10)) gilt

$$w\mathfrak{t} + k\mathfrak{b} = \frac{1}{\sqrt{r^2+h^2}}\,\mathfrak{k}. \tag{21}$$

Wir suchen eine Schraubenlinie $P = S(s)$, die $P = P(s)$ im Punkt $P(s_0)$ gut annähert. Später können wir zeigen, daß es auf eine Lösung des folgenden Gleichungssystems (der Index S weist dabei auf die Schraubenlinie hin)

$$\begin{aligned} S(0) &= P(s_0),\\ \left.\begin{aligned}\mathfrak{t}_S(0) &= \mathfrak{t}(s_0),\\ \mathfrak{n}_S(0) &= \mathfrak{n}(s_0)\end{aligned}\right\} &\Rightarrow \mathfrak{b}_S(0) = \mathfrak{b}(s_0),\\ k_S(0) &= k := k(s_0),\\ w_S(0) &= w := w(s_0)\end{aligned}$$

zutrifft. Nach (20) sind ein geeignetes Koordinatensystem O, $\mathfrak{i}$, $\mathfrak{j}$, $\mathfrak{k}$ sowie r und h zu bestimmen. Aus (19) folgt

$$k^2 + w^2 = \frac{1}{r^2 + h^2} \quad \text{bzw.} \quad \sqrt{r^2 + h^2} = \frac{1}{\sqrt{k^2 + w^2}},$$

nach (21) gilt demzufolge

$$\mathfrak{k} = \frac{w\mathfrak{t} + k\mathfrak{b}}{\sqrt{k^2 + w^2}}.$$

Aus (19) folgt aber auch

$$\left.\begin{aligned} r &= k(r^2 + h^2) = \frac{k}{k^2 + w^2}, \\ h &= w(r^2 + h^2) = \frac{w}{k^2 + w^2}. \end{aligned}\right\} \tag{22}$$

Nunmehr kann ein geeignetes Koordinatensystem angegeben werden:

$$\begin{aligned} O &:= P(s_0) + r\mathfrak{n}(s_0) = P(s_0) + \frac{k}{k^2 + w^2}\mathfrak{n}(s_0), \\ \mathfrak{i} &:= -\mathfrak{n}(s_0), \\ \mathfrak{j} &:= \mathfrak{k} \times \mathfrak{i} = \mathfrak{n}(s_0) \times \mathfrak{k} = \frac{k\mathfrak{t}(s_0) - w\mathfrak{b}(s_0)}{\sqrt{k^2 + w^2}}. \end{aligned}$$

Für (20) gilt bezüglich des soeben bestimmten Koordinatensystems mit (22) der Reihe nach

$$\begin{aligned} S(0) &= O + r\mathfrak{i} = (P(s_0) + r\mathfrak{n}(s_0)) + r(-\mathfrak{n}(s_0)) = P(s_0), \\ S'(s) &= -\frac{r}{\sqrt{r^2 + h^2}} \sin \frac{s}{\sqrt{r^2 + h^2}}\, \mathfrak{i} \\ &\quad + \frac{r}{\sqrt{r^2 + h^2}} \cos \frac{s}{\sqrt{r^2 + h^2}}\, \mathfrak{j} + \frac{h}{\sqrt{r^2 + h^2}}\, \mathfrak{k}, \\ S'(0) &= \frac{k}{\sqrt{k^2 + w^2}}\, \mathfrak{j} + \frac{w}{\sqrt{k^2 + w^2}}\, \mathfrak{k} = \frac{k^2\mathfrak{t} - kw\mathfrak{b} + w^2\mathfrak{t} + kw\mathfrak{b}}{k^2 + w^2} \\ &= \mathfrak{t}(s_0) = P'(s_0), \end{aligned}$$

$$S''(s) = -\frac{r}{r^2+h^2}\cos\frac{s}{\sqrt{r^2+h^2}}\,\mathfrak{i} - \frac{r}{r^2+h^2}\sin\frac{s}{\sqrt{r^2+h^2}}\,\mathfrak{j},$$

$$S''(0) = -\frac{r}{r^2+h^2}\,\mathfrak{i} = k\mathfrak{n}(s_0) = P''(s_0).$$

Hieraus folgt die Übereinstimmung im begleitenden Dreibein für $s = 0$ der Schraubenlinie bzw. $s = s_0$ der Kurve.

Satz 1.4. *Durch jeden Punkt einer Kurve mit positiver Krümmung und nicht verschwindender Windung gibt es eine Schraubenlinie, die dort dieselbe Krümmung und Windung besitzt und die Kurve von wenigstens zweiter Ordnung berührt.*

Da $w > 0$ und $h > 0$ äquivalent sind und $h > 0$ eine Rechtsschraube $P = S(s)$ kennzeichnet, ist auch die Kurve für $w > 0$ im betrachteten Punkt näherungsweise eine Rechtsschraube. Entsprechend wird die Kurve für $w < 0$ im betrachteten Punkt durch eine Linksschraube angenähert.

Da die konstruierte Schraubenlinie vom betrachteten Punkt abhängt, spricht man von der *begleitenden Schraubenlinie* bzw. *Schraubung* der Kurve. Entscheidendes Hilfsmittel zur Ermittlung der begleitenden Schraubung ist der Vektor

$$\mathfrak{d}(s) = w\mathfrak{t} + k\mathfrak{b} \qquad \text{(Vektor von Darboux und Cesàro).}$$ [1]

Dieser Vektor charakterisiert die Drehung des begleitenden Dreibeins: Ist $\mathfrak{d}$ Vektor der Winkelgeschwindigkeit $\left(|\mathfrak{d}| = \frac{d\varphi}{dt}\right)$ einer Drehbewegung, dann gilt (Abb. 34a, b)

$$|\dot{\mathfrak{v}}| = \frac{d\varphi}{dt}|\mathfrak{v}|\sin\sphericalangle(\mathfrak{d},\mathfrak{v}) = |\mathfrak{d}|\,|\mathfrak{v}|\sin\sphericalangle(\mathfrak{d},\mathfrak{v}),$$

$$\dot{\mathfrak{v}} \perp \mathfrak{d}, \mathfrak{v}$$

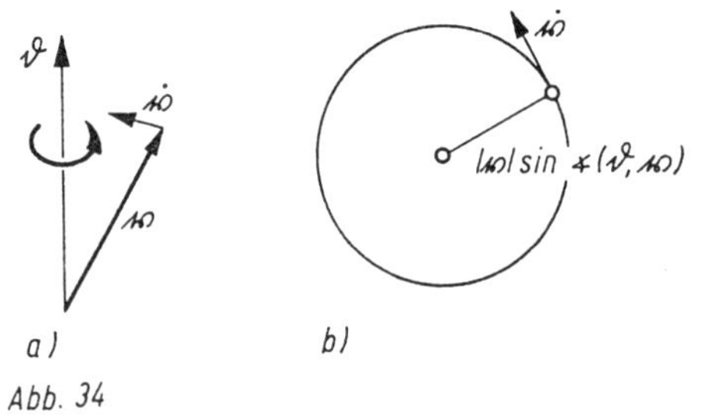

Abb. 34

[1]) Das Hauptwerk von Gaston Darboux (1842—1917) hat den Titel „Leçons sur la théorie générale des surfaces et sur les applications géométriques du calcul infinitésimal". — Ernesto Cesàro (1859—1906).

oder einfach

$$\dot{\mathfrak{v}} = \mathfrak{d} \times \mathfrak{v} .$$

Bezüglich des Vektors von DARBOUX und CESÀRO erhalten wir

$$\mathfrak{d} \times \mathfrak{t} = (w\mathfrak{t} + k\mathfrak{b}) \times \mathfrak{t} = k\mathfrak{n} = \mathfrak{t}' ,$$

$$\mathfrak{d} \times \mathfrak{n} = (w\mathfrak{t} + k\mathfrak{b}) \times \mathfrak{n} = w\mathfrak{b} - k\mathfrak{t} = \mathfrak{n}' ,$$

$$\mathfrak{d} \times \mathfrak{b} = (w\mathfrak{t} + k\mathfrak{b}) \times \mathfrak{b} = -w\mathfrak{n} = \mathfrak{b}' ,$$

d. h., daß $\mathfrak{d}$ die (momentane) Drehbewegung des begleitenden Dreibeins $\left(\text{mit } \frac{d\varphi}{ds} = \sqrt{k^2 + w^2}\right)$ kennzeichnet.

Aufgaben

1. Es sei $c > 0$. Man gebe einen Kreis an, für dessen Krümmung $k = c$ gilt.
2. Es sei $c > 0$ und $d \neq 0$. Man ermittle eine Schraubenlinie mit $k = c$ und $w = d$.
3. Man gebe eine notwendige und hinreichende Bedingung dafür an, daß die begleitende Schraubung die betrachtete Kurve von wenigstens dritter Ordnung berührt. (Dazu betrachte man den Beweis des obigen Satzes, in dem die Berührung von wenigstens zweiter Ordnung konstatiert wurde.)

1.6. Projektion in die Schmieg-, Normal- bzw. rektifizierende Ebene und Näherungskurve gemäß Taylorentwicklung

Unter der Voraussetzung der $(n + 1)$-mal stetigen Differenzierbarkeit der Koordinatenfunktionen $x = x(s)$, $y = y(s)$ und $z = z(s)$ kann für sie eine Taylorentwicklung vorgenommen werden. Somit erhalten wir folgende Taylorentwicklung bezüglich der Parameterdarstellung $P = P(s)$:

$$P(s + h) = P(s) + \frac{h}{1!} P'(s) + \frac{h^2}{2!} P''(s) + \cdots + \frac{h^n}{n!} P^{(n)}(s) + \mathfrak{r}_n(s, h) . \qquad (23)$$

Zunächst werden wir diese Entwicklung für $n = 2$ anwenden.

Wir betrachten einen Kurvenpunkt $P(s)$. Die in $P(s)$ zu $\mathfrak{t}$ senkrechte Ebene (Abb. 35a) heißt *Normalebene* (NE). Für $k(s) \neq 0$ erhalten wir wie folgt eine weitere mit der Kurve verbundene Ebene (Abb. 35b): Es sei $P_1 := P(s + h_1)$ und $P_2 := P(s + h_2)$ mit $0 \neq h_1, h_2, h_2 - h_1$. Da $k(s + h) \neq 0$ in einer Umgebung von $P(s)$ gilt, dürfen wir voraussetzen, daß P, P_1, P_2 nicht kollinear sind; es sei ε die Ebene durch diese Punkte. Wir betrachten $P(s)$ als Ursprung und können P_1, P_2 und einen beliebigen Punkt $X \in \varepsilon$ durch

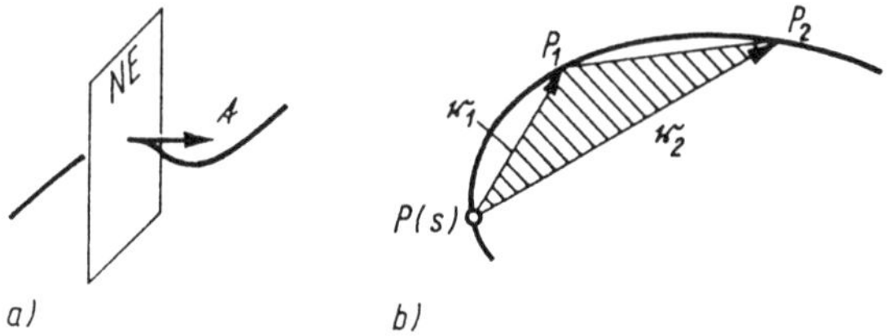

Abb. 35

ihre Ortsvektoren $\mathfrak{r}_1$, $\mathfrak{r}_2$ bzw. $\mathfrak{r}$ charakterisieren. Wegen $X \in \varepsilon$ gilt $\mathfrak{r} \perp \mathfrak{r}_1 \times \mathfrak{r}_2$, $\lambda\mathfrak{r}_1 \times \mathfrak{r}_2$ für jede reelle Zahl λ. Bei der Angabe eines Stellungsvektors $\lambda\mathfrak{r}_1 \times \mathfrak{r}_2$ können wir über $\lambda \neq 0$ noch verfügen. Nach (23) gilt

$$P_i = P(s) + h_i P'(s) + \frac{1}{2} h_i^2 P''(s) + \mathfrak{r}_2(s, h_i)\,, \qquad i = 1, 2\,,$$

und folglich

$$\lambda\mathfrak{r}_1 \times \mathfrak{r}_2 = \lambda\left(h_1 \cdot \frac{1}{2} h_2^2 - h_2 \cdot \frac{1}{2} h_1^2\right) P' \times P'' + \lambda\mathfrak{r}(s, h_1, h_2)\,.$$

Setzen wir jetzt

$$\lambda = \frac{2}{h_1 h_2 (h_2 - h_1)}\,,$$

dann gilt $\lim\limits_{h_1, h_2 \to 0} \lambda\mathfrak{r}(s, h_1, h_2) = \mathfrak{o}$ und folglich

$$\lim_{h_1, h_2 \to 0} \lambda\mathfrak{r}_1 \times \mathfrak{r}_2 = P'(s) \times P''(s) = \mathfrak{t} \times k\mathfrak{n} = k\mathfrak{b}\,.$$

Die für $k(s) \neq 0$ eindeutig bestimmte, zu $\mathfrak{b}(s)$ senkrechte Ebene durch $P(s)$ heißt *Schmiegebene* im Punkt $P(s)$; sie wird von $\mathfrak{t}$ und $\mathfrak{n}$ aufgespannt.

Die zu $\mathfrak{n}(s)$ senkrechte Ebene durch $P(s)$ heißt *rektifizierende Ebene*[1]). In Abb. 36 sind die Koordinatenebenen SE, NE und RE des begleitenden Dreibeins, d. h. Schmieg-, Normal- und rektifizierende Ebene, dargestellt.

Für die weitere Auswertung von (23) setzen wir viermal stetige Differenzierbarkeit voraus. Um den Vektor

$$\mathfrak{v}(s, h) := \frac{h}{1!} P'(s) + \frac{h^2}{2!} P''(s) + \frac{h^3}{3!} P'''(s) + \mathfrak{r}_3(s, h)$$

[1]) Sie wird auch *Streckebene* genannt.

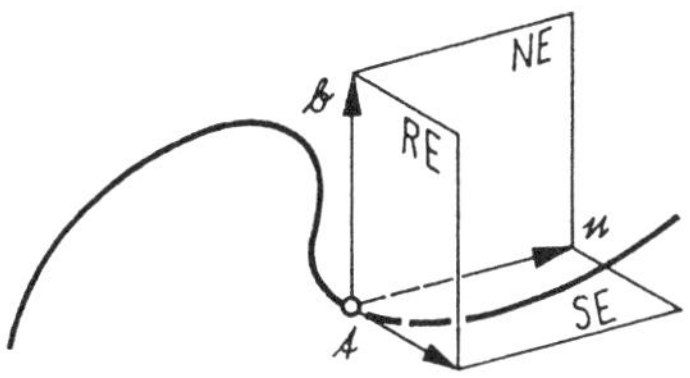

Abb. 36

in der Form $\mathfrak{v}(s, h) = x\mathfrak{t} + y\mathfrak{n} + z\mathfrak{b}$ entwickeln zu können, benutzen wir die Formeln

$$P'(s) = \mathfrak{t},$$
$$P''(s) = \mathfrak{t}' = k\mathfrak{n},$$
$$P'''(s) = k'\mathfrak{n} + k\mathfrak{n}' = -k^2\mathfrak{t} + k'\mathfrak{n} + kw\mathfrak{b}$$

und erhalten die sogenannte *kanonische Entwicklung* von $\mathfrak{v}(s, h)$ und damit auch von $P(s + h) = P(s) + \mathfrak{v}(s, h)$:

$$\mathfrak{v}(s, h) = \left(h - \frac{k^2}{6} h^3\right)\mathfrak{t} + \left(\frac{k}{2} h^2 + \frac{k'}{6} h^3\right)\mathfrak{n} + \frac{kw}{6} h^3\mathfrak{b} + \mathfrak{r}_3(s, h).$$

Dabei ist $\mathfrak{r}_3(s, h)$ in h von vierter Ordnung, d. h., daß sich h^4 ausklammern läßt: $\mathfrak{r}_3(r, h) = h^4 \cdot \bar{\mathfrak{r}}(r, h)$ mit beschränktem $\bar{\mathfrak{r}}(s, h)$ für $|h| < \varepsilon$.

Aus der kanonischen Entwicklung ergibt sich gemäß dem obigen Ansatz

$$x = h + h^3(\dots),$$
$$x^2 = h^2 + h^4(\dots),$$
$$y = \frac{k}{2} x^2 + h^3(\dots),$$

d. h., daß für $k \neq 0$ die Projektion der Kurve in die Schmiegebene in einer hinreichend kleinen Umgebung von $P(s)$ mit $|h| < \varepsilon$ sehr gut von der Parabel $y = \frac{k}{2} x^2$ angenähert wird (vgl. Abb. 37a).

Um die Annäherung der Projektion in die Normalebene zu ermitteln, bilden wir

$$z^2 = \left(\frac{kw}{6} h^3 + h^4(\dots)\right)^2 = \frac{k^2 w^2}{36} h^6 + h^7(\dots),$$

$$y^3 = \left(\frac{k}{2} h^2 + h^3(\dots)\right)^3 = \frac{k^3}{8} h^6 + h^7(\dots);$$

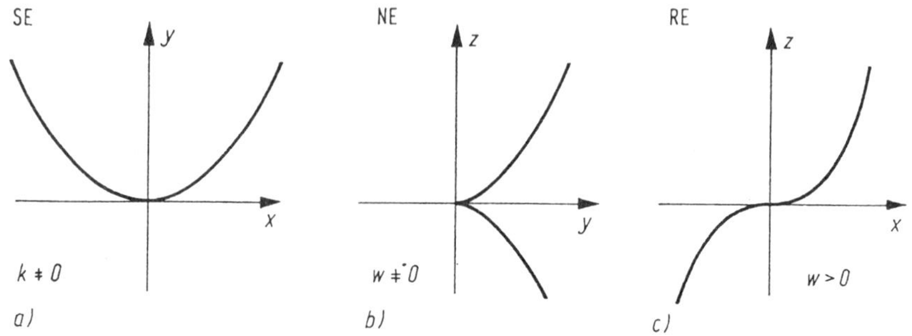

Abb. 37

hieraus folgt

$$z^2 = \frac{2w^2}{9k} y^3 + h^7(\dots) .$$

Die Projektion der Kurve in die Normalebene wird für $w(s) \neq 0$ durch die *Neilsche Parabel* $z^2 = \frac{2w^2}{9k} y^3$ angenähert (vgl. Abb. 37b). Man überzeuge sich im Fall der Schraubenlinie von der Richtigkeit des erhaltenen Resultates, indem man die Umgebung eines Punktes beim „Vorbeischauen" in Richtung der Tangente beobachte.

Schließlich untersuchen wir das Bild der Kurve beim „Betrachten in Richtung der Hauptnormalen". Wegen

$$x^3 = h^3 + h^5(\dots)$$

gilt

$$z = \frac{kw}{6} x^3 + h^4(\dots) ,$$

so daß für $w \neq 0$ die Projektion der Kurve in die rektifizierende Ebene durch die kubische Parabel $z = \frac{kw}{6} x^3$ angenähert wird (Abb. 37c).

Aufgaben

1. Man bestimme den Krümmungsmittelpunkt der Näherungsparabel $y = \frac{k}{2} x^2$ in der Schmiegebene und vergleiche die Krümmungskreise von Kurve und Näherungsparabel.
2. Man gebe im Fall $k = 2$ und $w = -3$ (Linksschraube) die Neilsche Parabel in der Normalebene und die kubische Parabel in der rektifizierenden Ebene durch eine Zeichnung an.

1.7. Der Fundamentalsatz der Kurventheorie

In den obigen Abschnitten kann die Bedeutung von Krümmung und Windung für die geometrischen Eigenschaften einer Kurve schon in einem gewissen Maße erkannt werden. Der Fundamentalsatz klärt die Rolle von Krümmung und Windung für den Verlauf einer Kurve durch seine Eindeutigkeitsaussage endgültig. Außerdem enthält er eine weitreichende Existenzaussage.

Es sei $P = P(s)$ eine zulässige Parameterdarstellung einer Kurve. Wegen $k(s) = |P''(s)| = \sqrt{P''P''} \geqq 0$ ist die Krümmung $k = k(s)$ im Fall $k(s) \neq 0$ stetig differenzierbar, denn es gilt

$$k'(s) = \frac{P''P'''}{\sqrt{P''P''}}.$$

Die Windung $w = w(s) = \mathfrak{n}'\mathfrak{b} = \left(\frac{P''}{|P''|}\right)' \left(P' \times \frac{P''}{|P''|}\right)$ ist eine stetige Funktion von s, wobei ihre Definition $P''(s) \neq 0$ bzw. $k(s) \neq 0$ voraussetzt. Diese Aussagen lassen sich wie folgt umkehren:

Fundamentalsatz. *Im Intervall I mit $0 \in I$ sei $\bar{k} = \bar{k}(s)$ eine stetig differenzierbare, positive Funktion und $\bar{w} = \bar{w}(s)$ eine stetige Funktion. Weiterhin sei P_0 ein Punkt und $\mathfrak{e}_1, \mathfrak{e}_2, \mathfrak{e}_3$ ein (orthonormiertes) Dreibein, d. h. $\mathfrak{e}_i\mathfrak{e}_k = \delta_{ik}$* [1]) *und $(\mathfrak{e}_1 \times \mathfrak{e}_2)\,\mathfrak{e}_3 = 1$. Dann gibt es genau eine Kurve $P = P(s)$, die in I definiert ist und folgende Eigenschaften besitzt:*

1. *s ist der natürliche Parameter, die Bogenlänge,*
2. $P(0) = P_0$, $\mathfrak{t}(0) = \mathfrak{e}_1$, $\mathfrak{n}(0) = \mathfrak{e}_2$, $\mathfrak{b}(0) = \mathfrak{e}_3$,
3. $k(s) = \bar{k}(s)$, $w(s) = \bar{w}(s)$ *für alle $s \in I$.*

Beweis. *Eindeutigkeit.* Notwendige Bedingung für eine gesuchte Kurve $P = \bar{P}(s)$ ist das System Frenetscher Formeln, wobei 1. bis 3. gelten, d. h.

$$\left.\begin{aligned} \bar{\mathfrak{t}}'(s) &= && \bar{k}(s)\,\bar{\mathfrak{n}}(s), && \\ \bar{\mathfrak{n}}'(s) &= -\bar{k}(s)\,\bar{\mathfrak{t}}(s) && && +\bar{w}(s)\,\bar{\mathfrak{b}}(s), \\ \bar{\mathfrak{b}}'(s) &= && -\bar{w}(s)\,\bar{\mathfrak{n}}(s) && \end{aligned}\right\} \qquad (24)$$

---

[1]) Das *Kroneckersymbol* δ_{ik} ist folgendermaßen definiert:

$$\delta_{ik} = \begin{cases} 1 & \text{für} \quad i = k\,, \\ 0 & \text{für} \quad i \neq k\,. \end{cases}$$

Leopold Kronecker (1823—1891).

mit $\bar{P}(0) = P_0$ und

$$\bar{\mathfrak{t}}(0) = \mathfrak{e}_1\,, \qquad \bar{\mathfrak{n}}(0) = \mathfrak{e}_2\,, \qquad \bar{\mathfrak{b}}(0) = \mathfrak{e}_3\,. \tag{25}$$

Sobald umgekehrt eine Lösung für das System (24) mit den neun Differentialgleichungen (jede Gleichung in (24) faßt drei Gleichungen mit den Koordinatenfunktionen zusammen!) für neun gesuchte Koordinatenfunktionen mit (25) gefunden wurde, erfüllt

$$P = \bar{P}(s) = P_0 + \int_0^s \bar{\mathfrak{t}}(\sigma)\,d\sigma \tag{26}$$

alle Bedingungen in 2.; nach einem Satz über lineare Differentialgleichungen ist (24) mit den Anfangsbedingungen (25) eindeutig lösbar. Somit gibt es höchstens eine gesuchte Funktion $P = P(s)$, nämlich $P(s) = \bar{P}(s)$ mit $\bar{P}(s)$ gemäß (26).

Existenz. Hier ist die Frage zu stellen, ob (26) zulässige Parameterdarstellung einer Kurve ist, die 1. bis 3. erfüllt.

a) Mit $P(s) = \bar{P}(s)$ können wir dreimal stetige Differenzierbarkeit konstatieren, denn nach (26) und (24) gilt

$$\begin{aligned} P'(s) &= \bar{\mathfrak{t}}(s)\,, \\ P''(s) &= \bar{\mathfrak{t}}'(s) = \bar{k}(s)\,\bar{\mathfrak{n}}(s)\,, \\ P'''(s) &= \bar{k}'(s)\,\bar{\mathfrak{n}}(s) + \bar{k}(s)\,[-\bar{k}(s)\,\bar{\mathfrak{t}} + \bar{w}(s)\,\bar{\mathfrak{b}}]\,. \end{aligned}$$

Für den weiteren Beweis formulieren wir (24) neu: Die Koeffizientenmatrix wollen wir wieder wie bei der Herleitung der Frenetschen Formeln mit (a_{ik}) bezeichnen; außerdem setzen wir $\mathfrak{b}_1(s) := \bar{\mathfrak{t}}(s)$, $\mathfrak{b}_2(s) := \bar{\mathfrak{n}}(s)$ und $\mathfrak{b}_3(s) := \bar{\mathfrak{b}}(s)$. Dann gilt

$$\mathfrak{b}_i'(s) = \sum_{k=1}^{3} a_{ik}\mathfrak{b}_k\,. \tag{24'}$$

Nach diesen Festlegungen setzen wir das begonnene Beweisprogramm fort, indem wir zeigen, daß

b) $\mathfrak{b}_i\mathfrak{b}_k = \delta_{ik}$ und $(\mathfrak{b}_1 \times \mathfrak{b}_2)\,\mathfrak{b}_3 = 1$ für alle $s \in I$ gilt: Es sei $b_{ik}(s) := \mathfrak{b}_i\mathfrak{b}_k$. Nach (25) ist $b_{ik}(0) = \delta_{ik}$. Das System der Differentialgleichungen

$$b'_{ik} = (\mathfrak{b}_i\mathfrak{b}_k)' = \sum_r (a_{ir}\mathfrak{b}_r\mathfrak{b}_k + \mathfrak{b}_i a_{kr}\mathfrak{b}_r) = \sum_r (a_{ir}b_{rk} - b_{ir}a_{rk})$$

hat neben $b_{ik}(s) = \mathfrak{b}_i\mathfrak{b}_k$ die Lösung δ_{ik}; denn bezüglich der linken Seite haben wir $\delta'_{ik} = 0$, bezüglich der rechten Seiten

$$\sum_r (a_{ir}\delta_{rk} - \delta_{ir}a_{rk}) = a_{ik} - a_{ik} = 0\,.$$

Nach dem oben schon benutzten Satz über die Lösung von Differentialgleichungssystemen, speziell der Eindeutigkeitsaussage, gilt $b_{ik}(s) = \delta_{ik}$, d. h., daß die Vektoren $\mathfrak{b}_1, \mathfrak{b}_2, \mathfrak{b}_3$ paarweise senkrechte Einheitsvektoren sind. Folglich besitzt die Funktion

$$f(s) := (\mathfrak{b}_1 \times \mathfrak{b}_2)\, \mathfrak{b}_3$$

nur die Werte 1 und -1. Da $f(0) = 1$ nach (25) gilt und diese Funktion stetig ist, haben wir $f(s) = 1$ für alle $s \in I$.

c) Wegen $\bar{\mathfrak{t}}^2 = \mathfrak{b}_1^2 = 1$ ist s natürlicher Parameter.

d) Bezüglich des begleitenden Dreibeins erhalten wir

$$\left.\begin{aligned} \mathfrak{t}(s) &= P'(s) = \bar{\mathfrak{t}}(s), \\ \mathfrak{n}(s) &= \frac{P''(s)}{|P''(s)|} = \frac{\bar{\mathfrak{t}}'(s)}{|\bar{\mathfrak{t}}'(s)|} = \bar{\mathfrak{n}}(s) \end{aligned}\right\} \Rightarrow \mathfrak{b}(s) = \bar{\mathfrak{b}}(s)\,.$$

e) Hinsichtlich der Krümmung und Windung haben wir ebenfalls das angestrebte Ziel erreicht:

$$k(s) = \mathfrak{t}'\mathfrak{n} = \bar{\mathfrak{t}}'\bar{\mathfrak{n}} = \bar{k}(s)\,,$$
$$w(s) = -\mathfrak{b}'\mathfrak{n} = -\bar{\mathfrak{b}}'\bar{\mathfrak{n}} = \bar{k}(s)\,,$$

w. z. b. w.

Die wichtigsten Folgerungen aus diesem Satz bezüglich beliebiger Kurven lauten:

1. *Wenn wir*

$$k = k(s)\,, \qquad w = w(s) \tag{27}$$

von einer Kurve kennen, dann ist sie bis auf Bewegung im Raum (Wahl von $P_0, \mathfrak{e}_1, \mathfrak{e}_2, \mathfrak{e}_3$!) *eindeutig bestimmt. Alle Kurven mit gegebenen Funktionen* (27) *sind untereinander kongruent.*

2. *Jede Eigenschaft einer Kurve, jede geometrische Größe, läßt sich mit Hilfe von Krümmung $k(s)$ und Windung $w(s)$ beschreiben. Krümmung und Windung bilden ein unabhängiges und vollständiges Invariantensystem der Kurve.*

Definition. Für eine Kurve $P = P(s)$ sind (27) die *natürlichen Gleichungen.*

Hinsichtlich der Kurven konstanter Krümmung und Windung — als solche sind uns bisher Gerade, Kreis und Schraubenlinie bekannt (vgl. die Beispiele (1.5), (1.6) und (1.10) im Abschnitt 1.4) — können wir nach dem Fundamentalsatz eine vollständige Übersicht gewinnen:

a) Ist $P = P(s)$ eine ebene Kurve konstanter Krümmung $k \neq 0$, dann betrachten wir den Krümmungskreis in einem Punkt $P(s_0)$. Da er die Kurve von wenigstens zweiter Ordnung berührt, besitzen Kurve und Krümmungskreis in $P(s_0)$ dasselbe begleitende Dreibein. Nach dem Fundamentalsatz ist die ebene Kurve ($w = 0$) Teilmenge des Krümmungskreises.

b) Ist $P = P(s)$ eine nicht ebene Kurve konstanter Krümmung k und konstanter Windung w, dann betrachten wir in einem Punkt $P(s_0)$ die begleitende Schraubenlinie. Da sie die Kurve von wenigstens zweiter Ordnung berührt, haben beide Kurven in $P(s_0)$ dasselbe begleitende Dreibein. Nach dem Fundamentalsatz ist die nicht ebene Kurve $P = P(s)$ Teilmenge der Schraubenlinie.

Zusammenfassend formulieren wir den

Satz 1.5. *Gerade, Kreis und Schraubenlinie sowie Teile davon sind die einzigen Kurven konstanter Krümmung und Windung.*

Bisher haben wir lediglich aus der Eindeutigkeitsaussage des Fundamentalsatzes gefolgert. Seine Existenzaussage kann nur im Zusammenhang mit der Theorie der Differentialgleichungen genutzt werden. Oft haben gerade geometrische Fragestellungen zur Weiterentwicklung dieser Theorie beigetragen.

Krümmung und Windung bilden ein vollständiges Invariantensystem einer Kurve. Zweifellos wird damit die Frage aufgeworfen, ob noch andere Invariantensysteme existieren. Zunächst stellen wir fest, daß

$$|\mathfrak{t}'| = k \quad \text{und} \quad |\mathfrak{b}'| = |w|$$

gilt. Offenbar ist auch $|\mathfrak{n}'| = \sqrt{k^2 + w^2}$ eine Invariante; wir setzen

$$g(s) := |\mathfrak{n}'(s)| \qquad \text{(ganze bzw. Lancretsche}^{1)}\text{ Krümmung)}$$

und überlassen es dem Leser, mit Hilfe der ganzen Krümmung neue Invariantensysteme aufzustellen.

Aufgabe

Man prüfe, ob $g = g(s)$ und $w = w(s)$ ein vollständiges Invariantensystem ist, und formuliere gegebenenfalls einen neuen Fundamentalsatz.

---

[1]) Lancret 1802.

1.8. Einige spezielle Kurven

Die Auswahl der Klassen von Kurven, die im folgenden näher untersucht werden, erfolgte unter dem Aspekt der Bedeutung für Anwendungen. In der Praxis werden meist Aussagen über Flächen benötigt, jedoch können Einsichten bezüglich der Kurventheorie sehr nützliche Anwendung finden — sei es, daß Straßen im Gelände durch Kurven „ersetzt" werden oder daß geeignete Schnitte bei zylindrischen bzw. kegeligen Oberflächen schon wesentliche praxisrelevante Aussagen über die Fläche gestatten. Andererseits werden wir die Kurventheorie im Rahmen der Flächentheorie weiterentwickeln, weil die dort ohnehin bereitzustellenden Hilfsmittel eine gesonderte Behandlung solcher Themen wie Kurven bezüglich nichtkartesischer Koordinatensysteme der Ebene oder Hüllkurven hier im Rahmen der Kurventheorie als nicht zweckmäßig erscheinen lassen.

a) *Böschungslinien*

Straßen mit konstantem Anstieg erfordern eine gleichmäßige Motorleistung und erübrigen vor allem unerwünschtes Schalten. Wir können solche Straßen als verallgemeinerte schiefe Ebenen auffassen (Abb. 38): Wir stellen die Straße durch ein Kurvenstück dar und fällen von jedem Punkt auf eine horizontale Ebene das Lot; bei Abwicklung des entstandenen Flächenstückes in eine Ebene ergibt sich eine rechtwinklige Dreiecksfläche.

Eine Kurve konstanten Anstiegs ist bei senkrechter Achse die Schraubenlinie. Unabhängig von den Begriffen „vertikal" und „horizontal", die sich geometrisch ohne Willkür (etwa Auszeichnung der x,y-Ebene) nicht präzisieren lassen, erklären wir

Definition. Eine Kurve $P = P(s)$ heißt genau dann *Böschungslinie (allgemeine Schraubenlinie)*, wenn es einen Einheitsvektor $\mathfrak{e}$ derart gibt, daß $P'(s)\,\mathfrak{e}$ konstant ist, etwa $P'\mathfrak{e} = \cos\alpha$ mit konstanter Winkelgröße α.

Für eine Böschungslinie $P = P(s)$ folgt aus $P'(s)\,\mathfrak{e} = \cos\alpha$ zunächst $P''(s)\,\mathfrak{e} = 0$ und $P''(s) \perp \mathfrak{e}$. Unter der Voraussetzung $k(s) \neq 0$ gilt $\mathfrak{n}(s) \perp \mathfrak{e}$ und folglich $\mathfrak{b}'(s)\,\mathfrak{e} = -w\mathfrak{n}(s)\,\mathfrak{e} = 0$, d. h., daß auch $\mathfrak{b}(s)\,\mathfrak{e}$ konstant ist. Es sei $c_1 := \mathfrak{t}(s)\,\mathfrak{e} = P'(s)\,\mathfrak{e} = \cos\alpha$ und $c_2 := \mathfrak{b}(s)\,\mathfrak{e}$. Wegen $0 = \mathfrak{n}'(s)\,\mathfrak{e} = (-k\mathfrak{t} + w\mathfrak{b})\,\mathfrak{e}$

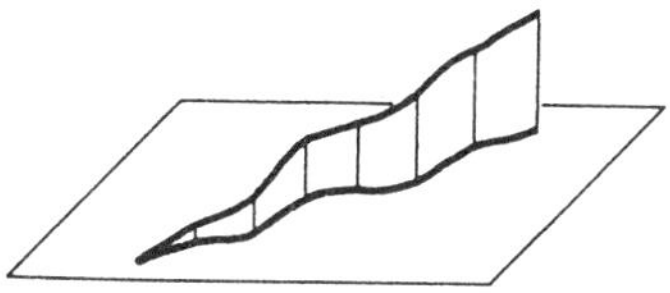

Abb. 38

$= -kc_1 + wc_2$ und $c_2 \neq 0$ (sonst wäre wegen $k(s) \neq 0$ offensichtlich $c_1 = c_2 = 0$ und $\mathfrak{e} \perp \mathfrak{t}, \mathfrak{n}, \mathfrak{b}$ im Widerspruch zu $|\mathfrak{e}| = 1$) muß $w\left(= \frac{c_1}{c_2} k\right)$ proportional zu $k(s)$ sein.

Es sei nun umgekehrt $w(s) = c \cdot k(s)$ für eine Kurve $P = P(s)$. Zur Konstante c gibt es eine Winkelgröße α mit $c = \cot \alpha$. Um zu beweisen, daß eine Böschungslinie vorliegt, benötigen wir einen geeigneten Vektor $\mathfrak{e}$; wir machen den Ansatz

$$\mathfrak{e}(s) = \cos \alpha\, \mathfrak{t}(s) + \sin \alpha\, \mathfrak{b}(s)\,.$$

Offenbar gilt $|\mathfrak{e}(s)| = 1$ und $P'(s)\,\mathfrak{e}(s) = \cos \alpha \mathfrak{t}^2 = \cos \alpha$; wegen

$$\begin{aligned} \mathfrak{e}'(s) &= \cos \alpha \cdot k(s)\, \mathfrak{n}(s) + \sin \alpha \cdot (-w(s)\, \mathfrak{n}(s)) \\ &= \mathfrak{n}(s)\, [k(s) \cos \alpha - \sin \alpha \cdot \cot \alpha\, k(s)] = \mathfrak{o} \end{aligned}$$

ist $\mathfrak{e}(s) = \mathfrak{e}$ ein konstanter Vektor. Insgesamt gilt der

Satz 1.6 (Saint-Venant[1]), 1844). *$P = P(s)$ ist genau dann eine Böschungslinie, wenn es eine Konstante c mit $w(s) = c \cdot k(s)$ gibt.*

Sonderfälle einer Böschungslinie sind alle Geraden ($k(s) = w(s) = 0$), alle ebenen Kurven ($c = 0$) und alle Schraubenlinien (k, w konstant).

Aufgabe

Man zeige, daß alle nichtebenen Böschungslinien konstanter Krümmung Schraubenlinien sind.

b) *Klothoide (Cornusche[2]) Spirale)*

Ein Fahrzeug hat bei geradlinigem und bei kreisförmigem Verlauf einer Straße oder eines Schienenstranges eine feste Einstellung der lenkbaren Räder. Den Übergang von der einen Stellung der Räder zur anderen wollen wir durch eine konstante Lenkradgeschwindigkeit realisieren:

$$\frac{d\omega}{ds} = c \neq 0\,, \quad \text{d. h.} \quad \omega = cs\,,$$

wenn wir von einer additiven Konstante absehen. Nach (14) und (15) erhalten wir

$$k(s) = |P''(s)| = \omega = cs\,.$$

---

[1]) Adhemar Jean Claude Barré de Saint-Venant (1797—1886).

[2]) Nach Marie Alfred Cornu (1841—1902).

Für eine ebene Kurve ergibt das die natürlichen Gleichungen (E. CESÀRO)

$$k(s) = cs\,, \qquad w(s) = 0\,.$$

Messen wir den Drehwinkel φ des Tangentenvektors stets von der positiven x-Achse aus, dann ist

$$\omega = \frac{d\varphi}{ds} \quad \text{und} \quad \varphi = \frac{c}{2}s^2 = \frac{s^2}{2a^2} \qquad \text{für} \quad c > 0$$

(bis auf eine additive Konstante), d. h. bezüglich der x,y-Ebene

$$P'(s) = (\cos\varphi, \sin\varphi) = \left(\cos\frac{s^2}{2a^2}, \sin\frac{s^2}{2a^2}\right),$$

$$x(s) = \int \cos\frac{s^2}{2a^2}\,ds\,, \qquad y(s) = \int \sin\frac{s^2}{2a^2}\,ds\,.$$

Die gliedweise Integration ergibt wegen $x(s) = s + s^5\,(\ldots)$,

$$y(s) = \frac{s^3}{6a^2} + s^7\,(\ldots) \text{ und folglich}$$

$$y = \frac{x^3}{6a^2} + x^7\,(\ldots) = \frac{cx^3}{6} + x^7\,(\ldots)$$

eine kubische Näherungsparabel (Anwendung im Straßenbau);

die Substitution $s = a\sqrt{\pi}\,\tau$ ergibt die in der Optik auftretenden Fresnelschen Integrale[1])

$$x(\tau) = a\sqrt{\pi}\int_0^\tau \cos\frac{\pi\tau^2}{2}\,d\tau\,, \qquad y(\tau) = a\sqrt{\pi}\int_0^\tau \sin\frac{\pi\tau^2}{2}\,d\tau\,,$$

so daß $x = y = \pm\frac{1}{2}a\sqrt{\pi}$ die asymptotischen Punkte für $\tau \to \pm\infty$ charakterisieren (Abb. 39a).

Als Übergangsbogen zwischen einer Strecke und einem Kreisbogen wird ein derartiges Stück einer geeigneten Klothoide (Wahl der Konstante c) bestimmt, daß bezüglich des Koordinatensystems die Strecke auf der negativen x-Achse abgetragen ist und der Kreisbogen dort beginnt, wo die

---

[1]) AUGUSTIN FRESNEL (1788—1827).

Klothoide die Krümmung $\frac{1}{r}$ (r zum Kreisbogen gehöriger Radius) erreicht hat (Abb. 39b). Im Straßenbau spricht man von *Anrampung*.

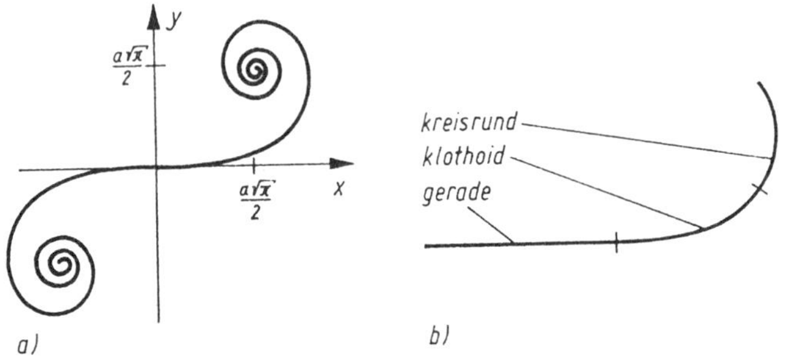

Abb. 39

Aufgabe

Man berechne für eine Klothoide $P = P(s)$ aus der Integraldarstellung $P''(s)$ und $k(s)$.

c) *Evolventen und Evoluten einiger Kurven*

Es sei $P = P(s)$ eine Kurve. Die Punktmenge

$$Q(s) := P(s) + v(s) \cdot P'(s)\,, \tag{28}$$

für die s im allgemeinen kein natürlicher Parameter ist, wird durch die Forderung

$$\dot{Q}(s) = P'(s) + v'(s)\,\mathfrak{t}(s) + v(s)\,\mathfrak{t}'(s) \perp \mathfrak{t}(s)$$

zu einer *Orthogonaltrajektorie* der Tangenten der Kurve $P = P(s)$. Wegen

$$0 = \mathfrak{t}(\mathfrak{t} + v'\mathfrak{t} + vk\mathfrak{n}) = 1 + v'(s)$$

ergibt (28) über $v'(s) = -1$ sofort $v(s) = s_0 - s$ und damit die *Filarevolvente* bzw. *Fadenevolvente*

$$Q(s) = P(s) + (s_0 - s)\,P'(s) \tag{29}$$

mit der ersten Ableitung

$$\dot{Q}(s) = (s_0 - s)\,P''(s) = (s_0 - s)\,k(s)\,\mathfrak{n}(s)\,. \tag{30}$$

Eine Filarevolvente entsteht als Bahn eines Fadenknotens, wenn der Faden zunächst auf der Kurve liegt (der Knoten dabei auf $P(s_0)$) und der Faden dann derart abgewickelt wird, daß der gespannte abgewickelte Teil in der jeweiligen Tangente liegt (Abb. 40); der abgewickelte Faden hat bis zum

Knoten die Länge $s_0 - s$. Ein Pendel, dessen Aufhängung zwischen zwei „Backen“ erfolgt, an die sich der Faden legt und wieder ablöst, beschreibt ebenfalls eine Fadenevolvente; solche Pendel werden beispielsweise in der Physik untersucht (vgl. auch d) Rollkurven).

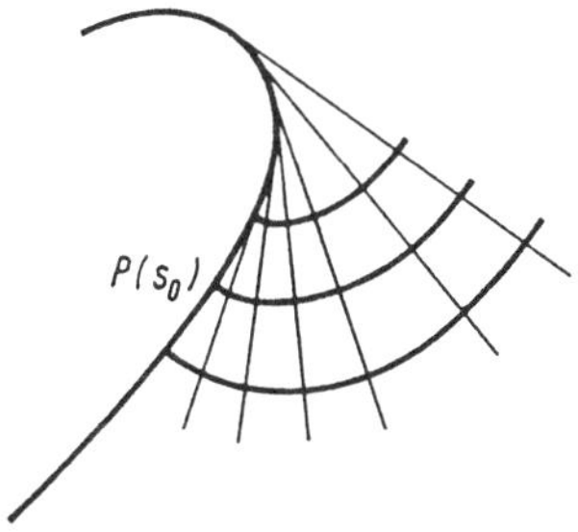

Abb. 40

Die Darstellung (29) ist zulässig, wenn $P = P(s)$ viermal stetig differenzierbar, $s \neq s_0$ und $k(s) \neq 0$ ist.

$P = P(s)$ heißt *Filarevolute* von $P = Q(s)$ gemäß (29). Bei Kurven einer Ebene ε spricht man kurz von *Evolventen* und *Evoluten*. Unter den Voraussetzungen $k(s) > 0$, $w(s) = 0$ und $s \neq s_0$ erhalten wir, wenn wir den natürlichen Parameter der Evolvente mit σ bezeichnen, der Reihe nach

$$\ddot{Q}(s) = -k(s)\,\mathfrak{n}(s) + (s_0 - s)\,k'(s)\,\mathfrak{n}(s) + (s_0 - s)\,k(s)\,(-k(s)\,\mathfrak{t}(s))$$

$$\bar{Q}'(s) = \begin{cases} \mathfrak{n}(s) & \text{für} \quad s < s_0\,, \\ -\mathfrak{n}(s) & \text{für} \quad s_0 < s \end{cases}$$

und wegen $\bar{Q}''(s) \perp \bar{Q}' = \pm\mathfrak{n}(s)$, d. h. $\bar{Q}''(s) = \lambda\mathfrak{t}(s)$,

$$\bar{Q}''(s) = \ddot{Q}\left(\frac{ds}{d\sigma}\right)^2 + \dot{Q}\,\frac{d^2 s}{d\sigma^2} = \frac{1}{\dot{Q}^2}\left(\ddot{Q} - \frac{\dot{Q}\ddot{Q}}{\dot{Q}^2}\,\dot{Q}\right)$$

$$= -\frac{(s_0 - s)\,k^2}{(s_0 - s)^2\,k^2}\,\mathfrak{t} = -\frac{1}{s_0 - s}\,\mathfrak{t}(s) = \frac{1}{s - s_0}\,\mathfrak{t}(s)\,,$$

$$\bar{\mathfrak{n}}(s) = \begin{cases} \mathfrak{t}(s) & \text{für} \quad s_0 < s\,, \\ -\mathfrak{t}(s) & \text{für} \quad s < s_0\,, \end{cases}$$

$$k_{\text{evolv}} = \begin{cases} \dfrac{1}{s - s_0} & \text{für} \quad s_0 < s\,, \\[2ex] -\dfrac{1}{s - s_0} & \text{für} \quad s < s_0\,, \end{cases}$$

d. h., daß die Krümmungsmittelpunkte der Evolvente

$$\begin{aligned} M_{\text{evolv}} &= Q(s) + \frac{1}{k_{\text{evolv}}}\,\bar{\mathfrak{n}}(s) = Q(s) + (s - s_0)\,\mathfrak{t}(s) \\ &= P(s) + (s_0 - s)\,P'(s) + (s - s_0)\,P'(s) = P(s) \end{aligned}$$

die Evolute bilden.[1])

Wir betrachten nun die Menge der Krümmungsmittelpunkte einer beliebigen ebenen Kurve $P = P(s)$. Wie uns vom Beispiel des Kreises bekannt ist, braucht diese Menge keine Kurve zu sein. Doch wann existiert ein Tangentenvektor? Wegen $w(s) = 0$ gilt

$$\begin{aligned} M(s) &= P(s) + \varrho(s)\,\mathfrak{n}(s)\,, \\ \dot{M}(s) &= P'(s) + \varrho'(s)\,\mathfrak{n}(s) + \varrho(s)\,\mathfrak{n}'(s) \\ &= \mathfrak{t} + \varrho'\mathfrak{n} + \varrho(-k\mathfrak{t}) = \mathfrak{t} + \varrho'\mathfrak{n} - \mathfrak{t} \\ &= \varrho'(s)\,\mathfrak{n}(s)\,, \end{aligned}$$

d. h., daß $\dot{M}(s) \neq \mathfrak{o}$ und nicht konstanter Krümmungsradius bzw. nicht konstante Krümmung der Kurve $P = P(s)$ — kein Kreisbogen — äquivalent sind. Bezeichnen wir die Bogenlänge von $P = M(s)$ mit σ, dann gilt

$$|\dot{M}(s)| = \begin{cases} \varrho'(s) & \text{für} \quad \varrho'(s) > 0\,, \\ -\varrho'(s) & \text{für} \quad \varrho'(s) < 0 \end{cases}$$

und folglich

$$\sigma(s) = \begin{cases} \varrho(s) & \text{für} \quad \varrho'(s) > 0\,, \\ -\varrho(s) & \text{für} \quad \varrho'(s) < 0\,. \end{cases}$$

Für die zu $P = M(s) = \bar{M}(\sigma)$ gehörige Schar von Evolventen erhalten wir

$$\begin{aligned} Q(\sigma(s)) &= \bar{M}(\sigma) + (\sigma_0 - \sigma)\,\bar{M}'(\sigma) \\ &= [P(s) + \varrho(s)\,\mathfrak{n}(s)] + (\varrho_0 - \varrho(s))\,\mathfrak{n}(s) \\ &= P(s) + \varrho_0\mathfrak{n}(s)\,, \end{aligned}$$

insbesondere für $\varrho_0 = 0$ die ursprüngliche Kurve.

Zusammenfassend gilt der

[1]) Christiaan Huygens (1629—1695) hat 1673 die Evolute als Einhüllende der Normalen der Evolvente gekennzeichnet (vgl. auch die Fußnote 2 auf S. 73).

Satz 1.7. *Jede ebene Kurve nirgends konstanter Krümmung besitzt genau eine Evolute, nämlich die Menge der Krümmungsmittelpunkte.*[1])

Evolventen und Evoluten finden vielfache Anwendung, z. B. bei der Evolventenverzahnung und beim Zykloidenpendel von HUYGENS. Das liegt an der Deutung ersterer als Fadenevolvente und der Charakterisierung zweiterer als Menge von Krümmungsmittelpunkten. Wir wollen abschließend zwei Beispiele rechnerisch behandeln.

(1.11) *Evolvente der Kettenlinie* $y = a \cosh \frac{x}{a}$. Diese Kurve ergibt sich als Gleichgewichtsfigur eines vollkommen biegsamen, unausdehnbaren, homogenen, schweren Seiles, das in zwei nicht übereinanderliegenden Punkten befestigt ist; sie wird deshalb auch *Seilkurve* genannt. Wir berechnen eine Evolvente aus einer Parameterdarstellung der Kettenlinie

$$P(t) = O + t\mathfrak{i} + a \cosh \frac{t}{a} \mathfrak{j},$$

$$\dot{P}(t) = \mathfrak{i} + \sinh \frac{t}{a} \mathfrak{j},$$

$$\dot{P}^2 = 1 + \sinh^2 \frac{t}{a} = \cosh^2 \frac{t}{a},$$

$$s(t) = \int_0^t \cosh \frac{t}{a}\, dt = a \sinh \frac{t}{a},$$

$$\bar{P}'(t) = \dot{P} \frac{dt}{ds} = \frac{\dot{P}(t)}{\cosh \frac{t}{a}},$$

$$\begin{aligned} Q(t) &= P(t) - s\bar{P}'(t) \\ &= O + \left(t - a \tanh \frac{t}{a}\right) \mathfrak{i} + \left(a \cosh \frac{t}{a} - a \sinh \frac{t}{a} \cdot \tanh \frac{t}{a}\right) \mathfrak{j}, \end{aligned}$$

$$Q(t) = O + \left(t - a \tanh \frac{t}{a}\right) \mathfrak{i} + \frac{a}{\cosh \frac{t}{a}} \mathfrak{j}.$$

---

[1]) Die übrigen Evoluten sind Böschungslinien.

Diese Evolvente heißt *Traktrix (Traktorie von Huygens)* oder *Schleppkurve* (Abb. 41). Zur Rechtfertigung des Namens berechnen wir den Abstand eines ihrer Punkte $Q(t)$ vom Schnittpunkt $R(t)$ seiner Tangente mit der x-Achse: Mit

$$\dot{Q}(t) = \left(1 - \frac{\cosh^2 \frac{t}{a} - \sinh^2 \frac{t}{a}}{\cosh^2 \frac{t}{a}}\right) \mathrm{i} + \frac{-\sinh \frac{t}{a}}{\cosh^2 \frac{t}{a}} \mathrm{j}$$

$$= \tanh^2 \frac{t}{a}\, \mathrm{i} - \frac{\tanh \frac{t}{a}}{\cosh \frac{t}{a}}\, \mathrm{j}$$

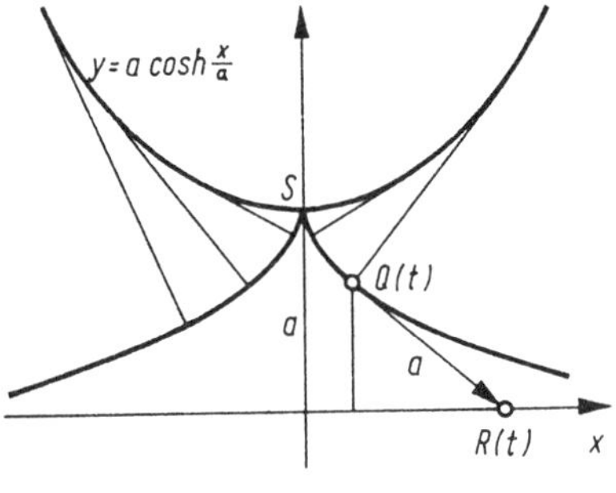

Abb. 41

machen wir den Ansatz

$$R(t) := Q(t) + \lambda \dot{Q}(t) = f(t)\, \mathrm{i}\ ;$$

aus der daraus folgenden Gleichung

$$\frac{a}{\cosh \frac{t}{a}} + \lambda \frac{-\tanh \frac{t}{a}}{\cosh \frac{t}{a}} = 0$$

erhalten wir $\lambda = a \coth \frac{t}{a}$ und den gesuchten Abstand $|\lambda \dot{Q}| = a$ wegen

$$(\lambda \dot{Q})^2 = a^2 \tanh^2 \frac{t}{a} + \frac{a^2}{\cosh^2 \frac{t}{a}} = a^2 \frac{\sinh^2 \frac{t}{a} + 1}{\cosh^2 \frac{t}{a}} = a^2,$$

d. h., daß ein schwerer Punkt in S an einem undehnbaren Faden der Länge a, dessen Ende $R(t)$ sich zunächst im Ursprung O befindet, bei der Bewegung von R längs der x-Achse die Schleppkurve $P = Q(t)$ beschreibt. Sie befindet sich oberhalb der x-Achse, hat bei S eine Spitze und nähert sich der x-Achse beidseitig asymptotisch (Abb. 41).

(1.12) *Evolute einer Ellipse.* Es kommt hier darauf an, die Menge aller Krümmungsmittelpunkte zu bestimmen (vgl. Abschnitt 1.5A). Aus der Parameterdarstellung

$$P(t) = O + a \cos t\mathfrak{i} + b \sin t\mathfrak{j}$$

erhalten wir (vgl. Anleitung zur folgenden Aufgabe)

$$M(t) = O + \left(a - \frac{b^2}{a}\right) \cos^3 t\mathfrak{i} + \left(b - \frac{a^2}{b}\right) \sin^3 t\mathfrak{j}$$

oder in parameterfreier Darstellung mit der *linearen Exzentrizität* $e = \sqrt{a^2 - b^2}$

$$\left(\frac{ax}{e^2}\right)^{2/3} + \left(\frac{by}{e^2}\right)^{2/3} = 1,$$

eine *Astroide* oder *Sternkurve* (Abb. 42).

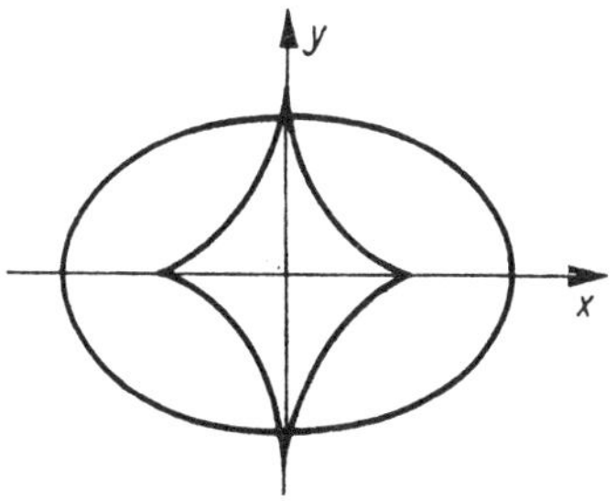

Abb. 42

Aufgabe

Man berechne die Evolute der Ellipse.

Anleitung. Man berechne $\dot{P}$ und $\ddot{P}$, mit deren Hilfe sich $\bar{P}''(t)$ nach (12) und

$$k^2(t) = (\bar{P}''(t))^2 = \frac{a^2b^2}{(\dot{P}^2)^3} = \frac{1}{\varrho^2(t)},$$

$$M(t) = P(t) + \varrho^2(t)\,\bar{P}''(t)$$

bestimmen lassen.

d) *Rollkurven*

Wenn eine starre ebene Kurve k_1, die *Polkurve*, auf einer zweiten k_2, der *Polbahn*, gleitfrei abrollt, beschreibt ein mit der Fläche von k_1 verbundener Punkt P eine *Rollkurve*. Die für Anwendungen wichtigsten Fälle entstehen beim Abrollen eines Kreises auf einer Geraden oder einem anderen Kreis. Es sei $k_1(M, r)$ ein Kreis vom Radius r, wobei sich P auf einer vom Mittelpunkt M ausgehenden Halbgeraden im Abstand a von M befinde (Abb. 43). Die folgende Übersicht vermittelt die wichtigsten Sonderformen für den Fall, daß k_2 eine Gerade oder ein Kreis vom Radius R ist; dabei ist noch darauf zu achten, ob k_1 innen oder außen auf k_2 abrollt; für $P \in k_1$ gibt es verschiedene *Zykloiden*, für $P \notin k_1$ *Trochoiden* (vgl. auch die folgende Tabelle).

	k_2 Gerade	k_2 Kreis vom Radius R	
		M außerhalb k_2	M innerhalb k_2 ($r < R$)
$a = r$ ($P \in k_1$)	(*gemeine*) *Zykloide* oder *Radkurve*	(*gemeine*) *Epizykloide*	(*gemeine*) *Hypozykloide*
$a < r$	*verkürzte* bzw. *gestreckte* *Zykloide* oder *Trochoide*	*verkürzte* bzw. *gestreckte* *Epizykloide oder Epitrochoide*	*verkürzte* bzw. *gestreckte* *Hypozykloide* oder *Hypotrochoide*
$a > r$	*verlängerte* bzw. *verschlungene Zykloide* oder *Trochoide*	*verlängerte* bzw. *verschlungene* *Epizykloide* oder *Epitrochoide*	*verlängerte* bzw. *verschlungene* *Hypozykloide* oder *Hypotrochoide*
a beliebig	*Zykloide*	*Epizykloide*	*Hypozykloide*

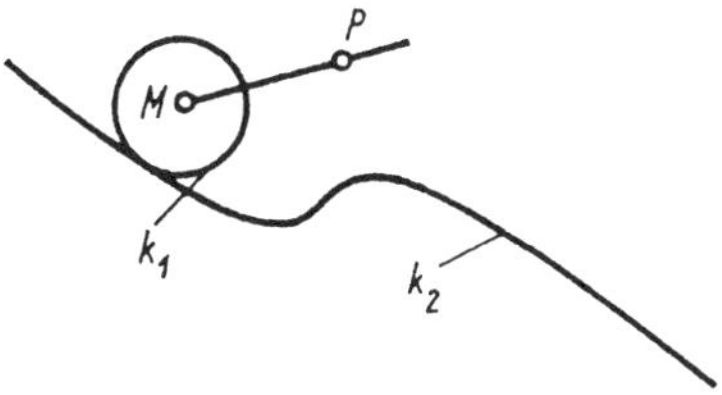

Abb. 43

Zykloiden sind zu beobachten, wenn ein Rad mit einem Fleck oder Bolzen auf einer Straße oder Schiene rollt; daher kommt der Name Radkurve. Gemeine Zykloiden begegnen uns als Brachistochronen[1]) und beim Zykloidenpendel[2]).

Eine Gleichung der Zykloiden mit dem in Bogenmaß anzugebenden Wälzwinkel t erhalten wir folgendermaßen (Abb. 44a, b, c): Wegen

$$rt = x + a \sin t\,, \qquad r = y + a \cos t$$

erhält eine gesuchte Parameterdarstellung die Gestalt

$$P(t) = O + (rt - a \sin t)\,\mathfrak{i} + (r - a \cos t)\,\mathfrak{j}\,.$$

Daraus ergibt sich z. B. die Bogenlänge der gemeinen Zykloide ($a = r$)

$$s(t) = \int_0^t r\sqrt{2(1 - \cos t)}\,dt = \int_0^t 2r\left|\sin \frac{t}{2}\right| dt\,;$$

unter der Voraussetzung $0 \leqq t \leqq 2\pi$ ist

$$s(t) = -4r \cos \frac{t}{2}\Big|_0^t = 4r - 4r \cos \frac{t}{2}\,,$$

d. h., daß der Bogen zwischen zwei Spitzen die Länge $8r$ besitzt.

---

[1]) Es handelt sich um eine derartige Verbindungskurve zweier Punkte ungleicher Höhe, daß ein nur unter dem Einfluß der Schwerkraft gleitender Massenpunkt in kürzester Zeit vom höheren zum tiefer gelegenen Punkt gelangt. Die 1696 von JOHANN BERNOULLI (1667—1748) gestellte Preisfrage nach der Form der Kurve wurde von ihm und seinem Bruder JAKOB (1654—1705) gelöst: Sie ist ein Zykloidenbogen, falls die Punkte nicht übereinanderliegen.

[2]) Ein gewöhnliches Pendel ist nicht *isochron*, d. h., daß die Schwingungsdauer von der Größe des Ausschlages abhängt. HUYGENS fand 1673 ein isochrones Pendel, das *Zykloidenpendel*: Die Aufhängung erfolgt derart, daß der Faden auf einem Zykloidenbogen mit Spitze abrollt (Abb. 44d); dabei beschreibt der schwingende Massenpunkt eine Evolvente. Die gemeine Zykloide wird deshalb auch *Tautochrone* genannt.

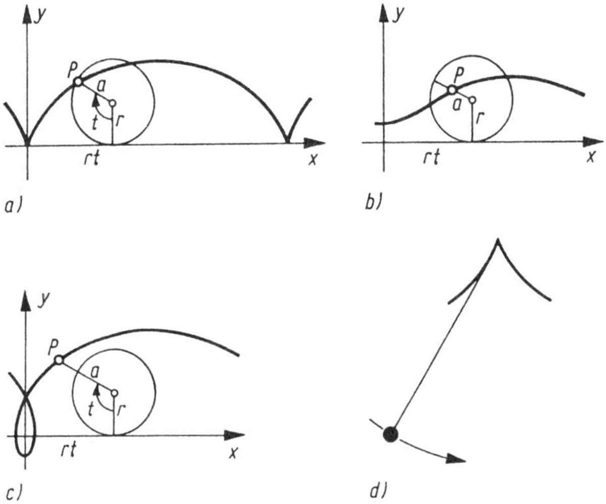

Abb. 44

Die Gleichungen der Epi- und Hypozykloiden lauten

$$P(t) = O + \left[(R \pm r)\cos t \mp a \cos \frac{R \pm r}{r} t\right] \mathfrak{i} + \left[(R \pm r)\sin t - a \sin \frac{R \pm r}{r} t\right] \mathfrak{j}\,.$$

Diese Kurven schließen sich, falls $\frac{r}{R}$ eine rationale Zahl ist. Die gemeine Epizykloide mit $R = r$ ist die *Kardioide* oder *Herzkurve* (Abb. 45a), die gemeine Hypozykloide mit $R = 4r$ eine *Astroide* oder *Sternkurve* (Abb. 45b).

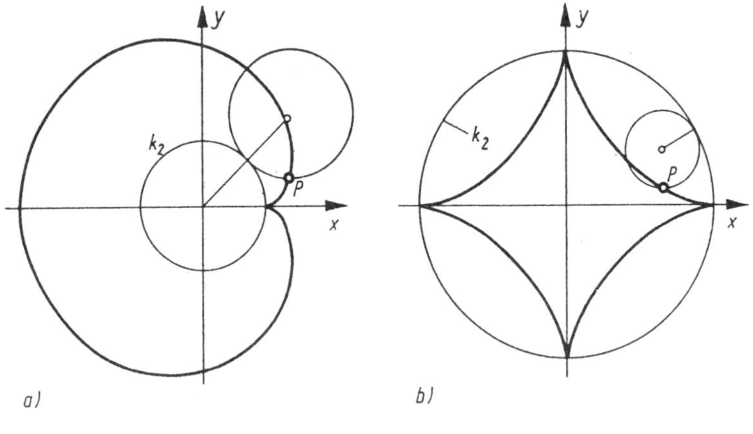

Abb. 45

Neben den ausführlicher behandelten Rollkurven seien abschließend noch die Rollkurven erwähnt, die beim Abrollen der Kegelschnitte von deren Brennpunkten erzeugt werden, die *Delaunayschen*[1]) *Kurven.* Im Fall der Parabel erhält man eine Kettenlinie; deshalb werden die übrigen Delaunayschen Kurven *elliptische* bzw. *hyperbolische Kettenlinien* genannt.

Aufgabe

Man leite aus den obigen Gleichungen für die Epi- (oberes Vorzeichen) und Hypozykloiden (unteres Vorzeichen) die parameterfreien Gleichungen für die Kardioide ($R = r = a$)

$$(x^2 + y^2 - r^2)^2 = 4r^2[(x - r)^2 + y^2]$$

und die Astroide ($R = 4r = 4a$)

$$x^{2/3} + y^{2/3} = R^{2/3}$$

(vgl. die Evolute der Ellipse) her.

e) *Spiralen oder Schneckenlinien*

Für eine *ebene Spirale* ist der Abstand r eines Punktes vom Ursprung eine streng monotone Funktion des von der positiven x-Achse aus gemessenen Drehwinkels $\varphi: r = f(\varphi)$. Die Böschungslinien werden als *nichtebene Spiralen* aufgefaßt. Spiralen begegnen uns vielfach in Physik und Technik; besonders bekannt sind Spiralfedern, etwa bei der Unruhe einer Uhr. Hier wollen wir einige Beispiele ebener Spiralen näher untersuchen.

(1.13) *Archimedische*[2]) *Spirale* $r = a\varphi$ (Abb. 46a). Diese Kurve entsteht als Bahn eines Punktes auf einer Halbgeraden, wenn die Halbgerade mit konstanter Winkelgeschwindigkeit um ihren Anfangspunkt rotiert und der Punkt sich in bezug auf die Halbgerade mit konstanter Geschwindigkeit bewegt.

Es sei $a > 0$. Eine Parameterdarstellung bezüglich des Drehwinkels $t \geqq 0$ hat die folgende Gestalt

$$P(t) = O + at \cos t\mathfrak{i} + at \sin t\mathfrak{j}$$

bzw. für den Ortsvektor $\mathfrak{r}(t)$ von $P(t)$

$$\mathfrak{r}(t) = at \cos t\mathfrak{i} + at \sin t\mathfrak{j}\ .$$

---

[1]) Nach CHARLES EUGÈNE DELAUNAY (1814—1872).

[2]) ARCHIMEDES von Syrakus (287?—212 v. u. Z.).

Wegen der Beziehung

$$|\mathfrak{r}(t + 2\pi) - \mathfrak{r}(t)| = 2\pi a$$

haben zwei aufeinanderfolgende „Schneckengänge" konstanten Abstand a* (Abb. 46a). Für die Krümmung, deren detaillierte Berechnung wir dem Leser überlassen (vgl. folgende Aufgabe), erhält man

$$k(t) = \frac{t^2 + 2}{a(1 + t^2)^{3/2}},$$

insbesondere $k(0) = \frac{2}{a}$ bzw. $\varrho(0) = \frac{a}{2}$. Um den Krümmungsmittelpunkt bestimmen zu können, berechnen wir nach (12)

$$\dot{P}(t) = (a \cos t - at \sin t)\,\mathfrak{i} + (a \sin t + at \cos t)\,\mathfrak{j}, \qquad \dot{P}(0) = a\mathfrak{i},$$

$$\ddot{P}(t) = (-2a \sin t - at \cos t)\,\mathfrak{i} + (2a \cos t - at \sin t)\,\mathfrak{j}, \qquad \ddot{P}(0) = 2a\mathfrak{j},$$

$$\bar{P}''(0) = \frac{1}{a^2}\ddot{P}(0) = \frac{2}{a}\mathfrak{j},$$

d. h., daß für $t = 0$ das Intervall $[0, a]$ Durchmesser des Krümmungskreises ist. Bei der Spiegelung der archimedischen Spirale am Einheitskreis entsteht die

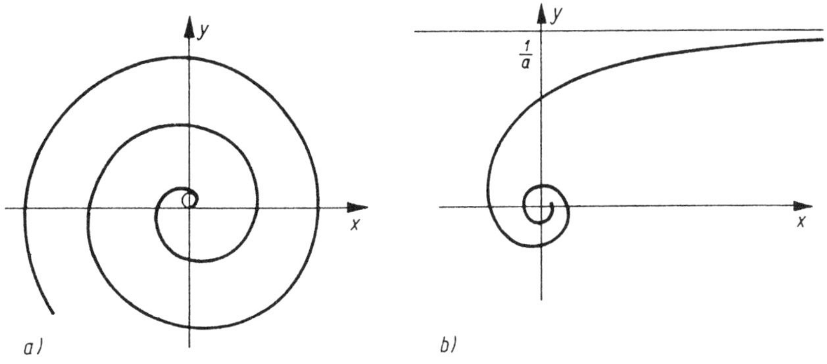

Abb. 46

(1.14) *hyperbolische Spirale* $r = \frac{1}{a\varphi}$ $(a, \varphi > 0)$. Für sie ist der Ursprung ein asymptotischer Punkt und $y = \frac{1}{a}$, eine Parallele zur x-Achse, eine Asymptote (Abb. 46b): Aus der Parameterdarstellung

$$P(t) = O + \frac{1}{at}\cos t\,\mathfrak{i} + \frac{1}{at}\sin t\,\mathfrak{j}$$

folgt offensichtlich

$$y = \frac{1}{at} \sin t < \frac{1}{a} \quad \text{für} \quad t \geqq 1$$

und für $0 < t < 1$ wegen $\frac{\sin t}{t} < 1$, $\lim\limits_{t \to 0} \frac{\sin t}{t} = 1$ zunächst die Ungleichung $y < \frac{1}{a}$ sowie

$$\lim_{t \to 0} y = \frac{1}{a}.$$

Die Asymptote ist Bild des oben betrachteten Krümmungskreises der archimedischen Spirale.

(1.15) *Logarithmische Spirale* $r = r_0 e^{a\varphi}$ $(\varphi \in \mathbf{R})$. Ohne Beschränkung der Allgemeinheit kann $r_0 = 1$ gesetzt werden. Die logarithmische Spirale wird wegen

$$r(\varphi + 2k\pi) = e^{a(\varphi + 2k\pi)} = e^{2ak\pi} \cdot e^{a\varphi}$$

für jede ganze Zahl k bei der Dehnung mit dem Zentrum O und dem Dehnungskoeffizienten $e^{2ak\pi}$ auf sich abgebildet (Abb. 47).

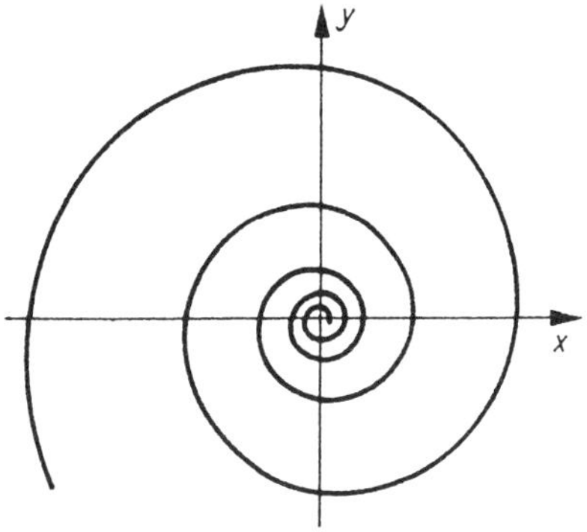

Abb. 47

Aus der Parameterdarstellung

$$P(t) = O + e^{at} \cos t\mathfrak{i} + e^{at} \sin t\mathfrak{j} = O + \mathfrak{r}(t)$$

berechnen wir eine weitere, für Anwendungen wichtige Eigenschaft:

$$\dot P(t) = (ae^{at}\cos t - e^{at}\sin t)\,\mathfrak{i} + (ae^{at}\sin t + e^{at}\cos t)\,\mathfrak{j}\,,$$

$$\dot P\mathfrak{r} = e^{2at}(a\cos^2 t - \sin t\cos t + a\sin^2 t + \sin t\cos t) = ae^{2at}\,,$$

$$\begin{aligned}\dot P^2 &= e^{2at}(a^2\cos^2 t - 2a\sin t\cos t + \sin^2 t \\ &\qquad + a^2\sin^2 t + 2a\sin t\cos t + \cos^2 t) \\ &= e^{2at}(a^2+1)\,,\end{aligned}$$

$$\mathfrak{r}^2 = e^{2at}(\cos^2 t + \sin^2 t) = e^{2at}\,,$$

$$\frac{\dot P\mathfrak{r}}{|\dot P|\,|\mathfrak{r}|} = \frac{a}{\sqrt{1+a^2}}\,;$$

wegen des konstanten Winkels $\sphericalangle(\dot P, \mathfrak{r})$ werden Bögen logarithmischer Spiralen für die Schneiden rotierender Schneidwerkzeuge (z. B. Häckselmaschinen) und bei Turbinenrädern verwendet, wegen des konstanten Winkels $\sphericalangle(\dot P, \mathfrak{r})$ wird diese Spirale auch *gleichwinklige Spirale* genannt.

Abschließend ermitteln wir die natürlichen Gleichungen der logarithmischen Spirale:

$$\ddot P(t) = e^{at}(a^2\cos t - 2a\sin t - \cos t)\,\mathfrak{i} + e^{at}(a^2\sin t + 2a\cos t - \sin t)\,\mathfrak{j}\,,$$

$$\begin{aligned}\dot P\ddot P &= e^{2at}(a^3\cos^2 t - 2a^2\sin t\cos t - a\cos^2 t - a^2\sin t\cos t \\ &\qquad + 2a\sin^2 t + \sin t\cos t + a^3\sin^2 t + 2a^2\sin t\cos t - a\sin^2 t \\ &\qquad + a^2\sin t\cos t + 2a\cos^2 t - \sin t\cos t) \\ &= e^{2at}(a^3 - a + 2a) = a(a^2+1)\,e^{2at}\,,\end{aligned}$$

$$\frac{\dot P\ddot P}{\dot P^2} = a,$$

$$\bar P''(t) = \frac{1}{\dot P^2}\left(\ddot P - \frac{\dot P\ddot P}{\dot P^2}\,\dot P\right) = \frac{e^{-at}}{1+a^2}\,[(-a\sin t - \cos t)\,\mathfrak{i} + (a\cos t - \sin t)\,\mathfrak{j}],$$

$$\begin{aligned}\bar P''^2 &= \frac{e^{-2at}}{(1+a^2)^2}\,(a^2\sin^2 t + 2a\sin t\cos t + \cos^2 t \\ &\qquad + a^2\cos^2 t - 2a\sin t\cos t + \sin^2 t) \\ &= \frac{e^{-2at}}{1+a^2}\,,\end{aligned}$$

$$k(t) = \frac{e^{-at}}{\sqrt{1+a^2}} = \frac{1}{r\sqrt{1+a^2}}\,.$$

Andererseits gilt

$$s(t) = \int_{-\infty}^{t} e^{at} \sqrt{1 + a^2}\, dt = \frac{\sqrt{1 + a^2}}{a} e^{at} = \frac{r\sqrt{1 + a^2}}{a}$$

und somit

$$k(s) = \frac{1}{as}, \qquad w(s) = 0,$$

ein Gegenstück zu den natürlichen Gleichungen der Klothoide.

Der Fall $a < 0$ bringt für die archimedische Spirale ($\varphi \leqq 0$), die hyperbolische Spirale ($\varphi < 0$) und die logarithmische Spirale lediglich die Spiegelung an der x-Achse, also nichts wesentlich Neues.

Aufgabe

Man berechne die Krümmung $k(t)$ der archimedischen Spirale.

2. Einführung in die Krümmungstheorie einer Fläche

2.1. Parameterdarstellung einer Fläche und Flächenkurven

In Analogie zum Vorgehen in der Kurventheorie betrachten wir Flächen als Bilder von ebenen Gebieten[1]) G, d. h.

$$\begin{aligned} P &= P(u^1, u^2)\ ^{2)} \\ &= (x(u^1, u^2), y(u^1, u^2), z(u^1, u^2)), \qquad (u^1, u^2) \in G \end{aligned} \tag{31}$$

(vgl. Abb. 48). Wird ein Parameter, z. B. u^2, als konstant betrachtet, dann können wir an eine Parameterdarstellung einer Kurve denken; für einen konstanten Parameter u^2 erhalten wir eine u^1-*Linie* (in Abb. 48 ausgezogen), bei konstantem u^1 eine u^2-*Linie* (in Abb. 48 punktiert). Die u^i-Linien werden auch *Parameterlinien* genannt.

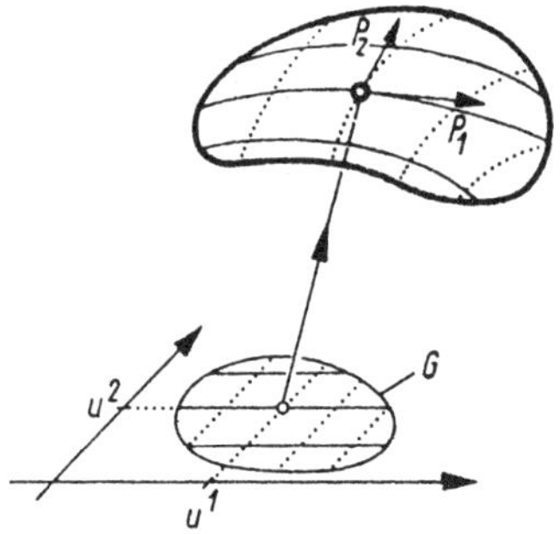

Abb. 48

Zunächst setzen wir voraus, daß sich aus (31) zulässige Parameterdarstellungen der u^1- und u^2-Linien ergeben. Tangentenvektoren der u^i-Linien

---

[1]) Bei einem ebenen *Gebiet* G gehört mit einem Punkt auch eine Umgebung von ihm zu G, und je zwei Punkte von G können durch eine in G liegende Kurve verbunden werden.

[2]) Die hochgestellten Indizes bei u^1 und u^2 erhalten später in der Summenkonvention ALBERT EINSTEINS (1879—1955) eine wichtige Bedeutung und damit Rechtfertigung.

werden, um sie einfach voneinander unterscheiden zu können, nicht mit Hilfe von bzw. ′ bezeichnet, sondern mittels

$$P_i = \frac{\partial P(u^1, u^2)}{\partial u^i}. \tag{32}$$

In der Differentialrechnung spricht man bei (32) von *partiellen Ableitungen.* Es können auch höhere Ableitungen gebildet werden: Betrachten wir bei P_1 nun u^1 als konstant, dann ist

$$P_{12} = \frac{\partial^2 P(u^1, u^2)}{\partial u^1\, \partial u^2} := \frac{\partial P_1(u^1, u^2)}{\partial u^2}$$

die *partielle Ableitung* von P_1 nach u^2 usw. Im folgenden betrachten wir Parameterdarstellungen, die für die weiteren Überlegungen notwendige Voraussetzungen erfüllen und somit „zulässig" sind:

Definition. Eine Parameterdarstellung (31) heißt genau dann *zulässig,* wenn $P = P(u^1, u^2)$ bzw. $x = x(u^1, u^2)$, $y = y(u^1, u^2)$, $z = z(u^1, u^2)$ dreimal stetig differenzierbar und P_1, P_2 nicht parallel sind.

Bei einer zulässigen Parameterdarstellung $P = P(u^1, u^2)$ wird über die etwas früher erhobene Forderung nach der Existenz von $P_1 \neq \mathfrak{o}$, P_{11}, P_{111} sowie von $P_2 \neq \mathfrak{o}$, P_{22}, P_{222} (für konstanten Parameter u^2 bzw. u^1 sollte sich eine zulässige Parameterdarstellung der u^1- bzw. u^2-Linien ergeben!) hinaus noch verlangt, daß P_{12}, P_{21}, P_{112}, P_{121}, P_{211}, P_{122}, P_{212} und P_{221} existieren und daß $P_1 \times P_2 \neq \mathfrak{o}$ (gleichwertig mit $P_1 \nparallel P_2$) für alle $(u^1, u^2) \in G$ gilt. Nach einem Satz der Differentialrechnung von H. A. Schwarz kommt es bei stetigen partiellen Ableitungen nicht auf die Reihenfolge der Differentiationen an; folglich gilt

$$P_{12} = P_{21}, \qquad P_{112} = P_{121} = P_{211}, \qquad P_{122} = P_{212} = P_{221}$$

für alle $(u^1, u^2) \in G$.

Beispiel

(2.1) *Zylinder(fläche) mit* (der z-Achse als) *Drehachse* (Abb. 49):

$$P(u^1, u^2) = O + r\cos u^2\mathfrak{i} + r\sin u^2\mathfrak{j} + u^1\mathfrak{k}.$$

Für konstanten Parameter u^2 erhalten wir eine *Mantellinie* (u^1-Linie), für konstanten Parameter u^1 als u^2-Linie einen *Breitenkreis*. Es gilt

$$\begin{aligned}
P_1 &= \mathfrak{k}\,,\\
P_2 &= -r\sin u^2\mathfrak{i} + r\cos u^2\mathfrak{j} \not\parallel P_1\,,\\
P_{11} &= P_{12} = P_{21} = \mathfrak{o} = P_{111}\,,\\
P_{22} &= -r\cos u^2\mathfrak{i} - r\sin u^2\mathfrak{j}\,,\\
P_{222} &= r\sin u^2\mathfrak{i} - r\cos u^2\mathfrak{j}\,,\\
P_{112} &= P_{121} = P_{211} = \mathfrak{o} = P_{221} = P_{212} = P_{122}\,.
\end{aligned}$$

Setzen wir $u^1 = u^1(t) = ht$ $(h \neq 0)$ und $u^2 = u^2(t) = t$, dann erhalten wir in der Drehzylinderfläche die Kurve

$$\mathfrak{r}(t) = r\cos t\mathfrak{i} + r\sin t\mathfrak{j} + ht\mathfrak{k}\,,$$

d. h. eine Schraubenlinie (vgl. Beispiel (1.4) und Abb. 23).

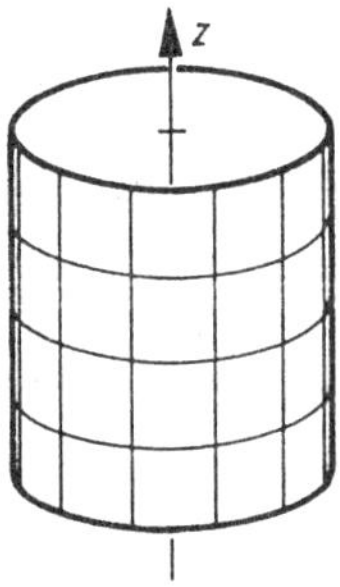

Abb. 49

Allgemein ergibt die *Gaußsche Parameterdarstellung*[1])

$$u^1 = u^1(t)\,, \qquad u^2 = u^2(t) \tag{33}$$

nach Einsetzen in (31) eine Kurve dieser Fläche, wenn (33) eine zulässige Parameterdarstellung einer Kurve der u^1, u^2-Ebene ist, d. h., wenn die Funktionen in (33) dreimal stetig differenzierbar sind und $(\dot{u}^1, \dot{u}^2) \neq (0, 0)$ für

[1]) Carl Friedrich Gauss (1777—1855).

alle t gilt: Ist weder $u^1(t)$ noch $u^2(t)$ in einer Umgebung von t konstant, dann folgt aus

$$\frac{\mathfrak{v}(P(u^1(t), u^2(t))\, P(u^1(\tau), u^2(\tau)))}{\tau - t}$$

$$= \frac{\mathfrak{v}(P(u^1(t), u^2(t))\, P(u^1(\tau), u^2(t)))}{\tau - t}$$

$$+ \frac{\mathfrak{v}(P(u^1(\tau), u^2(t))\, P(u^1(\tau), u^2(\tau)))}{\tau - t}$$

$$= \frac{\mathfrak{v}(P(u^1(t), u^2(t))\, P(u^1(\tau), u^2(t)))}{u^1(\tau) - u^1(t)} \cdot \frac{u^1(\tau) - u^1(t)}{\tau - t}$$

$$+ \frac{\mathfrak{v}(P(u^1(\tau), u^2(t))\, P(u^1(\tau), u^2(\tau)))}{u^2(\tau) - u^2(t)} \cdot \frac{u^2(\tau) - u^2(t)}{\tau - t}$$

beim Grenzübergang $\tau \longrightarrow t$ wegen der Stetigkeit von P_2

$$\dot{P}(t) = P_1 \dot{u}^1 + P_2 \dot{u}^2 , \tag{34}$$

die *Kettenregel*; bei konstantem $u^1(t)$ bzw. $u^2(t)$ gilt (34) trivialerweise. Die Voraussetzungen $P_1 \nparallel P_2$ und $(\dot{u}^1, \dot{u}^2) \neq (0, 0)$ ergeben noch $\dot{P}(t) \neq \mathfrak{o}$.

Es ist nun nicht mehr schwer, mit Hilfe der Kettenregel und den anderen Differentiationsregeln $\ddot{P}$ und $\dddot{P}$ zu berechnen und als stetig zu erkennen; dazu werden stetige Ableitungen $\ddot{u}^i$, $\dddot{u}^i$ $(i = 1, 2)$ benötigt.

Wir möchten noch hervorheben, daß für stetig differenzierbare Funktionen $\mathfrak{v} = \mathfrak{v}(u^1, u^2)$, $u^1 = u^1(t)$, $u^2 = u^2(t)$ allgemein die *Kettenregel*

$$\dot{\mathfrak{v}}(u^1(t), u^2(t)) = \mathfrak{v}_1 \cdot \dot{u}^1 + \mathfrak{v}_2 \cdot \dot{u}^2 \tag{34*}$$

gültig ist.

Beispiel

(2.2) Der *graphischen Darstellung einer Funktion* $z = f(x, y)$ kann die Parameterdarstellung

$$P(u^1, u^2) = O + u^1 \mathfrak{i} + u^2 \mathfrak{j} + f(u^1, u^2)\, \mathfrak{k}$$

zugeordnet werden. Handelt es sich hierbei um eine zulässige Parameterdarstellung? Offensichtlich ist die dreimal stetige Differenzierbarkeit von

$P = P(u^1, u^2)$ gleichwertig mit der dreimal stetigen Differenzierbarkeit von f. Speziell gilt

$$P_1 = \mathfrak{i} + f_1 \mathfrak{k}\,,$$
$$P_2 = \mathfrak{j} + f_2 \mathfrak{k} \nparallel P_1\,.$$

Das Bild einer Funktion zweier Veränderlicher ist also nur dann eine Fläche mit zulässiger Parameterdarstellung, wenn sie dreimal stetig differenzierbar ist.

(2.3) *Drehflächen.* Die Drehzylinderfläche ist Sonderfall einer allgemeineren Flächenklasse. Wieder sei die z-Achse die Drehachse, die Fläche jedoch durch Drehung einer beliebigen Kurve, einer *Erzeugenden* (Abb. 50), in der Halbebene $x \geqq 0$ der x,z-Ebene mit dem natürlichen Parameter

$$\mathfrak{e}(s) = x(s)\mathfrak{i} + z(s)\,\mathfrak{k}\,, \qquad x(s) \geqq 0\,, \tag{35}$$

gebildet. Es gilt

$$\mathfrak{e}'(s) = x'(s)\,\mathfrak{i} + z'(s)\,\mathfrak{k}\,, \qquad |\mathfrak{e}'(s)| = 1\,.$$

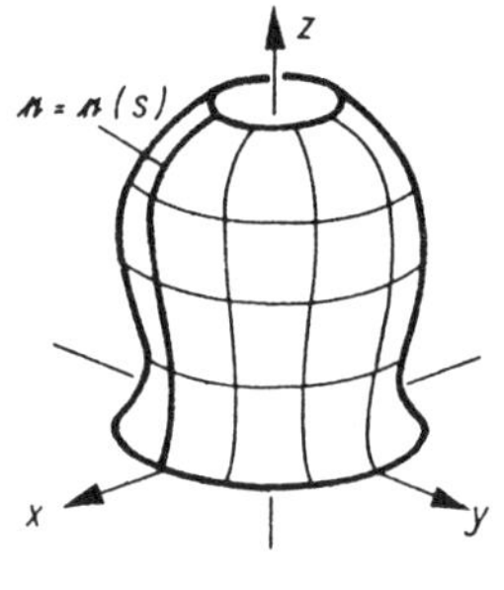

Abb. 50

Für einen konstanten Parameter s beschreibt ein rotierender Punkt einen Kreis vom Radius $r = x(s)$, während die z-Koordinate $z = z(s)$ unverändert bleibt, d.h.

$$P(s, \varphi) = O + x(s)\cos\varphi\mathfrak{i} + x(s)\sin\varphi\mathfrak{j} + z(s)\,\mathfrak{k}$$

bzw. nach Umbenennung der Variablen

$$P(u^1, u^2) = O + r\cos u^2\mathfrak{i} + r\sin u^2\mathfrak{j} + z(u^1)\,\mathfrak{k}\,. \tag{36}$$

Die u^1-Linien, die sämtlich zur Erzeugenden kongruent sind, werden *Meridiane*, die u^2-Linien *Breitenkreise* genannt.

Da $r = x(s)$ und $z = z(s)$ dreimal stetig differenzierbar sind, können wir auch $P = P(u^1, u^2)$ dreimal stetig differenzieren; speziell gilt

$$P_1 = r' \cos u^2 \mathfrak{i} + r' \sin u^2 \mathfrak{j} + z' \mathfrak{k} ,$$

$$P_2 = -r \sin u^2 \mathfrak{i} + r \cos u^2 \mathfrak{j} \quad (\not\parallel P_1 \text{ für } r \neq 0)$$

und somit

$$P_1 \times P_2 = \begin{vmatrix} \mathfrak{i} & \mathfrak{j} & \mathfrak{k} \\ r' \cos u^2 & r' \sin u^2 & z' \\ -r \sin u^2 & r \cos u^2 & 0 \end{vmatrix} = -z' r \cos u^2 \mathfrak{i} - z' r \sin u^2 \mathfrak{j} + r r' \mathfrak{k} ,$$

woraus

$$(P_1 \times P_2)^2 = (rz')^2 + (rr')^2 = r^2(r'^2 + z'^2) = r^2 > 0$$

für alle Kurven $\mathfrak{c} = \mathfrak{c}(s)$ mit $r = x(s) > 0$ folgt.

Bezüglich (36) können wir eine Flächenkurve $\mathfrak{r} = \mathfrak{r}(t)$ mit den Gaußschen Parametern

$$u^1 = ht \; (h \neq 0) , \qquad u^2 = t \tag{37}$$

und dem Tangentenvektor

$$\dot{\mathfrak{r}} = P_1 h + P_2$$

betrachten. Im Fall der Parameterdarstellung der Drehzylinderfläche gemäß Beispiel (2.1) erhielten wir mit Hilfe von (37) eine Schraubenlinie, die auf Grund des konstanten Winkels $\sphericalangle(\dot{\mathfrak{r}}, \mathfrak{k})$ eine Böschungslinie ist. Allerdings ist dieses Ergebnis von der Parameterdarstellung der Zylinderfläche abhängig; denn auch

$$P(u^1, u^2) = O + r \cos u^2 \mathfrak{i} + r \sin u^2 \mathfrak{j} + (u^1 + (u^1)^3) \mathfrak{k}$$

ist eine zulässige Parameterdarstellung der Drehzylinderfläche, für die (37) aber eine Flächenkurve $\mathfrak{r} = \mathfrak{r}(t)$ mit

$$\cos \sphericalangle (\dot{\mathfrak{r}}, \mathfrak{k}) = \frac{\dot{\mathfrak{r}}\mathfrak{k}}{|\dot{\mathfrak{r}}|} = \frac{(1 + 3(u^1)^2)\, h}{\sqrt{(1 + 3(u^1)^2)^2 h^2 + r^2}}$$

bestimmt, für die folglich $\sphericalangle(\dot{\mathfrak{r}}, \mathfrak{k})$ nicht konstant ist. Wir fragen deshalb, ob es eine Parameterdarstellung (33) einer Flächenkurve $\mathfrak{r} = \mathfrak{r}(t)$ derart gibt, daß mit ihrer Hilfe eine Böschungslinie mit konstantem Winkel $\sphericalangle(\dot{\mathfrak{r}}, \mathfrak{k})$ beschrieben wird? Hier suchen wir nur für einen *Drehkegel*[1]) (Abb. 51) mit

$$\mathfrak{e}(s) = s \sin \alpha \mathfrak{i} - s \cos \alpha \mathfrak{k}\,, \qquad s > 0\,,$$

die Antwort auf die aufgeworfene Frage, wobei wir an

$$u^1 = s = t\,, \qquad u^2 = u^2(t) \tag{33'}$$

denken. Es gilt

$$\dot{\mathfrak{r}} = P_1 \cdot 1 + P_2 \cdot \dot{u}^2\,, \qquad \dot{\mathfrak{r}}^2 = P_1^2 + P_2^2(\dot{u}^2)^2 = 1 + r^2(u^{2\prime})^2$$

und damit

$$\cos \sphericalangle (\dot{\mathfrak{r}}, \mathfrak{k}) = \frac{\dot{\mathfrak{r}}\mathfrak{k}}{|\dot{\mathfrak{r}}|} = \frac{-\cos\alpha}{\sqrt{1 + r^2(u^{2\prime})^2}} = \frac{-\cos\alpha}{\sqrt{1 + s^2 \sin^2 \alpha (u^{2\prime})^2}}\,,$$

d. h., daß für eine Böschungslinie der Radikand konstant sein muß, etwa

$$1 + s^2 \sin^2 \alpha (u^{2\prime})^2 = c^2 \geqq 1\,.$$

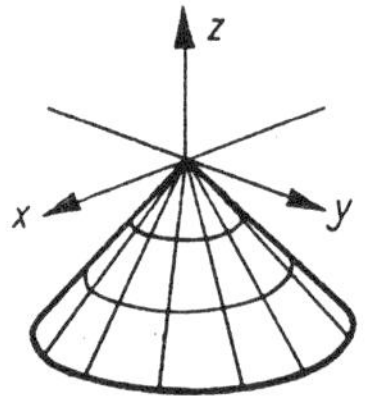

Abb. 51

Daraus folgt für die gesuchte Funktion $u^2 = u^2(t) = u^2(s)$

$$u^{2\prime} = \frac{\sqrt{c^2 - 1}}{s \sin \alpha}\,,$$

$$u^2 = \frac{\sqrt{c^2 - 1}}{\sin \alpha} \ln s + c_1 \quad \text{mit} \quad u^1 = s$$

(Gaußsche Parameter einer Böschungslinie auf einem Kegel).

[1]) Man denke an die Projektierung einer Straße (Böschungslinie), die auf einen kegelförmigen Berg führen soll.

Aufgaben

1. Man zeige, daß

$$P(u^1, u^2) = O + R \sin \vartheta \cos \varphi \mathfrak{i} + R \sin \vartheta \sin \varphi \mathfrak{j} + R \cos \vartheta \mathfrak{k}$$

mit den *Polarkoordinaten* $\vartheta = \frac{u^1}{R}$, $0 < \vartheta < \pi$, und $\varphi = u^2$ eine zulässige Parameterdarstellung einer *Kugel(fläche)* vom Radius R ist.

2. Man prüfe, ob eine Böschungslinie auf einem Drehkegel zugleich eine *Loxodrome* ist (einen konstanten Winkel $\sphericalangle(\dot{\mathfrak{r}}, P_1)$ bildet), und zeige, daß ihre Projektion in eine zur Kegelachse senkrechte Ebene eine logarithmische Spirale ist.

2.2. Tangentialebene und begleitendes Dreibein

Es sei $P = P(u^1, u^2)$ eine zulässige Flächenparameterdarstellung, P ein beliebiger Flächenpunkt und $P(t) = P(u^1(t), u^2(t))$ eine beliebige Flächenkurve durch P. Ihr Tangentenvektor

$$\dot{P} = P_1 \dot{u}^1 + P_2 \dot{u}^2$$

liegt in der von P_1 und P_2 aufgespannten Ebene ε durch den betrachteten Punkt (Abb. 52).

Haben wir eine weitere zulässige Darstellung der Fläche mit den Parametern $\bar{u}^1$ und $\bar{u}^2$, dann liegen die Tangentenvektoren $\bar{P}_1$ und $\bar{P}_2$ der $\bar{u}^1$- bzw. $\bar{u}^2$-Linien durch P in der Ebene ε. Die Ebene ε durch P ist folglich unabhängig von der Wahl der Flächenparameter; sie wird *Tangentialebene* genannt. Auf ihr stehen $P_1 \times P_2$ bzw.

$$\mathfrak{N} = \mathfrak{N}(u^1, u^2) := \frac{P_1 \times P_2}{|P_1 \times P_2|},$$

der *Normalvektor*, senkrecht. DasTripel

$$P_1, P_2, \mathfrak{N}$$

heißt *begleitendes Dreibein der Fläche*, obwohl zwar ein Rechtssystem mit

$$P_1, P_2 \perp \mathfrak{N}, \qquad \mathfrak{N}^2 = 1,$$

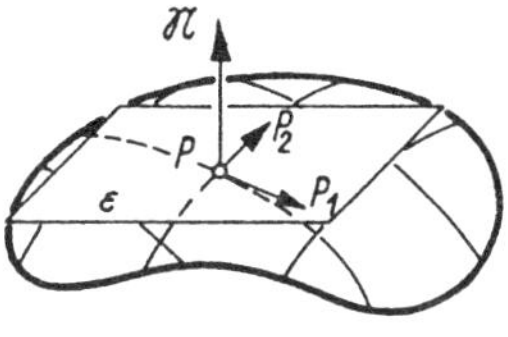

Abb. 52

vorliegt, aber im allgemeinen P_1, P_2 keine zueinander senkrechte Einheitsvektoren sind.

Werden für die $\bar{u}^1$- bzw. $\bar{u}^2$-Linien Gaußsche Parameter

$$u^1 = u^1(\bar{u}^1, \bar{u}^2), \qquad u^2 = u^2(\bar{u}^1, \bar{u}^2) \tag{38}$$

angegeben, dann läßt sich die Unabhängigkeit der Tangentialebene von der Wahl der Parameter aus

$$\bar{P}(\bar{u}^1, \bar{u}^2) := P(u^1(\bar{u}^1, \bar{u}^2), u^2(\bar{u}^1, \bar{u}^2)) \tag{39}$$

mit der Kettenregel errechnen:

$$\bar{P}_1 = P_1 \cdot \frac{\partial u^1}{\partial \bar{u}^1} + P_2 \cdot \frac{\partial u^2}{\partial \bar{u}^1},$$

$$\bar{P}_2 = P_1 \cdot \frac{\partial u^1}{\partial \bar{u}^2} + P_2 \cdot \frac{\partial u^2}{\partial \bar{u}^2};$$

da $\bar{P}_1, \bar{P}_2$ nicht parallel sind, gilt

$$\begin{aligned} \mathfrak{o} \neq \bar{P}_1 \times \bar{P}_2 &= (P_1 \times P_2) \cdot \frac{\partial u^1}{\partial \bar{u}^1} \cdot \frac{\partial u^2}{\partial \bar{u}^2} + (P_2 \times P_1) \cdot \frac{\partial u^2}{\partial \bar{u}^1} \cdot \frac{\partial u^1}{\partial \bar{u}^2} \\ &= (P_1 \times P_2)\left(\frac{\partial u^1}{\partial \bar{u}^1} \cdot \frac{\partial u^2}{\partial \bar{u}^2} - \frac{\partial u^2}{\partial \bar{u}^1} \cdot \frac{\partial u^1}{\partial \bar{u}^2}\right), \end{aligned}$$

d. h., daß die Basistransformation durch die Matrix

$$\begin{pmatrix} \dfrac{\partial u^1}{\partial \bar{u}^1} & \dfrac{\partial u^2}{\partial \bar{u}^1} \\ \dfrac{\partial u^1}{\partial \bar{u}^2} & \dfrac{\partial u^2}{\partial \bar{u}^2} \end{pmatrix}$$

vermittelt wird, für deren Determinante, die *Funktionaldeterminante*,

$$\begin{vmatrix} \dfrac{\partial u^1}{\partial \bar{u}^1} & \dfrac{\partial u^2}{\partial \bar{u}^1} \\ \dfrac{\partial u^1}{\partial \bar{u}^2} & \dfrac{\partial u^2}{\partial \bar{u}^2} \end{vmatrix} \neq 0 \tag{40}$$

gilt. Umgekehrt definieren dreimal stetig differenzierbare Funktionen (38) mit (40) stets einen Übergang zu neuen zulässigen Parametern, eine *zulässige*

Parametertransformation. Mit Hilfe der Kettenregel erhalten wir wie oben $\bar{P}_1$ und $\bar{P}_2$, wobei $\bar{P}_1 \nparallel \bar{P}_2$ nach (40) besteht; die dreimal stetige Differenzierbarkeit von (39) ergibt sich ebenfalls nach Ketten- und Produktregel:

$$\bar{P}_{12} = \left(P_{11}\frac{\partial u^1}{\partial \bar{u}^2} + P_{12}\frac{\partial u^2}{\partial \bar{u}^2}\right)\cdot\frac{\partial u^1}{\partial \bar{u}^1} + P_1\cdot\frac{\partial^2 u^1}{\partial \bar{u}^1\,\partial \bar{u}^2}$$
$$+\left(P_{21}\frac{\partial u^1}{\partial \bar{u}^2} + P_{22}\frac{\partial u^2}{\partial \bar{u}^2}\right)\frac{\partial u^2}{\partial \bar{u}^1} + P_2\cdot\frac{\partial^2 u^2}{\partial \bar{u}^1\,\partial \bar{u}^2}$$

usw.

Zulässige Parametertransformationen sind für die Ermittlung geometrischer Eigenschaften bedeutsam, zumal in der Flächentheorie kein so wirkungsvolles Hilfsmittel wie der natürliche Parameter für die Kurventheorie zur Verfügung steht.

Beispiel einer zulässigen Parametertransformation ist stets die Vertauschung der Parameter: Aus $u^1 = \bar{u}^2$ und $u^2 = \bar{u}^1$ folgt nach (39)

$$\bar{P}_1 = P_2\,, \qquad \bar{P}_2 = P_1\,.$$

Damit gilt für den auf der Tangentialebene senkrechten Normalvektor

$$\bar{\mathfrak{N}} = \frac{\bar{P}_1\times\bar{P}_2}{|\bar{P}_1\times\bar{P}_2|} = \frac{P_2\times P_1}{|P_2\times P_1|} = \frac{-P_1\times P_2}{|-P_1\times P_2|} = -\frac{P_1\times P_2}{|P_1\times P_2|} = -\mathfrak{N}\,.$$

Allgemein kann festgestellt werden, daß die Vektoren P_1, P_2 des begleitenden Dreibeins von der Wahl der Flächenparameter abhängen, während $\mathfrak{N}$ bis aufs Vorzeichen eindeutig bestimmt ist. Die für die Ermittlung von geometrischen Eigenschaften der Fläche notwendigen zulässigen Parametertransformationen können wir später in einem gewissen Maße umgehen, indem wir uns auf die Invarianz von Tangentialebene bzw. Flächennormale und die Kurventheorie stützen.

Aufgaben

1. Man berechne bezüglich der Parameterdarstellungen in den Beispielen (2.1), (2.2) und (2.3) sowie der Aufgabe 1 des vorigen Abschnitts den Normalvektor $\mathfrak{N} = \mathfrak{N}(u^1, u^2)$ der Drehzylinderfläche, des Bildes einer Funktion von zwei Veränderlichen, der Drehflächen und der Kugel.

2. Man transformiere im Beispiel (2.1) die Parameter nach der Vorschrift

$$u^1 = \bar{u}^1 + \bar{u}^2\,, \qquad u^2 = \bar{u}^1 - \bar{u}^2$$

und berechne $\mathfrak{N}$, nachdem man sich von der Zulässigkeit dieser Transformation überzeugt hat.

2.3. Regelflächen und andere einparametrige Scharen von Kurven

Der Name Regelfläche wurde vom französischen surface réglée (geradlinige Fläche) abgeleitet. Diese Flächen kann man sich wie folgt durch eine bewegliche Gerade erzeugt denken (Abb. 53): Ein Punkt einer Geraden beschreibt eine „Bahn“

$$P = P(u^1)\,,$$

wobei für jedes u^1 die Richtung der Geraden durch einen Einheitsvektor

$$\mathfrak{a} = \mathfrak{a}(u^1)$$

bestimmt wird. Ein beliebiger Punkt P der Geraden $g = g(u^1)$ besitzt die Gleichung

$$P = P(u^1, u^2) = P(u^1) + u^2\mathfrak{a}(u^1)\,. \tag{41}$$

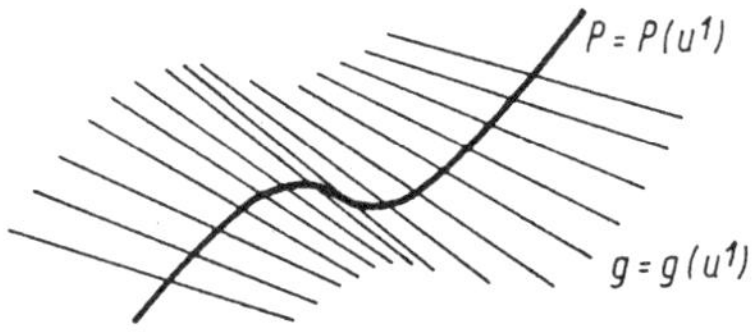

Abb. 53

Es liegt eine zulässige Parameterdarstellung vor, wenn

1. $P = P(u^1)$ und $\mathfrak{a} = \mathfrak{a}(u^1)$ dreimal stetig differenzierbar sind

und

2. $P_1 \times P_2 = (\dot{P}(u^1) + u^2\dot{\mathfrak{a}}(u^1)) \times \mathfrak{a}(u^1) \neq \mathfrak{o}$, d. h. $\dot{P} + u^2\dot{\mathfrak{a}} \nparallel \mathfrak{a}$,

gilt. Wir fassen (41) mit 1. und 2. als Definition der *Regelfläche* auf.

Beispiele

(2.4) *Hyperbolisches Paraboloid* (Abb. 14b). Seine Definitionsgleichung lautet

$$\frac{x^2}{a^2} - \frac{y^2}{b^2} + 2cz = 0\,. \tag{42a}$$

Hieraus ist zu ersehen, daß für konstantes $z \neq 0$, d. h. in den Ebenen parallel zur x,y-Ebene, durch (42a) Hyperbeln bestimmt werden; die x,z-Ebene ($y = 0$) und die y,z-Ebene ($x = 0$) schneiden die Fläche (42a) in Parabeln.

Die Gleichung (42a) ist äquivalent zu

$$\left(\frac{x}{a} + \frac{y}{b}\right)\left(\frac{x}{a} - \frac{y}{b}\right) + 2cz = 0 \tag{42b}$$

und somit auch äquivalent zu dem Gleichungssystem

$$\lambda = \frac{x}{a} + \frac{y}{b}, \qquad \lambda\left(\frac{x}{a} - \frac{y}{b}\right) + 2cz = 0 \tag{42c}$$

bzw. zu dem Gleichungssystem

$$\lambda' = \frac{x}{a} - \frac{y}{b}, \qquad \left(\frac{x}{a} + \frac{y}{b}\right)\lambda' + 2cz = 0\,. \tag{42d}$$

Somit wird das hyperbolische Paraboloid von den Schnittgeraden gebildet, die für jedes λ bzw. λ' entstehen, d. h., daß diese Fläche zwei Scharen von Geraden enthält. Um eine Darstellung (41) zu erhalten, kann etwa $P(u^1) = O + u^1(a\mathfrak{i} + b\mathfrak{j})$, d. h. die Gerade mit $\lambda' = 0$, gewählt und $\mathfrak{a}(u^1)$ aus (42c) und $\lambda = 2u^1$ bestimmt werden.

(2.5) *Einschaliges Hyperboloid* (Abb. 12a). In der analytischen Geometrie wird die Definitionsgleichung

$$\frac{x^2}{a^2} + \frac{y^2}{b^2} - \frac{z^2}{c^2} = 1 \tag{43a}$$

verwendet. Zur Motivierung des Namens kann festgestellt werden, daß die Ebenen $x = 0$, $y = 0$ oder allgemein $y = mx$, d. h. die y,z-Ebene, die x,z-Ebene, sogar eine beliebige Ebene durch die z-Achse, die Fläche (43a) in Hyperbeln schneiden. Für $a = b$ erhält man eine Drehfläche (vgl. Beispiel (2.3)), ein *einschaliges Rotationshyperboloid*, das für die Herstellung von Getrieben mit „hyperbolischen Rädern" auf windschiefen Achsen bzw. den Bau von Kühltürmen von Bedeutung ist.

Die Ebenen $x = \pm a$ schneiden das einschalige Hyperboloid wegen $\frac{y^2}{b^2} - \frac{z^2}{c^2} = 0$ bzw. $z = \pm\frac{c}{b}y$ in je zwei Geraden. Im Fall des einschaligen Rotationshyperboloides liegt somit eine Regelfläche vor, weil mit Hilfe von $P(u^1) = O + a\cos u^1 \mathfrak{i} + a \sin u^1 \mathfrak{j}$ und der Geraden $x = a$, $z = \frac{c}{b}y$ zunächst $\mathfrak{a}(0)$ und dann $\mathfrak{a}(u^1)$ für eine Darstellung (41) berechnet werden kann.

Um im Fall $a \neq b$ ebenfalls zu diesem Resultat zu gelangen, geben wir die zu (43a) äquivalente Gleichung

$$\left(\frac{y}{b} + \frac{z}{c}\right)\left(\frac{y}{b} - \frac{z}{c}\right) = \left(1 + \frac{x}{a}\right)\left(1 - \frac{x}{a}\right) \tag{43b}$$

an. Die Gleichung (43b) ist genau dann erfüllt, wenn das Gleichungssystem

$$\alpha\left(\frac{y}{b} - \frac{z}{c}\right) = \beta\left(1 - \frac{x}{a}\right), \quad \left(\frac{y}{b} + \frac{z}{c}\right)\beta = \left(1 + \frac{x}{a}\right)\alpha \tag{43c}$$

mit $(\alpha, \beta) \neq (0, 0)$ bzw. mit $(\alpha', \beta') \neq (0, 0)$

$$\alpha'\left(\frac{y}{b} - \frac{z}{c}\right) = \left(1 + \frac{x}{a}\right)\beta', \quad \left(\frac{y}{b} + \frac{z}{c}\right)\beta' = \alpha'\left(1 - \frac{x}{a}\right) \tag{43d}$$

erfüllt wird. Nach (43c) und (43d) erhalten wir die Punkte des einschaligen Hyperboloids jeweils als Schnitt zweier Ebenen, d. h., daß auf ihm ebenfalls zwei Scharen von Geraden liegen.

Die Ergebnisse der Beispiele (2.4) und (2.5) lassen sich folgendermaßen umkehren:

Satz 2.1. *Jede Regelfläche mit zwei Geradenscharen, bei der zwei Geraden genau dann windschief sind, wenn sie der gleichen Schar angehören, ist entweder ein hyperbolisches Paraboloid oder ein einschaliges Hyperboloid.*

Der Beweis kann in der analytischen Geometrie ohne Hilfsmittel der Differential- und Integralrechnung geführt werden: Wir wählen drei Geraden f_0, f_1, f_2 der einen Schar und zwei Geraden g_0, g_1 der zweiten Schar, die f_0, f_1, f_2 in den Punkten O, P, Q, R, S, T treffen (Abb. 54). Dann ist $(\mathfrak{a}_1, \mathfrak{a}_2, \mathfrak{a}_3)$ mit $\mathfrak{a}_1 := O - R$; $\mathfrak{a}_2 := P - O$ und $\mathfrak{a}_3 = Q - P$ eine Basis. Ohne Beschränkung der Allgemeinheit sei $T = O + \mathfrak{a}_1$. Eine beliebige Gerade g der zweiten Schar mit $f_0, f_1 \nparallel g$ ist Schnitt der Ebenen $\varepsilon_{OXY} = \varepsilon_{OPY}$ bzw. $\varepsilon_{QXY} = \varepsilon_{QRX}$, wobei

$$\begin{vmatrix} 0 & 0 & \mu-1 & x \\ 0 & 1 & \mu & y \\ 0 & 0 & \mu & z \\ 1 & 1 & 1 & 1 \end{vmatrix} = \begin{vmatrix} 0 & \mu-1 & x \\ 1 & \mu & y \\ 0 & \mu & z \end{vmatrix} = -(\mu-1)\,z + \mu x = \mu(x-z) + z = 0 \qquad \text{(I)}$$

und

$$\begin{vmatrix} 0 & -1 & 0 & x \\ 1 & 0 & \lambda & y \\ 1 & 0 & 0 & z \\ 1 & 1 & 1 & 1 \end{vmatrix} = \begin{vmatrix} 0 & -1 & 0 & x \\ 1 & 0 & \lambda & y \\ 1 & 0 & 0 & z \\ 1 & 0 & 1 & x+1 \end{vmatrix} = \begin{vmatrix} 1 & \lambda & y \\ 1 & 0 & z \\ 1 & 1 & x+1 \end{vmatrix} = \begin{vmatrix} 0 & \lambda & y-z \\ 1 & 0 & z \\ 0 & 1 & x-z+1 \end{vmatrix}$$

$$= -\lambda(x-z+1) + (y-z) = 0 \qquad \text{(II)}$$

deren Gleichungen sind. Außerdem müssen f_2 und g komplanar, d. h. $\mathfrak{a}_1 - \lambda\mathfrak{a}_2$, $\mathfrak{a}_1 - \mathfrak{a}_2 - c\mathfrak{a}_3$, $(\mu - 1)\,\mathfrak{a}_1 + (\mu - \lambda)\,\mathfrak{a}_2 + \mu\mathfrak{a}_3$ linear abhängig sein:

$$0 = \begin{vmatrix} 1 & 1 & \mu-1 \\ -\lambda & -1 & \mu-\lambda \\ 0 & -c & \mu \end{vmatrix} = \begin{vmatrix} -1 & \mu-\lambda \\ -c & \mu \end{vmatrix} + \lambda \begin{vmatrix} 1 & \mu-1 \\ -c & \mu \end{vmatrix}$$

$$= -\mu + c(\mu - \lambda) + \lambda(\mu + c(\mu - 1)) = -\mu(1 - c - \lambda - c\lambda) - 2c\lambda.$$

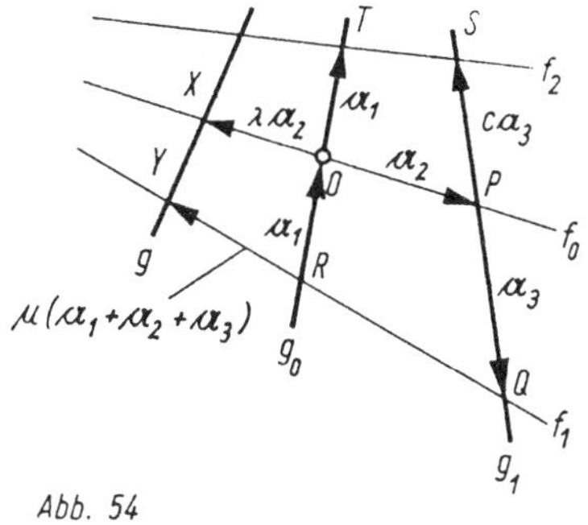

Abb. 54

Daraus folgt nach (I)

$$\begin{aligned} 0 &= -\mu(x - z)\,(1 - c - \lambda - c\lambda) - 2c\lambda(x - z) \\ &= z(1 - c - \lambda - c\lambda) - 2c\lambda(x - z) = \lambda[(c - 1)\,z - 2cx] + (1 - c)\,z \end{aligned}$$

und somit nach (II)

$$0 = (y - z)\,[(c - 1)\,z - 2cx] + (1 - c)\,(x - z + 1)\,z\,,$$

d. h., daß die Punkte der Fläche eine Gleichung zweiten Grades erfüllen.

Wir überlassen dem Leser die Argumentation dafür, daß die Regelfläche auch für $g \parallel f_0$ oder $g \parallel f_1$ eine Fläche zweiter Ordnung ist.

Durch Fallunterscheidung läßt sich nunmehr zeigen, daß unter den nichtebenen Flächen zweiter Ordnung nur hyperbolisches Paraboloid und einschaliges Hyperboloid zwei Geradenscharen enthalten.

Unter den Flächen zweiter Ordnung besitzen die Kegel und Zylinder eine Geradenschar. Diese Flächen werden allgemein wie folgt definiert:

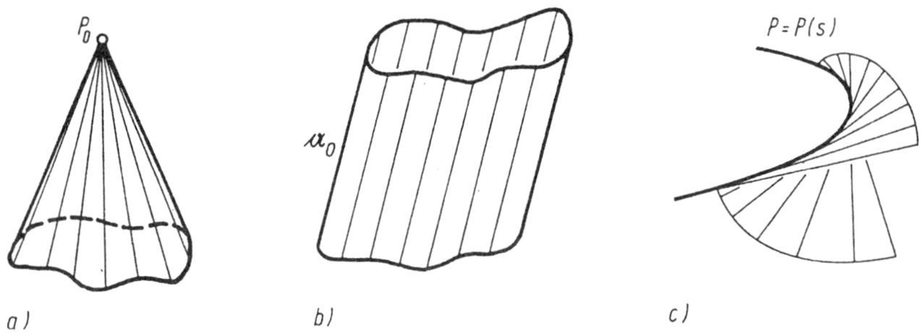

Abb. 55

Beispiele

(2.6) Die *Kegelfläche* (Abb. 55a) ist eine Regelfläche (41) mit konstanter Funktion $P = P(u^1) = P_0$ (vgl. Abb. 51 mit einer *Drehkegelfläche* und Abb. 12c). Aus der Zulässigkeit der Parameterdarstellung folgt $u^2 \neq 0$ (ausgeschlossene Kegelspitze) und $\dot{\mathfrak{a}} \neq \mathfrak{o}$, d. h., daß $\mathfrak{a}(u^1)$ nicht konstant ist.

(2.7) Die *Zylinderflächen* (Abb. 55b) werden unter den Regelflächen (41) durch eine Konstante $\mathfrak{a} = \mathfrak{a}(u^1) = \mathfrak{a}_0$ gekennzeichnet (vgl. die *Drehzylinderfläche* in Abb. 49). Hier darf $P(u^1)$ nicht konstant sein.

Im Fall der Kegel- und Zylinderfläche heißen die Geraden $g(u^1)$ *Mantellinien.*

(2.8) *Tangentenflächen* (Abb. 55c). Es sei $P = P(s)$ eine Kurve mit dem natürlichen Parameter s. Wir betrachten eine Regelfläche mit der Bahn $P = P(s)$ und dem Feld der Richtungsvektoren $\mathfrak{a} = P'(s)$, d. h.

$$P(u^1, u^2) := P(u^1) + u^2 P'(u^1)\,. \tag{44}$$

Nach den Frenetschen Formeln gilt

$$P_1 \times P_2 = (P'(u^1) + u^2 P''(u^1)) \times P'(u^1) = u^2 k\mathfrak{n} \times \mathfrak{t} = -u^2 k\mathfrak{b}\,,$$

so daß eine zulässige Parameterdarstellung vorliegt, wenn $P = P(s)$ viermal stetig differenzierbar ist und sowohl u^2 als auch $k = k(s)$ von Null verschieden sind. Für $u^2 = 0$ erhält man $P = P(u^1)$, die ursprüngliche Kurve, welche *Gratlinie*, *Rückkehrkante* oder *Striktionslinie* der Tangentenfläche (44) genannt wird.

Im folgenden befassen wir uns mit einer speziellen Klasse von Regelflächen, die wir zunächst kennzeichnen:

Definition. Eine Regelfläche heißt genau dann *Torse*, wenn die Tangentialebene in einem Punkt der erzeugenden Gerade $g(u^1)$ gleichzeitig Tangentialebene für alle Punkte von $g(u^1)$ ist.

Beispiele für Torsen sind Kegel-, Zylinder- und Tangentenflächen, jedoch weder einschaliges Hyperboloid noch ein hyperbolisches Paraboloid. Für die rechnerische Überprüfung der Eigenschaft einer Regelfläche, Torse zu sein, kann ein einfaches Kriterium angegeben werden: Eine Regelfläche ist genau dann eine Torse, wenn der Normalvektor $\mathfrak{N} = \mathfrak{N}(u^1, u^2)$ durch u^1 bis aufs Vorzeichen eindeutig bestimmt ist, d. h.

$$\mathfrak{N}_2 = \mathfrak{o} .$$

Im Beispiel der Kegelfläche gilt

$$P_1 \times P_2 = (\dot{P} + u^2\dot{\mathfrak{a}}) \times \mathfrak{a} = u^2\dot{\mathfrak{a}} \times \mathfrak{a} ,$$

$$\mathfrak{N}(u^1, u^2) = \pm \frac{\dot{\mathfrak{a}} \times \mathfrak{a}}{|\dot{\mathfrak{a}} \times \mathfrak{a}|}\,{}^{1)}, \qquad \mathfrak{N}_2 = \mathfrak{o} ,$$

im Beispiel der Zylinderfläche

$$P_1 \times P_2 = \dot{P} \times \mathfrak{a} ,$$

$$\mathfrak{N}(u^1, u^2) = \frac{\dot{P} \times \mathfrak{a}}{|\dot{P} \times \mathfrak{a}|}, \qquad \mathfrak{N}_2 = \mathfrak{o}$$

und im Beispiel der Tangentenfläche

$$\mathfrak{N}(u^1, u^2) = \mp \mathfrak{b}(u^1)\,{}^{1)} , \qquad \mathfrak{N}_2 = \mathfrak{o} .$$

Für spätere Überlegungen stellen wir ein weiteres Torsenkriterium bereit:

Satz 2.2. *Eine Regelfläche* (41) *ist genau dann Torse, wenn das Spatprodukt* $\dot{P}\mathfrak{a}\dot{\mathfrak{a}}$ *verschwindet*, d. h. $\dot{P}\mathfrak{a}\dot{\mathfrak{a}} = 0$.

Beweis. Wegen $\mathfrak{N}\mathfrak{N} = 1$ gilt $\mathfrak{N}\mathfrak{N}_2 = 0$, d. h. $\mathfrak{N} \perp \mathfrak{N}_2$. Somit ist $|\mathfrak{N} \times \mathfrak{N}_2| = |\mathfrak{N}_2|$, und $\mathfrak{N} \times \mathfrak{N}_2 = \mathfrak{o}$ charakterisiert eine Torse.

---

[1]) Für $u^2 > 0$ ist das obere, für $u^2 < 0$ das untere Vorzeichen zu nehmen.

Es sei $g = g(u^1, u^2) := (P_1 \times P_2)^2$. Dann gelten

$$\left.\begin{aligned}
\mathfrak{N} &= \frac{1}{\sqrt{g}}(\dot{P} + u^2\dot{\mathfrak{a}}) \times \mathfrak{a}\,, \\
\mathfrak{N}_2 &= \left(\frac{\partial}{\partial u^2}\cdot\frac{1}{\sqrt{g}}\right)(\dot{P} + u^2\dot{\mathfrak{a}}) \times \mathfrak{a} + \frac{1}{\sqrt{g}}\dot{\mathfrak{a}} \times \mathfrak{a} \\
&= \frac{1}{\sqrt{g}}\dot{\mathfrak{a}} \times \mathfrak{a} + \left(\frac{\partial}{\partial u^2}\cdot\frac{1}{\sqrt{g}}\right)\sqrt{g}\,\mathfrak{N}\,, \\
\mathfrak{N} \times \mathfrak{N}_2 &= \mathfrak{N} \times \left(\frac{1}{\sqrt{g}}\dot{\mathfrak{a}} \times \mathfrak{a}\right) = \frac{1}{g}[(\dot{P} + u^2\dot{\mathfrak{a}}) \times \mathfrak{a}] \times (\dot{\mathfrak{a}} \times \mathfrak{a}) \\
&= \frac{1}{g}(\dot{P} \times \mathfrak{a}) \times (\dot{\mathfrak{a}} \times \mathfrak{a}),
\end{aligned}\right\} \tag{45}$$

und nach dem Entwicklungssatz $(\mathfrak{a} \times \mathfrak{b}) \times \mathfrak{c} = -\mathfrak{a}(\mathfrak{b}\mathfrak{c}) + \mathfrak{b}(\mathfrak{a}\mathfrak{c})$

$$\mathfrak{N} \times \mathfrak{N}_2 = \frac{1}{g}[-\dot{P}(\mathfrak{a}\dot{\mathfrak{a}}\mathfrak{a}) + \mathfrak{a}(\dot{P}\dot{\mathfrak{a}}\mathfrak{a})] = -\frac{\mathfrak{a}}{g}(\dot{P}\mathfrak{a}\dot{\mathfrak{a}})\,.$$

Somit ist $\mathfrak{N} \times \mathfrak{N}_2 = \mathfrak{o}$ seinerseits gleichwertig mit $\dot{P}\mathfrak{a}\dot{\mathfrak{a}} = 0$, w.z.b.w.

Abschließend beweisen wir den folgenden

Satz 2.3. *Die Menge der Torsen besteht aus Kegel-, Zylinder- und Tangentenflächen sowie aus Zusammensetzungen solcher Flächen.*

Beweis. Nach der obigen Ermittelung von $\mathfrak{N}_2 = \mathfrak{o}$ für Kegel-, Zylinder- und Tangentenflächen haben wir zu zeigen, daß jede Torse eine solche Fläche bzw. eine Zusammensetzung von ihnen ist.

Bei einer Torse $P(u^1, u^2) = P(u^1) + u^2\mathfrak{a}(u^1)$ dürfen wir o. B. d. A. $\dot{P}\mathfrak{a} = 0$ voraussetzen. Denn anderenfalls setzen wir $\bar{u}^1 := u^1$, $\bar{u}^2 := u^2 + \int \dot{P}\mathfrak{a}\, d\bar{u}^1$ und nehmen die Parametertransformation

$$u^1 = \bar{u}^1\,, \qquad u^2 = \bar{u}^2 - \int \dot{P}\mathfrak{a}\, d\bar{u}^1$$

vor, die wegen der nicht verschwindenden Funktionaldeterminante

$$\begin{vmatrix} 1 & -\dot{P}\mathfrak{a} \\ 0 & 1 \end{vmatrix} \neq 0$$

offenbar zulässig ist. Außerdem gilt

$$\bar{P}(\bar{u}^1, \bar{u}^2) = P(\bar{u}^1) + (\bar{u}^2 - \int \dot{P}\mathfrak{a}\, d\bar{u}^1)\, \mathfrak{a}(\bar{u}^1)$$
$$= P(\bar{u}^1) - \int \dot{P}\mathfrak{a}\, d\bar{u}^1\; \mathfrak{a}(\bar{u}^1) + \bar{u}^2\mathfrak{a}(\bar{u}^1)$$
$$= \bar{P}(\bar{u}^1) + \bar{u}^2\mathfrak{a}(\bar{u}^1)$$

mit $\bar{P}(\bar{u}^1) := P(\bar{u}^1) - \int \dot{P}\mathfrak{a}\, d\bar{u}^1\; \mathfrak{a}(\bar{u}^1)$, wobei

$$\dot{\bar{P}}\mathfrak{a} = (\dot{P} - (\dot{P}\mathfrak{a})\,\mathfrak{a} - \int \dot{P}\mathfrak{a}\, d\bar{u}^1\; \dot{\mathfrak{a}})\,\mathfrak{a} = -\int \dot{P}\mathfrak{a}\, d\bar{u}^1\; \dot{\mathfrak{a}}\mathfrak{a} = 0$$

wegen $\mathfrak{a}\dot{\mathfrak{a}} = 0$ infolge von $\mathfrak{a}\mathfrak{a} = 1$ gilt.

Unter der Voraussetzung $\dot{P}\mathfrak{a} = 0$ nehmen wir eine Fallunterscheidung vor:

Fall 1: $\dot{P} = \mathfrak{o}$ auf einem Intervall. Dann ist $P(u^1) = P_0$ ein fester Punkt und $P = P(u^1, u^2)$ eine Kegelfläche.

Fall 2: $\dot{P} \neq \mathfrak{o}$, wobei wir o. B. d. A. u^1 als natürlichen Parameter der Kurve $P = P(u^1)$ voraussetzen dürfen. Dann ist P' ein Einheitsvektor und das Dreibein $P', \mathfrak{a}, \mathfrak{N}$ orthonormiert; für $\mathfrak{a}'$ machen wir den Ansatz $\mathfrak{a}' = aP' + b\mathfrak{a} + c\mathfrak{N}$, woraus sich $a = \mathfrak{a}'P'$, $b = \mathfrak{a}'\mathfrak{a} = 0$ und schließlich $c = \mathfrak{a}'\mathfrak{N} = \mathfrak{a}'\left(\frac{1}{\sqrt{g}}\,(P' + u^2\mathfrak{a}') \times \mathfrak{a}\right) = \frac{1}{\sqrt{g}}\; P'\mathfrak{a}\mathfrak{a}' = 0$ nach (45) für unsere Torse ergibt,

d. h. $\mathfrak{a}' = (\mathfrak{a}'P')\,P'$.

Fall 2a: $\mathfrak{a}'P' = 0$ für ein Intervall, d. h. $\mathfrak{a}' = \mathfrak{o}$. Es muß $\mathfrak{a}(u^1) = \mathfrak{a}_0$ konstant und $P = P(u^1, u^2)$ eine Zylinderfläche sein.

Fall 2b: $\mathfrak{a}'P' \neq 0$ (gilt für ein ganzes Intervall). Wir machen für eine Flächenkurve den Ansatz

$$R(u^1) := P(u^1, v(u^1)) = P(u^1) + v(u^1)\,\mathfrak{a}(u^1)\,,$$

wobei wir über die Funktion $v = v(u^1)$ noch verfügen können. Zunächst gilt

$$R'(u^1) = P' + v\mathfrak{a}' + v'\mathfrak{a} = P'(1 + v(\mathfrak{a}'P')) + v'\mathfrak{a}\,.$$

Wir setzen $v(u^1) := -\dfrac{1}{\mathfrak{a}'P'}$ und haben schließlich

$$R'(u^1) = v'\mathfrak{a}\,,$$

d. h., daß $P = P(u^1, u^2)$ für $v' \neq 0$ eine Tangentenfläche und für $v' = 0$ in einem Intervall eine Kegelfläche ist.

Damit ist der Satz bewiesen, denn nach unseren bisherigen Überlegungen können nur noch einzelne u^1-Werte unberücksichtigt sein, und in den entsprechenden Geraden $g(u^1)$ werden die Teile der Fläche zusammengesetzt.

Die Regelflächen sind einparametrige Geradenscharen $g = g(u^1)$. Analog sind Drehflächen einparametrige Scharen von Kurven, nämlich der Meridiane. Eine beliebige Fläche läßt sich als Schar der u^1-Linien, aber auch als Schar der u^2-Linien auffassen; der Scharparameter ist dabei u^2 bzw. u^1.

Bei der Auffassung der Fläche als Schar von Kurven ist zweifellos der einfachste Fall, eine Schar von Geraden zu betrachten. Vom Standpunkt der Elementargeometrie kann eine Schar von Kreisen als nächster Fall Interesse beanspruchen. Bei einer *Röhrenfläche* schneiden die Normalebenen einer Kurve $P = P(s)$ aus der Fläche (untereinander kongruente) Kreise $k(P(s), r)$ heraus:

$$P(u^1, u^2) = P(u^1) + r \cos u^2 \mathfrak{n}(u^1) + r \sin u^2 \mathfrak{b}(u^1) .$$

Für sie gilt

$$\begin{aligned} P_1 &= P' + r \cos u^2 \mathfrak{n}' + r \sin u^2 \mathfrak{b}' \\ &= (1 - kr \cos u^2)\, \mathfrak{t} - wr \sin u^2 \mathfrak{n} + wr \cos u^2 \mathfrak{b} , \\ P_2 &= -r \sin u^2 \mathfrak{n} + r \cos u^2 \mathfrak{b} , \\ P_1 \times P_2 &= -r(1 - kr \cos u^2)(\cos u^2 \mathfrak{n} + \sin u^2 \mathfrak{b}) ; \end{aligned}$$

da eine in der Praxis verwendete Röhrenfläche für alle u^2 definiert sein muß, ergibt sich die Bedingung

$$r < \frac{1}{k(u^1)} \quad \text{für alle } u^1 .$$

Bei dieser Parameterdarstellung stehen die u^1- und die u^2-Linien aufeinander senkrecht (orthogonales Netz), wenn $P_1 P_2 = wr^2 = 0$ gilt, d. h., wenn die Kurve $P = P(s)$ eben ist. Ein Beispiel dafür ist der *Torus*, bei dem $P = P(s)$ ein Kreis vom Radius $R > r$ ist. Die Bedingung ist nicht notwendig; bei einer Änderung der Parameterdarstellung läßt sich auch für nicht ebene Kurven $P = P(s)$ ein orthogonales Netz der u^1- und u^2-Linien erreichen (vgl. die folgende Aufgabe 3).

Mit dem Begriff der einparametrigen Kurvenschar ist der Begriff der *Hüllkurve*, *Einhüllenden* oder *Enveloppe* verbunden: Eine Hüllkurve $P = P(s)$ berührt jede Kurve einer einparametrigen Schar $P = P(s, t)$. Um eine einfache Bedingung für die Hüllkurve der Schar zu erhalten, setzen wir voraus, daß die Menge der Berührungspunkte der Kurven der Schar infolge geeigneter Wahl der Kurvenparameter t für einen von s abhängigen Parameterwert $t(s)$ angenommen wird, d. h. $P(s) = P(s, t(s))$. Wegen der vorausgesetzten Berührung müssen für alle s die Tangenten übereinstimmen, d. h.

$$P'(s, t)|_{t=t(s)} \parallel \dot{P}(s, t(s))$$

oder, wenn wir den Scharparameter mit u^1 und den Parameter der Kurven mit u^2 bezeichnen,

$$P_1(u^1, u^2) \times P_2(u^1, u^2)|_{u^2 = u^2(u^1)} = \mathfrak{o} \,. \tag{46}$$

Diese Bedingung gestattet es, bei vorliegender Kurvenschar $P = P(u^1, u^2)$ gegebenenfalls eine Einhüllende zu finden. Diese Bedingung ist natürlich für die Gratlinie einer Tangentenfläche mit $u^2(u^1) = 0$ erfüllt (Abb. 55c). Falls hinreichend viele Kurven einer Schar gezeichnet wurden, sind die Konturen einer Einhüllenden leicht zu erkennen. Wir behandeln abschließend ein

Beispiel.

(2.9) *Kreisschar* (Abb. 56). Es sei

$$P(u^1, u^2) = P(u^1) + r \sin u^2 \mathfrak{t}(u^1) + r \cos u^2 \mathfrak{n}(u^1) \,,$$

wobei die Mittelpunkte $P(u^1)$ auf einem Kreis liegen, d. h.

$$P(s) = O + R \cos \frac{s}{R} \mathfrak{i} + R \sin \frac{s}{R} \mathfrak{j} \,;$$

hieraus erhalten wir

$$\mathfrak{t}(s) = -\sin \frac{s}{R} \mathfrak{i} + \cos \frac{s}{R} \mathfrak{j} \quad \text{und} \quad \mathfrak{n}(s) = -\cos \frac{s}{R} \mathfrak{i} - \sin \frac{s}{R} \mathfrak{j} \,.$$

Wegen

$$P_1 = \mathfrak{t} + kr \sin u^2 \mathfrak{n} - kr \cos u^2 \mathfrak{t} \,,$$

$$P_2 = r \cos u^2 \mathfrak{t} - r \sin u^2 \mathfrak{n}$$

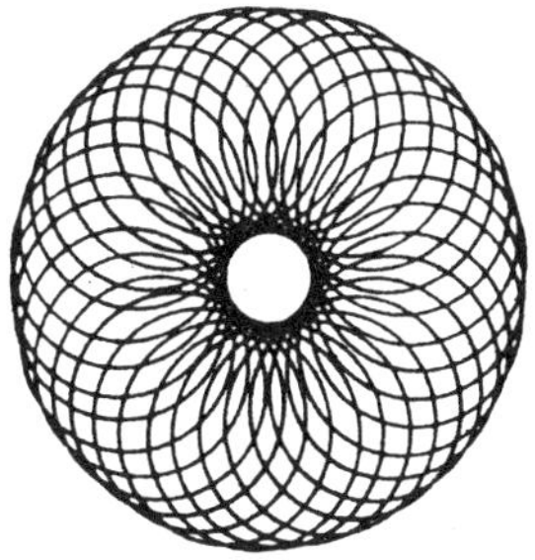

Abb. 56

führt die Bedingung (46) zu

$$\mathfrak{o} = P_1 \times P_2 = [-r \sin u^2 - kr^2 \sin u^2 \cos u^2 + kr^2 \sin u^2 \cos u^2]\,\mathfrak{b}$$
$$= -r \sin u^2 \mathfrak{b}$$

und folglich zu $\sin u^2 = 0$, d. h. $u^2 = o, \pi$. Das ergibt

$$P_o(u^1) = P(u^1) + r\mathfrak{n} = O + (R - r)\cos\frac{u^1}{R}\,\mathfrak{i} + (R - r)\sin\frac{u^1}{R}\,\mathfrak{j}\,,$$

$$P_\pi(u^1) = P(u^1) - r\mathfrak{n} = O + (R + r)\cos\frac{u^1}{R}\,\mathfrak{i} + (R + r)\sin\frac{u^1}{R}\,\mathfrak{j}\,.$$

Für $r \neq R$ haben wir zwei einhüllende Kreise mit den Radien $|R - r|$ und $R + r$ erhalten.

Aufgaben

1. Man gebe die u^1- und die u^2-Linien der *Wendelfläche*

$$P(u^1, u^2) = O + u^2(\cos u^1\mathfrak{i} + \sin u^1\mathfrak{j}) + au^1\mathfrak{k}$$

und $P = P(u^1)$, $\mathfrak{a} = \mathfrak{a}(u^1)$ gemäß (41) an, um zu zeigen, daß keine Torse vorliegt.

2. Man zeige, daß die von den Hauptnormalen bzw. Binormalen einer Kurve erzeugte Regelfläche genau dann eine Torse ist, wenn die Kurve in einer Ebene verläuft.

3. Man verwende für eine Röhrenfläche die Parameterdarstellung

$$P(u^1, u^2) = P(u^1) + r\cos u^2(\cos f(u^1)\,\mathfrak{n} + \sin f(u^1)\,\mathfrak{b})$$
$$+ r\sin u^2(-\sin f(u^1)\,\mathfrak{n} + \cos f(u^1)\,\mathfrak{b})$$

und prüfe, unter welchen Bedingungen für f die u^1- und u^2-Linien ein orthogonales Netz bilden.

4. Man bestimme für die Geradenschar $P(x, t) = O + t\mathfrak{i} + (2xt - x^2)\,\mathfrak{j}$ die Einhüllende näherungsweise durch Zeichnen hinreichend vieler Geraden (verschiedene x-Werte!) und rechnerisch mittels (46).

2.4. Bogenlänge von Flächenkurven und metrische Fundamentalgrößen

In der Fläche $P = P(u^1, u^2)$ sei eine Kurve mit der Gaußschen Parameterdarstellung $u^1 = u^1(t)$, $u^2 = u^2(t)$ gegeben, d. h.

$$P(t) = P(u^1(t), u^2(t))\,.$$

Bei der Berechnung der Bogenlänge wird[1])

$$\dot{P}^2 = (P_i \dot{u}^i)^2 = (P_i \dot{u}^i)(P_k \dot{u}^k) = P_i P_k \dot{u}^i \dot{u}^k$$

benötigt. Offenbar sind die Koeffizienten $P_i P_k$ unabhängig von der speziellen Kurve. Wir formulieren deshalb folgende

Definition. Die Skalarprodukte $g_{ik} = g_{ik}(u^1, u^2) := P_i P_k$ heißen *metrische Fundamentalgrößen.*

Es gilt

$$g_{ii} = P_i^2 > 0\,, \qquad g_{12} = P_1 P_2 = P_2 P_1 = g_{21}\,,$$

d. h., daß die Matrix

$$\begin{pmatrix} g_{11} & g_{12} \\ g_{21} & g_{22} \end{pmatrix}$$

in der Hauptdiagonale sämtlich positive Glieder besitzt und symmetrisch ist. Weiterhin ist nach dem Entwicklungssatz und der Definition von g (vgl. S. 96)

$$\begin{aligned} |g_{ik}| &= g_{11} g_{22} - g_{12}^2 = g_{11} P_2^2 - g_{21} P_1 P_2 \\ &= (g_{11} P_2 - g_{21} P_1)\, P_2 = [-P_1(P_2 P_1) + P_2(P_1 P_1)]\, P_2 \\ &= [(P_1 \times P_2) \times P_1]\, P_2 = (P_1 \times P_2) \cdot (P_1 \times P_2) = g > 0\,. \end{aligned}$$

Außerdem bestimmt die Matrix (g_{ik}) wegen

$$g_{ik} \dot{u}^i \dot{u}^k > 0 \Leftrightarrow (\dot{u}^1, \dot{u}^2) \neq (0, 0)$$

eine *positiv definite quadratische Form.*

Die g_{ik} gestatten die Berechnung der Bogenlänge einer Kurve der Fläche mit Hilfe ihrer Gaußschen Parameterdarstellung:

$$s(t) = \int \sqrt{g_{ik} \dot{u}^i \dot{u}^k}\, dt\,. \tag{47}$$

Sie können aber auch zur Berechnung des Schnittwinkels zweier Flächenkurven herangezogen werden: Die Flächenkurven $P = P(t)$ und $P = Q(t)$ mögen sich im Punkt S schneiden (Abb. 57), o. B. d. A. sei $P(0) = S = Q(0)$.

[1]) Hier bedienen wir uns der Einsteinschen Summenkonvention: Statt $\sum_{i=1}^{2} P_i \dot{u}^i$ schreiben wir einfach $P_i \dot{u}^i$; über einen unten und einen oben stehenden Index ist zu summieren.

Ferner seien $u^i = u^i(t)$ die Gaußschen Parameter der Flächenkurve $P = P(t)$ und $u^i = v^i(t)$ die von $P = Q(t)$. Wegen $\dot{P}\dot{Q} = |\dot{P}|\,|\dot{Q}| \cos \sphericalangle (\dot{P}, \dot{Q})$ gilt

$$\cos \sphericalangle (\dot{P}, \dot{Q}) = \frac{g_{ik}\dot{u}^i\dot{v}^k}{\sqrt{g_{ik}\dot{u}^i\dot{u}^k}\,\sqrt{g_{ik}\dot{v}^i\dot{v}^k}} .$$

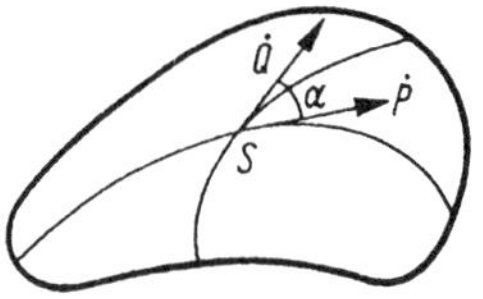

Abb. 57

Allgemein haben wir für Vektoren $\mathfrak{x} = (\xi^1, \xi^2)$ und $\mathfrak{y} = (\eta^1, \eta^2)$ der Tangentialebene

$$\cos \sphericalangle (\mathfrak{x}, \mathfrak{y}) = \frac{g_{ik}\xi^i\eta^k}{\sqrt{g_{ik}\xi^i\xi^k}\,\sqrt{g_{ik}\eta^i\eta^k}} . \tag{48}$$

Außerdem gilt folgende *Flächeninhaltsformel*[1])

$$F = \iint_B \mathfrak{N} P_1 P_2 \, du^1 \, du^2 = \iint_B \sqrt{g} \, du^1 \, du^2 , \tag{49}$$

wobei B ein Bereich (Gebiet mit seinen Begrenzungspunkten) ist.

Beispiele

(2.10) *Drehflächen* (vgl. Beispiel (2.3)). Es gilt

$$\begin{aligned} g_{11} &= P_1^2 = r'^2 + z'^2 = 1 , \\ g_{12} &= g_{21} = P_1 P_2 = 0 \quad \text{(orthogonales Netz)} , \\ g_{22} &= P_2^2 = r^2 , \qquad g = |g_{ik}| = r^2 . \end{aligned}$$

---

[1]) Die Gleichheit der Integrale folgt aus $\mathfrak{N} P_1 P_2 = \mathfrak{N}(P_1 \times P_2) = \frac{1}{\sqrt{g}} (P_1 \times P_2) \cdot (P_1 \times P_2)$ $= \sqrt{g}$; die Entstehung des Integranden wird im Anhang auf S. 107 skizziert (vgl. Abb. 61a).

(2.11) *Funktionen zweier Variablen* (vgl. Beispiel (2.2)). Wir erhalten

$$\begin{aligned} g_{11} &= 1 + f_1^2 , \\ g_{12} &= g_{21} = f_1 f_2 , \\ g_{22} &= 1 + f_2^2 , \\ g &= 1 + f_1^2 + f_2^2 . \end{aligned}$$

Dabei ist u^i die Bogenlänge der u^i-Linien genau dann, wenn $g_{ii} = 1$, d. h. $f_i = 0$ gilt; die Fläche stellt dann eine Zylinderfläche mit Mantellinien dar, die zu einer Koordinatenachse parallel sind; auf ihr bilden die u^1- und die u^2-Linien ein orthogonales Netz. Es können u^1 und u^2 nur dann beide Bogenlänge sein, wenn die Fläche zur x,y-Ebene parallel, wenn f konstant ist.

(2.12) *Ebene in kartesischen Koordinaten:*

$$P(u^1, u^2) = (u^1, u^2, 0) .$$

Wegen $P_1 = \mathfrak{i}$ und $P_2 = \mathfrak{j}$ gilt $g_{ik} = \delta_{ik}$, d. h.

$$(g_{ik}) = \begin{pmatrix} 1 & 0 \\ 0 & 1 \end{pmatrix}$$

und $g = 1$.

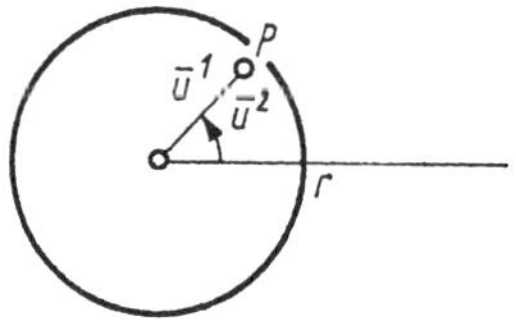

Abb. 58

(2.12′) *Ebene in Polarkoordinaten* (Abb. 58):

$$\bar{P}(\bar{u}^1, \bar{u}^2) = (\bar{u}^1 \cos \bar{u}^2, \bar{u}^1 \sin \bar{u}^2, 0) ,$$

d. h. $u^1 = \bar{u}^1 \cos \bar{u}^2$, $u^2 = \bar{u}^1 \sin \bar{u}^2$. Die Funktionaldeterminante

$$\begin{vmatrix} \cos \bar{u}^2 & -\bar{u}^1 \sin \bar{u}^2 \\ \sin \bar{u}^2 & \bar{u}^1 \cos \bar{u}^2 \end{vmatrix} = \bar{u}^1$$

verschwindet gerade für $\bar{u}^1 = 0$; somit ist die Parametertransformation mit Ausnahme des Ursprunges zulässig.

Weiterhin gilt

$$\bar{P}_1 = (\cos \bar{u}^2, \sin \bar{u}^2, 0)\,,$$

$$\bar{P}_2 = (-\bar{u}^1 \sin \bar{u}^2, \bar{u}^1 \cos \bar{u}^2, 0)\,,$$

$$\bar{g}_{11} = 1\,, \quad \bar{g}_{12} = \bar{g}_{21} = 0\,, \quad \bar{g}_{22} = (\bar{u}^1)^2\,, \qquad \bar{g} = (\bar{u}^1)^2\,.$$

Hieraus erhalten wir den *Kreisflächeninhalt*

$$\int_0^{2\pi}\int_0^{r} \sqrt{\bar{g}}\, d\bar{u}^1\, d\bar{u}^2 = \int_0^{2\pi}\int_0^{r} \bar{u}^1\, d\bar{u}^1\, d\bar{u}^2 = \int_0^{2\pi} \frac{r^2}{2}\, d\bar{u}^2 = \pi r^2\,.$$ [1]

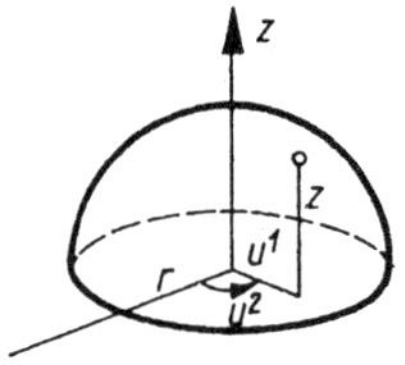

Abb. 59

(2.13) *Halbkugel in Zylinderkoordinaten* (Abb. 59):

$$P(u^1, u^2) = (u^1 \cos u^2, u^1 \sin u^2, \sqrt{r^2 - (u^1)^2}\,).$$

Wir berechnen zunächst P_1, P_2 und dann die metrischen Fundamentalgrößen und deren Determinante:

$$P_1 = \left(\cos u^2, \sin u^2, -\frac{u^1}{\sqrt{\quad}}\right),$$

$$P_2 = (-u^1 \sin u^2, u^1 \cos u^2, 0)\,,$$

$$g_{11} = 1 + \frac{(u^1)^2}{r^2 - (u^1)^2} = \frac{r^2}{r^2 - (u^1)^2}\,,$$

$$g_{12} = g_{21} = 0\,, \quad g_{22} = (u^1)^2\,,$$

$$g = \frac{r^2 (u^1)^2}{r^2 - (u^1)^2}\,.$$

---

[1]) Da die Parameterdarstellung für $\bar{u}^1 = 0$ nicht zulässig ist, müßten die Integrationsgrenzen ε, r statt 0, r und der Limes $\varepsilon \to 0$ betrachtet werden.

Um auch hier die Flächeninhaltsformel erfolgreich auswerten zu können, denken wir an die Substitution $u := r^2 - (u^1)^2$. Wegen $\frac{du}{du^1} = -2u^1$ erhalten wir

$$\int_0^{2\pi}\int_0^r \sqrt{g}\, du^1\, du^2 = \int_0^{2\pi}\int_0^r -\frac{r}{2} u^{-1/2} \frac{du}{du^1}\, du^1\, du^2$$

$$= \int_0^{2\pi}\int_{r^2}^0 -\frac{r}{2} u^{-1/2}\, du\, du^2 = \int_0^{2\pi} [-ru^{1/2}]_{r^2}^0\, du^2$$

$$= \int_0^{2\pi} r^2\, du^2 = 2\pi r^2 .$$

Damit ergibt sich wie in der Elementargeometrie $4\pi r^2$ als *Flächeninhalt der Oberfläche einer Kugel vom Radius r.*

Anhang. *Invarianz der Bogenlänge und des Flächeninhaltes bei Parametertransformationen*

Bei unseren obigen Überlegungen sind wir davon ausgegangen, daß Bogenlänge und Flächeninhalt invariante (von der Art der Beschreibung unabhängige) Größen sind. Andererseits besitzen wir Berechnungsformeln, die sich auf eine bestimmte Parameterdarstellung der Fläche beziehen. Im folgenden wollen wir nachrechnen, daß zulässige Parametertransformationen tatsächlich Bogenlänge und Flächeninhalt unverändert lassen. Dieser Nachweis besitzt eine allgemeine Bedeutung: Nach dem vorgeführten Muster können wir bei einer beliebigen Berechnungsformel nachweisen, ob eine mit ihrer Hilfe erklärte Größe geometrisch ist. Insbesondere kann jeder, dem (49) nicht vertraut ist, erkennen, daß dadurch eine von der speziellen Parameterdarstellung unabhängige Größe definiert wird.

Zunächst stellen wir ohne Beweis ein paar allgemeine Aussagen vor. *Es sei χ eine zulässige Parameterdarstellung und*

$$\varphi : (\bar{u}^1, \bar{u}^2) \to (u^1(\bar{u}^1, \bar{u}^2), u^2(\bar{u}^1, \bar{u}^2))$$

eine zulässige Parametertransformation (dreimal stetig differenzierbare Abbildung mit einer von Null verschiedenen Funktionaldeterminante (40)). *Somit ist $\psi := \chi \circ \varphi$ eine zulässige Parameterdarstellung* (Abb. 60). Außerdem ist φ in einer Umgebung eines jeden Punktes umkehrbar,

$$\varphi^{-1} : (u^1, u^2) \to (\bar{u}^1(u^1, u^2), \bar{u}^2(u^1, u^2))$$

dreimal stetig differenzierbar und $\varphi^{-1} \circ \varphi$ mit der Koordinatendarstellung

$$\bar{u}^i = \bar{u}^i(u^1(\bar{u}^1, \bar{u}^2), u^2(\bar{u}^1, \bar{u}^2))$$

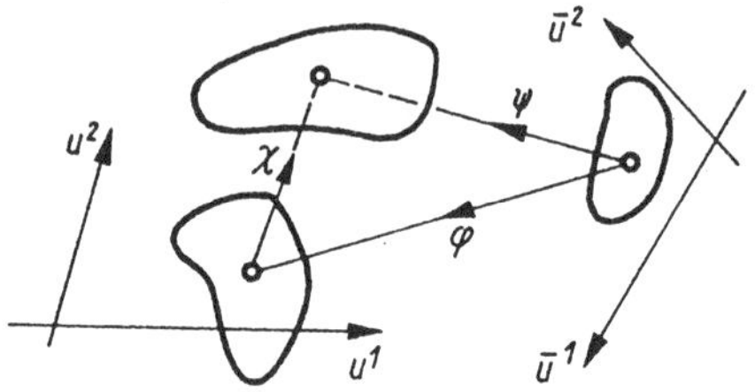

Abb. 60

identische Abbildung. Daraus folgt mit

$$a_k^i := \frac{\partial u^i}{\partial \bar{u}^k}, \qquad \bar{a}_k^i := \frac{\partial \bar{u}^i}{\partial u^k}$$

zunächst

$$\frac{\partial \bar{u}^i}{\partial \bar{u}^k} = \delta_k^i = \frac{\partial \bar{u}^i}{\partial u^r} \cdot \frac{\partial u^r}{\partial \bar{u}^k} = \bar{a}_r^i a_k^r,$$

d. h.

$$(\bar{a}_r^i)(a_k^r) = \begin{pmatrix} 1 & 0 \\ 0 & 1 \end{pmatrix} \quad \text{oder} \quad (\bar{a}_k^i) = (a_k^i)^{-1},$$

so daß φ^{-1} *wegen* $|\bar{a}_k^i| = |a_k^i|^{-1} \neq 0$ *ebenfalls eine zulässige Parametertransformation ist.* Hieraus ergibt sich, wenn wir wie üblich $P(u^1, u^2) := \chi(u^1, u^2)$ und $\bar{P}(\bar{u}^1, \bar{u}^2) = \psi(\bar{u}^1, \bar{u}^2) = P(u^1(\bar{u}^1, \bar{u}^2), u^2(\bar{u}^1, \bar{u}^2))$ setzen, folgende *Transformationsgleichung* für die metrischen Fundamentalgrößen:

$$\bar{g}_{ik} = \bar{P}_i \bar{P}_k = P_r a_i^r \cdot P_s a_k^s = a_i^r g_{rs} a_k^s,$$

d. h.

$$(\bar{g}_{ik}) = (a_i^r)^{\mathrm{T}} (g_{rs}) (a_k^s). \tag{50}$$

Beispielsweise gilt beim Übergang von kartesischen zu Polarkoordinaten einer Ebene (vgl. die Beispiele (2.12) und (2.12'))

$$\begin{pmatrix} 1 & 0 \\ 0 & (u^1)^2 \end{pmatrix} = \begin{pmatrix} \cos u^2 & \sin u^2 \\ -u^1 \sin u^2 & u^1 \cos u^2 \end{pmatrix} \begin{pmatrix} 1 & 0 \\ 0 & 1 \end{pmatrix} \begin{pmatrix} \cos u^2 & -u^1 \sin u^2 \\ \sin u^2 & u^1 \cos u^2 \end{pmatrix}.$$

Mit (50) ergibt sich folgendermaßen die *Invarianz der Bogenlänge* bei Parametertransformation: Es sei $\bar{u}^k = \bar{u}^k(u^1(t), u^2(t))$ eine Flächenkurve. Dann gilt

$$\begin{aligned}
\dot{\bar{P}}^2 &= \bar{g}_{ij}\dot{\bar{u}}^i\dot{\bar{u}}^j = (\dot{\bar{u}}^i)^{\mathrm{T}} (\bar{g}_{ij}) (\dot{\bar{u}}^j) \\
&= (\bar{a}_r^i \dot{u}^r)^{\mathrm{T}} (a_i^k)^{\mathrm{T}} (g_{kl}) (a_j^l) (\bar{a}_s^j \dot{u}^s) \\
&= (\dot{u}^r)^{\mathrm{T}} [(\bar{a}_r^i)^{\mathrm{T}} (a_i^k)^{\mathrm{T}}] (g_{kl}) [(a_j^l)(a_s^j)] (\dot{u}^s) \\
&= (\dot{u}^r)^{\mathrm{T}} (\delta_r^k)^{\mathrm{T}} (g_{kl}) (\delta_s^l) (\dot{u}^s) = (\dot{u}^k)^{\mathrm{T}} (g_{kl}) (\dot{u}^l) \\
&= g_{kl}\dot{u}^k\dot{u}^l = \dot{P}^2.
\end{aligned}$$

Daraus erhalten wir $\int |\dot{\overline{P}}| dt = \int |\dot{P}| dt$.

Bevor wir abschließend (bis aufs Vorzeichen) auf die Invarianz des Flächeninhaltes bei Parametertransformation eingehen, skizzieren wir die Herleitung von (49):

a) *Verallgemeinerung des gewöhnlichen Riemannschen Integrals zum Flächenintegral für stetige Funktionen $z = f(x, y)$ über einem meßbaren Bereich B.* Indem wir bei der Definition des Riemannschen Integrals für eine stetige Funktion $y = f(x)$ über einem Intervall $[a, b]$ dessen Zerlegungen in Teilintervalle durch Triangulationen von B (Abb. 61a) und die Rechtecksflächen bei der Bildung von Ober- und Untersumme durch gerade Prismen ersetzen, dann erhalten wir über Verfeinerungen der Triangulationen im Grenzübergang Volumina $\overline{I}$ und $\underline{I}$ als oberes bzw. unteres Integral, die infolge der Stetigkeit von $z = f(x, y)$ ein und denselben Wert $I = \int_B f(x, y) db$ ergeben.

a)

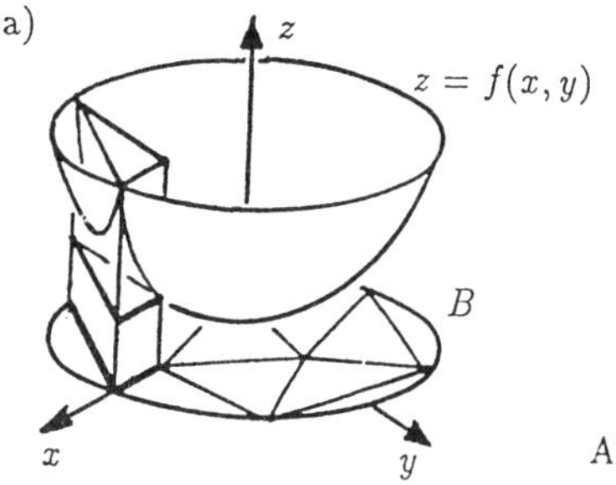

b)

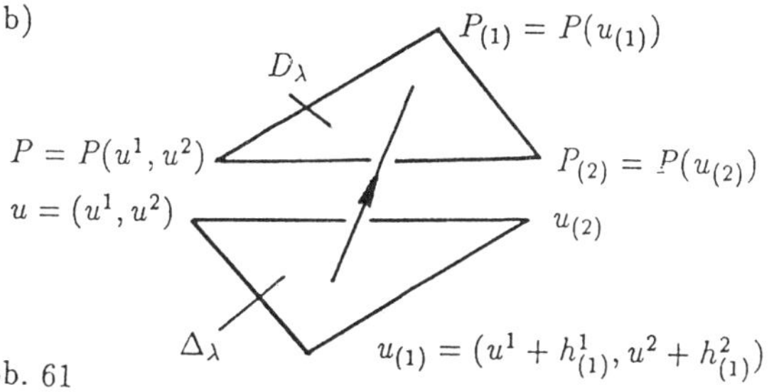

Abb. 61

b) *Inhalt eines Flächenstückes $P = P(u^1, u^2)$ über B.* Wir betrachten ein Dreieck einer Triangulation von B und das ihm zugeordnete Dreieck mit Ecken in der Fläche (Abb. 61b) sowie deren Flächeninhalte Δ_λ bzw. D_λ; somit wird das Flächenstück durch eine *polyedrische Fläche* vom Inhalt $\sum D_\lambda$ angenähert. Es gilt

$$\Delta_\lambda = \frac{1}{2}\,\mathfrak{k}\,[(u_{(1)} - u) \times (u_{(2)} - u)] = \frac{1}{2}\begin{vmatrix} h^1_{(1)} & h^1_{(2)} \\ h^2_{(1)} & h^2_{(2)} \end{vmatrix} = \frac{1}{2}(h^1_{(1)}h^2_{(2)} - h^1_{(2)}h^2_{(1)})$$

und nach Taylorentwicklung (mit einem Normalvektor $\mathfrak{N}_\lambda$ des Näherungsdreiecks)

$$\begin{aligned} D_\lambda &= \frac{1}{2}\mathfrak{N}_\lambda[(P_{(1)} - P)(P_{(2)} - P)] = \frac{1}{2}\mathfrak{N}_\lambda[(P_i h^i_{(1)} + \mathfrak{r}^\lambda_{(1)}) \times (P_j h^j_{(2)} + \mathfrak{r}^\lambda_{(2)})] \\ &= \mathfrak{N}(u_1, u_2)(P_1 \times P_2)\frac{1}{2}(h^1_{(1)}h^2_{(2)} - h^1_{(2)}h^2_{(1)}) + r^\lambda \to \sqrt{g}\Delta_\lambda \quad \text{für} \quad \mathfrak{N}^\lambda \to \mathfrak{N}(u^1, u^2), \end{aligned}$$

d.h. $F = \int_B \sqrt{g}\, db$ im Grenzwert (ohne weitere Details).

c) Auf eine zulässige *Paramtertransformation* $\overline{u} : (\overline{u}^1(u), \overline{u}^2(u))$ können wir b) anwenden, d.h. $\overline{B} := B^{\varphi^{-1}}$ ist meßbar, $\phi^{-1} = (\overline{a}^k_i)$,

$$D_\lambda = |\overline{a}^k_i|\Delta_\lambda + r^\lambda \tag{51}$$

und schließlich symbolisch

$$d\overline{b} = |\overline{a}^k_i| db. \tag{52}$$

Somit erhalten wir die gewünschte *Invarianz des Flächeninhaltes* (bis aufs Vorzeichen)

$$\int_{\bar{B}} \sqrt{\bar{g}}\, d\bar{b} = \int_{B} \sqrt{|(a_i^\tau)(g_{\tau s})(a_u^s)|}\, |\bar{a}_i^k|\, db = \int_{B} \sqrt{g}\, sgn|a_i^\tau|\, db = sgn|a_i^\tau| \int_{B} \sqrt{g}\, db.$$

Die Zulässigkeit des ersten Gleichheitszeichens mit (52) erweist sich nach (51) in umfangreichen Abschätzungen (vgl. etwa [13], Bd. 3, S. 234 ff.).

Aufgaben

1. Man gebe eine Berechnungsformel für den Flächeninhalt einer Drehfläche an (vgl. (2.10)) und berechne damit a) einen Drehzylindermantel, b) einen Drehkegelmantel, c) die Kugeloberfläche.
2. Man berechne für eine Wendelfläche

$$P(u^1, u^2) = O + u^2(\cos u^1 \mathfrak{i} + \sin u^1 \mathfrak{j}) + au^1 \mathfrak{k}$$

a) die Länge der u^1-Linien mit $u^2 = 0$ bzw. $u^2 = r > 0$ für $u^1 \in [0, 2\pi]$,
b*) den Flächeninhalt für $u^1 \in [0, 2\pi]$ und $u^2 \in [0, r]$.

2.5. Normal- und geodätische Krümmung von Flächenkurven

Wir wollen das Krümmungsverhalten von Flächen studieren, indem wir Flächenkurven untersuchen. Hierbei wird eine „Zerlegung" der Krümmung einer Flächenkurve in einen Anteil bezüglich der Flächennormalen und einen Anteil bezüglich der Tangentialebene von besonderer Bedeutung sein.

Es sei $u^i = u^i(s)$ die Gaußsche Parameterdarstellung einer Kurve der Fläche $P = P(u^1, u^2)$, wobei s die Bogenlänge ist. Nach der Einsteinschen Summenkonvention ist

$$P' = P_i u^{i\prime},$$
$$P'' = P_i u^{i\prime\prime} + P_{ik} u^{i\prime} u^{k\prime} = k(s)\, \mathfrak{n}(s)\,. \tag{53}$$

Andererseits werden wir P'' bezüglich P_1, P_2, $\mathfrak{N}$ (begleitendes Dreibein der Fläche) darstellen. Zunächst setzen wir

$$P'' = k_n(s)\, \mathfrak{N} + k_g(s)\, \mathfrak{e}\,, \tag{54}$$

wobei $\mathfrak{e}$ einen Einheitsvektor der Tangentialebene, d. h. $\mathfrak{e}^2 = 1$ und $\mathfrak{N}\mathfrak{e} = 0$, bezeichnet, über den wir noch geeignet verfügen (vgl. (56)). Wegen $P'P' = 1$ gilt bekanntlich $P'P'' = 0$ und folglich

$$0 = P''P' = k_n \mathfrak{N} P' + k_g \mathfrak{e} P' = k_g \mathfrak{e} P'\,. \tag{55}$$

Fall 1: $k_g \neq 0$. Neben $\mathfrak{N} \perp P'$, $\mathfrak{e}$ gilt nach (55) noch $\mathfrak{e} \perp P'$. Wir können das Vorzeichen von k_g so festlegen, daß für die paarweise orthogonalen Einheitsvektoren $\mathfrak{N}$, P', $\mathfrak{e}$ noch

$$\mathfrak{N} \times P' = \mathfrak{e} \tag{56}$$

(Abb. 62) gilt.

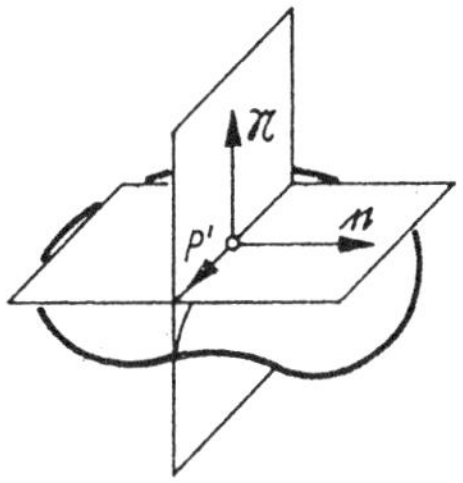

Abb. 62

Fall 2: $k_g = 0$. Hier kann o. B. d. A. der Vektor $\mathfrak{e}$ gemäß (56) gewählt werden.

Wie der Wechselstromwiderstand im Zeigerdiagramm in Ohmschen und induktiven Widerstand „zerlegt" wird, können wir (54) als „Zerlegung" der Krümmung $k = |P''|$ der Flächenkurve in die *Normalkrümmung* $k_n(s)$ und die *geodätische Krümmung* $k_g(s)$ deuten (Abb. 63). Dabei gilt stets

$$k^2 = k_n^2 + k_g^2 \,. \tag{57}$$

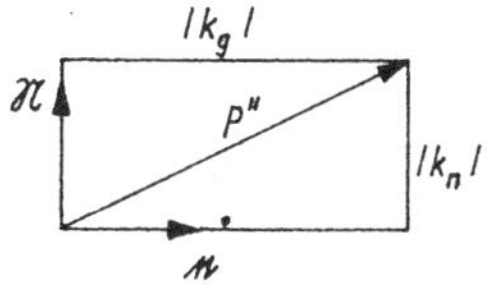

Abb. 63

Indem wir eine Darstellung von P'' bezüglich $P_1, P_2, \mathfrak{N}$ anstreben, setzen wir (vgl. (53))

$$P_{ik} = \Gamma_{ik}^1 P_1 + \Gamma_{ik}^2 P_2 + L_{ik}\mathfrak{N} = \Gamma_{ik}^r P_r + L_{ik}\mathfrak{N} \,. \tag{58}$$

Da es sich um die Darstellung der Ableitungen der Vektoren P_1, P_2 des begleitenden Dreibeins der Fläche bezüglich dieses Dreibeins handelt, ist (58) ein Analogon der Frenetschen Formeln; die Formeln (58) werden *Ableitungsgleichungen von Gauß* genannt. (Es fehlt in dieser Analogie noch die Darstellung von $\mathfrak{N}_1$ und $\mathfrak{N}_2$ bezüglich des begleitenden Dreibeins der Fläche, die wir erst in Abschnitt 2.8 als Ableitungsgleichungen von WEINGARTEN kennenlernen.) Zunächst werden wir hauptsächlich mit den *zweiten Fundamentalgrößen* L_{ik} (vgl. die Koeffizienten in den Frenetschen Formeln) arbeiten. Für sie gilt $L_{ik} = P_{ik}\mathfrak{N}$; wegen $P_i\mathfrak{N} = 0$ haben wir $P_{ik}\mathfrak{N} + P_i\mathfrak{N}_k = 0$ und somit

$$L_{ik} = P_{ik}\mathfrak{N} = -P_i\mathfrak{N}_k = -P_k\mathfrak{N}_i \,. \tag{59}$$

Die Determinante der zweiten Fundamentalgrößen wird mit L bezeichnet:

$$L := |L_{ik}| = |L_{ik}(u^1, u^2)| \,.$$

Neben der Darstellung der Normalkrümmung über (54)

$$k_n(s) = P''\mathfrak{N} \tag{60}$$

erhalten wir nach (53) und (58)

$$P'' = P_r(u^{r\prime\prime} + \Gamma^r_{ik}u^{i\prime}u^{k\prime}) + \mathfrak{N}L_{ik}u^{i\prime}u^{k\prime} \tag{61}$$

und somit

$$k_n(s) = L_{ik}u^{i\prime}u^{k\prime} \,. \tag{62}$$

Die Christoffelsymbole Γ^i_{jk} und die geodätische Krümmung k_g werden erst später in den Abschnitten 3.3 und 3.6 (Bd. II) eingehend untersucht.

Beispiel

(2.14) *Zweite Fundamentalgrößen bei Drehflächen.* Nach dem Beispiel (2.3) kennen wir für

$$P(u^1, u^2) = O + r\cos u^2\mathfrak{i} + r\sin u^2\mathfrak{j} + z\mathfrak{k}$$

bereits die Vektoren

$$P_1 = r'\cos u^2\mathfrak{i} + r'\sin u^2\mathfrak{j} + z'\mathfrak{k} \,,$$

$$P_2 = -r\sin u^2\mathfrak{i} + r\cos u^2\mathfrak{j} \,,$$

$$P_1 \times P_2 = -rz'\cos u^2\mathfrak{i} - rz'\sin u^2\mathfrak{j} + rr'\mathfrak{k}$$

und damit

$$\mathfrak{N} = -z'\cos u^2\mathfrak{i} - z'\sin u^2\mathfrak{j} + r'\mathfrak{k} \,.$$

Zur Berechnung der zweiten Fundamentalgrößen stellen wir zunächst

$$P_{11} = r''\cos u^2\mathfrak{i} + r''\sin u^2\mathfrak{j} + z''\mathfrak{k} \,,$$

$$P_{12} = -r'\sin u^2\mathfrak{i} + r'\cos u^2\mathfrak{j} = P_{21} \,,$$

$$P_{22} = -r\cos u^2\mathfrak{i} - r\sin u^2\mathfrak{j}$$

bereit. Daraus ergibt sich

$$L_{11} = -r''z' + r'z'' , \quad L_{12} = 0 = L_{21} , \quad L_{22} = rz' ,$$
$$L \;\; = |L_{ik}| = (z''r' - z'r'')\, rz' .$$

Für welche Drehflächen gilt ausschließlich $L = 0$?

Fall 1: $z' = 0$ für $u^1 \in (a, b)$. Dann ist z konstant, und es liegt eine „gelochte“ *Kreisscheibe* vor (Abb. 64a).

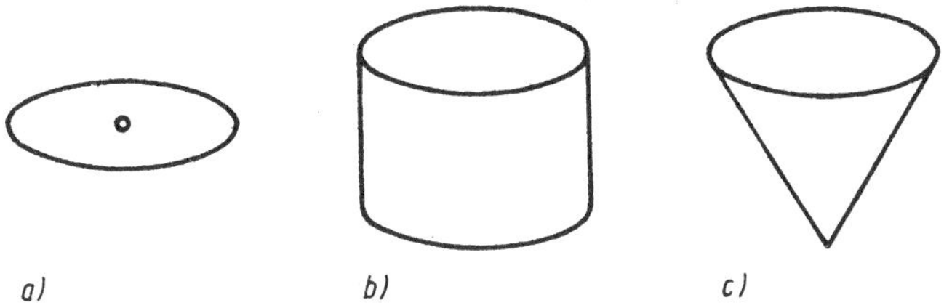

Abb. 64

Fall 2: $r' = 0$ für $u^1 \in (a, b)$. Dann ist r konstant. Es liegt eine *Zylinderfläche* vor (Abb. 64b).

Fall 3: $r' \neq 0$ und $z' \neq 0$,

$$\left(\frac{z'}{r'}\right)' = \frac{z''r' - z'r''}{r'^2} = 0$$

für $u^1 \in (a, b)$. Dann ist $\frac{z'}{r'} \neq 0$ konstant, etwa $z' = cr'$. Wir erhalten $z = cr + d$, d. h., daß die geradlinige Erzeugende eine *Kegelfläche* beschreibt (Abb. 64c).

Da die Erzeugende eine glatte Kurve ist, schließen sich diese Fälle gegenseitig aus.

Aufgabe

Man zeige, daß für eine Kurve in einer Ebene $k_n = 0$ und $|k_g| = k$ gilt.

2.6. Krümmung und Normalkrümmung von Flächenkurven gleicher Tangente

Im folgenden werden in einer Fläche $P = P(u^1, u^2)$ alle Kurven $u^i = u^i(s)$ bzw. $u^i = v^i(s)$ durch einen festen Punkt P_0 betrachtet; es sei etwa $P(u^1(0), u^2(0)) = P_0 = P(v^1(0), v^2(0))$. Aus der Übereinstimmung der Tangentenvektoren an dieser Stelle,

$$P_i u^{i\prime} = P_i v^{i\prime},$$

folgt $u^{i\prime}(0) = v^{i\prime}(0)$ und somit $L_{ik} u^{i\prime} u^{k\prime} = L_{ik} v^{i\prime} v^{k\prime}$, d. h. Übereinstimmung in der Normalkrümmung. Aber auch aus $P_i v^{i\prime} = -P_i u^{i\prime}$ ergibt sich dieses Resultat, denn aus dieser Gleichung folgt $v^{i\prime}(0) = -u^{i\prime}(0)$ und somit $L_{ik} v^{i\prime} v^{k\prime} = L_{ik}(-u^{i\prime})(-u^{k\prime}) = L_{ik} u^{i\prime} u^{k\prime}$. Zusammenfassend gilt der

Satz 2.4. *Alle Flächenkurven, die in einen Punkt ein und dieselbe Tangente haben, besitzen dort die gleiche Normalkrümmung.*

Der Zusammenhang von Krümmung und Normalkrümmung für alle Kurven gleicher Tangente in P_0 kann wegen

$$k_n(0) = P''\mathfrak{N} = k\mathfrak{n}\mathfrak{N} = k \cos \sphericalangle (\mathfrak{n}, \mathfrak{N}) \tag{63}$$

im Fall $k, k_n \neq 0$ durch

$$\frac{1}{k} = \frac{1}{k_n} \cos \sphericalangle (\mathfrak{n}, \mathfrak{N}) \tag{64}$$

ausgedrückt werden. Daraus ergibt sich für den Krümmungsmittelpunkt $M = P_0 + \frac{1}{k}\mathfrak{n}$, daß er auf dem Thaleskreis über der von P_0 und $N = P_0 + \frac{1}{k_n}\mathfrak{N}$ begrenzten Strecke in der Normalebene der Kurve liegt (Abb. 65). Insgesamt gilt der

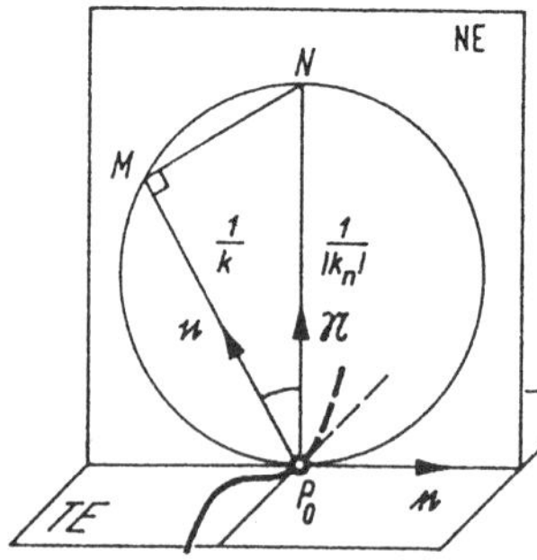

Abb. 65

Satz 2.5 (MEUSNIER[1]), 1776). *Die Krümmungsmittelpunkte aller sich in P_0 berührender Flächenkurven liegen in der gemeinsamen Normalebene auf einem Kreis, der die Fläche in P_0 berührt und $\frac{1}{|k_n|}$ zum Durchmesser hat.*

In einer Umgebung von P_0 schneidet die von der gemeinsamen Tangente und der Flächennormalen aufgespannte Ebene aus der Fläche eine Kurve heraus, für die $\mathfrak{n} = \pm\mathfrak{N}$ und somit $k_n = \pm k$ gilt.

Beispiele

(2.15) *Kugel von Radius R.* Nach der obigen Bemerkung erwarten wir $k_n = \pm\frac{1}{R}$. Dieses Resultat wollen wir jedoch mit Hilfe von (62) bestätigen. Wir betrachten die Kugel als Drehfläche (vgl. Beispiel (2.14)) mit $r(s) = R\cos\frac{s}{R}$ und $z(s) = R\sin\frac{s}{R}$. Dann gilt

$$L_{11} = r'z'' - r''z' = \frac{1}{R}\sin^2\frac{s}{R} + \frac{1}{R}\cos^2\frac{s}{R} = \frac{1}{R},$$

$$L_{12} = L_{21} = 0,$$

$$L_{22} = rz' = R\cos^2\frac{s}{R} = \frac{r^2}{R}.$$

Ein Vergleich mit den Ergebnissen des Beispiels (2.10) führt zur Feststellung von

$$L_{ik} = \frac{1}{R}g_{ik}.$$

Damit gilt

$$k_n = L_{ik}x^ix^k = \frac{1}{R}\,g_{ik}x^ix^k = \frac{1}{R}$$

in allen Richtungen, die durch Einheitsvektoren (x^1, x^2) in der Tangentialebene charakterisiert seien.

(2.16) *Hyperbolisches Paraboloid.* Zur Vereinfachung der Rechnung setzen wir $a = b = c = 1$ voraus, so daß die Fläche durch die Gleichung $x^2 - y^2 + 2z = 0$ oder durch die Parameterdarstellung

$$P(u^1, u^2) = \left(u^1, u^2, \frac{(u^2)^2 - (u^1)^2}{2}\right)$$

[1]) JEAN BAPTISTE MARIE MEUSNIER (1754—1793).

charakterisiert sei (Abb. 66). Es gilt

$$P_1 = (1, 0, -u^1), \quad P_2 = (0, 1, u^2),$$
$$P_{11} = (0, 0, -1), \quad P_{12} = P_{21} = \mathfrak{o}, \quad P_{22} = (0, 0, 1).$$

Im folgenden betrachten wir $u^1 = u^2 = 0$ (Ursprung). Dort gilt $\mathfrak{N}(0, 0) = (0, 0, 1)$ und somit

$$(g_{ik}) = \begin{pmatrix} 1 & 0 \\ 0 & 1 \end{pmatrix}, \qquad (L_{ik}) = \begin{pmatrix} -1 & 0 \\ 0 & 1 \end{pmatrix}.$$

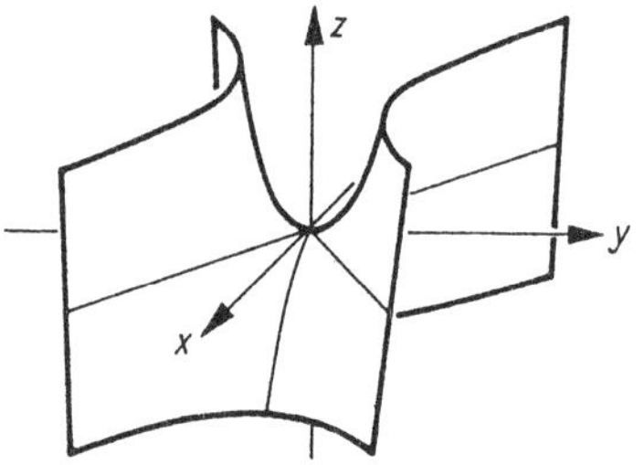

Abb. 66

Der Vektor $\mathfrak{r} = x^r P_r = \cos\alpha P_1 + \sin\alpha P_2$ liegt in der zum Ursprung gehörigen Tangentialebene; er ist wegen $g_{ik} x^i x^k = 1$ ein Einheitsvektor. Die von α abhängige Normalkrümmung $f(\alpha)$ kann folgendermaßen errechnet werden:

$$f(\alpha) = (\cos\alpha, \sin\alpha) \begin{pmatrix} -1 & 0 \\ 0 & 1 \end{pmatrix} \begin{pmatrix} \cos\alpha \\ \sin\alpha \end{pmatrix}$$
$$= -\cos^2\alpha + \sin^2\alpha = -\cos 2\alpha .$$

Sie nimmt für $\alpha = \pm\frac{\pi}{4}$ den Wert Null an; in diesen Richtungen gilt $y = \pm x$ und demzufolge $z = 0$, d. h., daß in diesen Richtungen die Tangentialebene Geraden aus der Fläche herausschneidet. Wir können außerdem Extremwerte der Normalkrümmung ermitteln:

$$f'(\alpha) = 2 \sin 2\alpha ,$$
$$f''(\alpha) = 4 \cos 2\alpha .$$

Die erste Ableitung verschwindet genau dann, wenn α ganzzahliges Vielfaches von $\frac{\pi}{2}$ ist; außerdem gilt $f''\left(k \cdot \frac{\pi}{2}\right) = 4 \cos k\pi \neq 0$. Die Extremwerte der Normalkrümmung sind

$$k_n^{(1)} = f(0) = -1, \qquad k_n^{(2)} = f\left(\frac{\pi}{2}\right) = 1.$$

Sie werden in der Richtung der x-Achse bzw. der y-Achse angenommen.

In den Beispielen haben wir bereits markante Sonderfälle für Flächenpunkte kennengelernt:

Definition. Ein Flächenpunkt heißt genau dann *Nabelpunkt*, wenn die Normalkrümmung unabhängig von der Richtung eine Konstante c ist; für $c = 0$ spricht man von einem *Flachpunkt*. Ein Flächenpunkt heißt *Sattelpunkt* genau dann, wenn Richtungen existieren, in denen die Normalkrümmung verschiedene Vorzeichen besitzt.

Aufgabe

Die Krümmungskreise der Flächenkurven mit ein und derselben Tangente in P_0 bilden eine Kugel, die *Meusnierkugel*.

2.7. Hauptkrümmungen

Wie in Abschnitt 2.6 betrachten wir in einer Fläche $P = P(u^1, u^2)$ einen festen Punkt P_0. Wir suchen Anzahl und Lage der Extremwerte der Normalkrümmung $k_n^{\mathfrak{r}}$ in Abhängigkeit von der Richtung $\mathfrak{r}$ in der Tangentialebene.

Defintion. Die Extremwerte der Normalkrümmung $k_n^{\mathfrak{r}}(u_0^1, u_0^2)$ in einem Punkt $P_0 = P(u_0^1, u_0^2)$ heißen *Hauptkrümmungen*, die zugehörigen Richtungen entsprechend *Hauptkrümmungsrichtungen*.

Es sei $\mathfrak{r} = x^1 P_1 + x^2 P_2$ ein Einheitsvektor, d. h. $g_{ik} x^i x^k = 1$. Die Gleichung

$$f(x^1, x^2) := g_{11} x^1 x^1 + g_{12} x^1 x^2 + g_{21} x^2 x^1 + g_{22} x^2 x^2 = g_{ik} x^i x^k = 1$$

läßt sich stets nach x^1 und nach x^2 auflösen. Wenn $f_1 = \frac{\partial f}{\partial x^1} \neq 0$ ist, dann existiert $\frac{dx^1}{dx^2}$ wegen

$$\frac{f(x^1, x_0^2) - f(x_0^1, x_0^2)}{x^1 - x_0^1} \cdot \frac{x^1 - x_0^1}{x^2 - x_0^2} + \frac{f(x^1, x^2) - f(x^1, x_0^2)}{x^2 - x_0^2} = 0$$

für $f(x^1, x^2) = f(x_0^1, x_0^2) = 1$, und es ist

$$f_1 \frac{dx^1}{dx^2} + f_2 = 0 \quad \text{bzw.} \quad \frac{dx^1}{dx^2} = -\frac{f_2}{f_1}. \tag{65}$$

Da außerdem aus $f_1(x_0^1, x_0^2) = f_2(x_0^1, x_0^2) = 0$ zunächst

$$2P_1\mathfrak{r}_0 = 2P_1(x_0^1 P_1 + x_0^2 P_2) = 2(g_{11}x_0^1 + g_{12}x_0^2) = f_1(x_0^1, x_0^2) = 0\,,$$
$$2P_2\mathfrak{r}_0 = 2P_2(x_0^1 P_1 + x_0^2 P_2) = 2(g_{21}x_0^1 + g_{22}x_0^2) = f_2(x_0^1, x_0^2) = 0$$

und dann $x_0^1 = x_0^2 = 0$ sowie der Widerspruch $g_{ik}x_0^i x_0^k = 0$ folgte, dürfen wir $f_1(x_0^1, x_0^2) \neq 0$ oder $f_2(x_0^1, x_0^2) \neq 0$ und damit die Existenz von $\frac{dx^1}{dx^2}$ oder $\frac{dx^2}{dx^1}$ künftig voraussetzen.

A. Notwendige Bedingungen für die Existenz von Extremwerten der Normalkrümmung: Wir setzen zunächst voraus, daß für $\mathfrak{r}_0 = P_i x_0^i$ ein Extremwert angenommen wird, daß o. B. d. A. $f_1(x_0^1, x_0^2) \neq 0$ gilt und daß somit $\frac{dx^1}{dx^2}$ existiert. Für die Funktion

$$h(x^2) := k_n^{\mathfrak{r}} = L_{11}x^1(x^2)\, x^1(x^2) + 2L_{12}x^1(x^2)\, x^2 + L_{22}x^2x^2$$

ergibt sich die notwendige Bedingung

$$h'(x_0^2) = \frac{\partial L_{ik}x^ix^k}{\partial x^1} \cdot \frac{dx^1}{dx^2} + \frac{\partial L_{ik}x^ix^k}{\partial x^2} = 0\,. \tag{66}$$

Nach (65) gilt für $\mathfrak{r}_0$

$$\frac{\partial g_{ik}x^ix^k}{\partial x^1} \cdot \frac{dx^1}{dx^2} + \frac{\partial g_{ik}x^ix^k}{\partial x^2} = 0, \qquad \frac{\partial g_{ik}x^ix^k}{\partial x^1} \neq 0\,. \tag{67}$$

Um aus den Gleichungen (66) und (67) die Ableitung $\frac{dx^1}{dx^2}$ zu eliminieren, bestimmen wir für $\mathfrak{x}_0$ eine Zahl λ (Lagrangescher Multiplikator) mit

$$\frac{\partial L_{ik}x^i x^k}{\partial x^1} - \lambda \frac{\partial g_{ik}x^i x^k}{\partial x^1} = 0 \tag{68_1}$$

und erhalten, indem wir zu (66) das $-\lambda$-fache von (67) addieren, noch

$$\frac{\partial L_{ik}x^i x^k}{\partial x^2} - \lambda \frac{\partial g_{ik}x^i x^k}{\partial x^2} = 0\,. \tag{68_2}$$

Da die Fundamentalgrößen g_{ik} und L_{ik} richtungsunabhängig sind, erhalten $(68_{1,2})$ das Aussehen

$$\begin{aligned} 2L_{11}x^1 + 2L_{12}x^2 - \lambda(2g_{11}x^1 + 2g_{12}x^2) &= 0\,,\\ 2L_{21}x^1 + 2L_{22}x^2 - \lambda(2g_{21}x^1 + 2g_{22}x^2) &= 0\,; \end{aligned}$$

diese Gleichungen sind äquivalent zu

$$(L_{ik} - \lambda g_{ik})\, x^k = 0\,, \qquad i = 1, 2\,. \tag{69}$$

Es gibt genau dann eine Lösung $\mathfrak{x} \neq \mathfrak{o}$ des homogenen Gleichungssystems (69), wenn der Rang der Koeffizientenmatrix kleiner als 2 ist, wenn

$$|L_{ik} - \lambda g_{ik}| = 0$$

gilt. Wegen

$$\begin{vmatrix} L_{11} - \lambda g_{11} & L_{12} - \lambda g_{12} \\ L_{21} - \lambda g_{21} & L_{22} - \lambda g_{22} \end{vmatrix} = (L_{11} - \lambda g_{11})(L_{22} - \lambda g_{22}) - (L_{12} - \lambda g_{12})^2$$

$$= L_{11}L_{22} - L_{12}^2 - \lambda(g_{11}L_{22} + g_{22}L_{11} - g_{12}L_{21} - g_{21}L_{12}) + \lambda^2(g_{11}g_{22} - g_{12}^2)$$

$$= L - \lambda(\ldots) + g\lambda^2$$

ist nichttriviale Lösbarkeit von (69) gleichwertig zu

$$\lambda^2 - \lambda \cdot \frac{1}{g}(g_{11}L_{22} + g_{22}L_{11} - g_{12}L_{21} - g_{21}L_{12}) + \frac{L}{g} = 0\,. \tag{70}$$

Wegen dieser notwendigen Bedingung gibt es in dem Fall, daß die Koeffizientenmatrix von (69) für kein λ den Rang Null hat, zu jedem λ mit (70) genau eine Richtung extremaler Normalkrümmung als Lösung von (69), insgesamt **höchstens** zwei Richtungen dieser Eigenschaft. Existiert jedoch eine Zahl λ mit $(L_{ik}) = \lambda(g_{ik})$, dann ist die notwendige Bedingung (69) für alle Richtungen erfüllt.

B₁. Im Fall $(L_{ik}) = \lambda(g_{ik})$ ist die notwendige Bedingung auch hinreichend: Aus $(L_{ik}) = \lambda(g_{ik})$ folgt $k_n^{\mathfrak{r}} = L_{ik}x^i x^k = \lambda g_{ik}x^i x^k = \lambda$ für alle Richtungen $\mathfrak{r}$; es liegt also ein Nabelpunkt vor.

Es sei bemerkt, daß hiervon auch die Umkehrung gilt. Denn ist P_0 ein Nabelpunkt mit $k_n^{\mathfrak{r}} = c$ in allen Richtungen $\mathfrak{r}$, dann gibt es, da nach (70) höchstens zwei λ-Werte mit (69) existieren, ein λ mit (69) für wenigstens zwei Richtungen, so daß der Lösungsraum von (69) zweidimensional und der Rang von $(L_{ik} - \lambda g_{ik})$ gleich Null ist, d. h. $(L_{ik}) = \lambda(g_{ik})$; nun muß aber $c = \lambda$ sein. Zusammenfassend gilt der

Satz 2.6. *Der Punkt P_0 ist genau dann Nabelpunkt mit der Normalkrümmung λ in allen Richtungen, wenn $(L_{ik}) = \lambda(g_{ik})$ gilt.*

B₂. Im allgemeinen erfassen wir alle Richtungen

$$\mathfrak{r} = \frac{P_i y^i}{\sqrt{g_{ik}y^i y^k}}$$

mit $y^1 := \cos\alpha$, $y^2 := \sin\alpha$ und $0 \leqq \alpha \leqq \pi$, so daß

$$f(\alpha) := k_n^{\mathfrak{r}}$$

eine in einem abgeschlossenen Intervall stetige Funktion ist und dort wenigstens ein Maximum und ein Minimum annimmt. Somit müssen die Lösungen von (70) stets reell sein.

Satz 2.7. *Es gibt genau zwei Richtungen extremaler Normalkrümmung, oder $k_n^{\mathfrak{r}}$ ist im betrachteten Punkt konstant.*

Die Bestimmung des größten und des kleinsten Wertes der Normalkrümmung kann recht leicht erfolgen: Zur Lösung λ_k von (70) möge die Lösung $\mathfrak{r}_k = x^i_{(k)}P_i$ von (69) gehören, wobei $g_{ij}x^i_{(k)}x^j_{(k)} = 1$ sei. Aus (69) folgt

$$L_{ij}x^i_{(k)} - \lambda_k g_{ij}x^i_{(k)} = 0\,, \qquad j = 1, 2\,,$$

$$L_{ij}x^i_{(k)} = \lambda_k g_{ij}x^i_{(k)}\,, \qquad j = 1, 2\,, \tag{71}$$

und nach Multiplikation mit $x^j_{(k)}$ und Addition

$$L_{ij}x^i_{(k)}x^j_{(k)} = \lambda_k g_{ij}x^i_{(k)}x^j_{(k)} = \lambda_k\,. \tag{72}$$

Zusatz. *Die Lösungen von* (70) *sind die Hauptkrümmungen im betrachteten Punkt.*

Aus (71) läßt sich statt (72) auch

$$L_{ij}x^i_{(1)}x^j_{(2)} = \lambda_1 g_{ij}x^i_{(1)}x^j_{(2)}\,, \tag{73_1}$$

$$L_{ij}x^i_{(1)}x^j_{(2)} = \lambda_2 g_{ij}x^i_{(1)}x^j_{(2)} \tag{73_2}$$

und folglich

$$(\lambda_2 - \lambda_1)\, g_{ij}x^i_{(1)}x^j_{(2)} = 0$$

gewinnen.

Fall 1: $\lambda_1 \neq \lambda_2$. Wegen $g_{ij}x^i_{(1)}x^j_{(2)} = 0$ gilt $\mathfrak{r}_1 \perp \mathfrak{r}_2$.

Fall 2: $\lambda_1 = \lambda_2$. Die Gleichheit von Maximum und Minimum besagt, daß P_0 Nabelpunkt ist.

Zusatz. *Es gibt stets zwei zueinander senkrechte Richtungen extremaler Normalkrümmung. Dabei liegt ein Nabelpunkt vor, oder diese Richtungen sind eindeutig bestimmt.*

Zur Lösung λ_k von (70) möge nach wie vor die Lösung $\mathfrak{r}_k$ von (69) gehören, wobei wir noch o. B. d. A. $\mathfrak{r}_1 \perp \mathfrak{r}_2$ voraussetzen. Dann ist $\mathfrak{r} := \cos\alpha\mathfrak{r}_1 + \sin\alpha\mathfrak{r}_2$ ein Einheitsvektor (Abb. 67). Die Normalkrümmung $k_n^{\mathfrak{r}}$ läßt sich auf Grund der Distributivität der Matrizenmultiplikation folgendermaßen berechnen:

$$\begin{aligned} k_n^{\mathfrak{r}} &= \mathfrak{r}^{\mathrm{T}}(L_{ik})\,\mathfrak{r} = (\cos\alpha\mathfrak{r}_1 + \sin\alpha\mathfrak{r}_2)^{\mathrm{T}}\,(L_{ik})\,(\cos\alpha\mathfrak{r}_1 + \sin\alpha\mathfrak{r}_2) \\ &= (\cos\alpha\mathfrak{r}_1 + \sin\alpha\mathfrak{r}_2)^{\mathrm{T}}\,(\cos\alpha(L_{ik})\,\mathfrak{r}_1 + \sin\alpha(L_{ik})\,\mathfrak{r}_2) \\ &= \cos^2\alpha\mathfrak{r}_1^{\mathrm{T}}(L_{ik})\,\mathfrak{r}_1 + \cos\alpha\sin\alpha\mathfrak{r}_1^{\mathrm{T}}(L_{ik})\,\mathfrak{r}_2 \\ &\quad + \sin\alpha\cos\alpha\mathfrak{r}_2^{\mathrm{T}}(L_{ik})\,\mathfrak{r}_1 + \sin^2\alpha\mathfrak{r}_2^{\mathrm{T}}(L_{ik})\,\mathfrak{r}_2\,; \end{aligned}$$

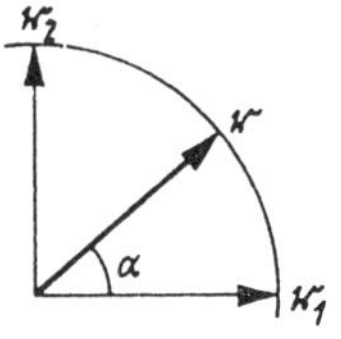

Abb. 67

dabei erhalten wir nach (72) und (73) der Reihe nach

$$\begin{aligned} &\mathfrak{r}_1^{\mathrm{T}}(L_{ik})\,\mathfrak{r}_1 = \lambda_1\,, \\ &\mathfrak{r}_1^{\mathrm{T}}(L_{ik})\,\mathfrak{r}_2 = 0 \quad \text{wegen} \quad \mathfrak{r}_1 \perp \mathfrak{r}_2\,, \\ &\mathfrak{r}_2^{\mathrm{T}}(L_{ik})\,\mathfrak{r}_1 = 0 \quad \text{wegen} \quad \mathfrak{r}_1 \perp \mathfrak{r}_2\,, \\ &\mathfrak{r}_2^{\mathrm{T}}(L_{ik})\,\mathfrak{r}_2 = \lambda_2\,. \end{aligned}$$

Damit gilt der

Satz von EULER.[1]) *Gehören zu den orthogonalen Hauptkrümmungsrichtungen* $\mathfrak{r}_1, \mathfrak{r}_2$ *die Hauptkrümmungen* λ_1 *bzw.* λ_2 *und gilt* $\mathfrak{r} = \cos\alpha\mathfrak{r}_1 + \sin\alpha\mathfrak{r}_2$, *dann ist*

$$k_n^{\mathfrak{r}} = \cos^2\alpha\lambda_1 + \sin^2\alpha\lambda_2 \,.$$

Beispiele

(2.17) *Torsen.* Wegen $\mathfrak{N}_2 = \mathfrak{o}$ gilt $L_{i2} = -P_i\mathfrak{N}_2 = 0$, $L = 0$ und somit $\lambda^2 - \lambda \cdot \frac{1}{g}(\,...\,) = 0$. Folglich verschwindet eine Hauptkrümmung; es sei etwa $\lambda_1 = 0$.

Die weitere Untersuchung gilt einigen Sonderfällen:

A. *Drehtorsen* mit der Erzeugenden $\mathfrak{e}(s) = r(s)\,\mathfrak{i} + z(s)\,\mathfrak{k}$. Für sie gelten nach den Beispielen (2.10) und (2.14)

$$(g_{ik}) = \begin{pmatrix} 1 & 0 \\ 0 & r^2 \end{pmatrix}, \qquad (L_{ik}) = \begin{pmatrix} r'z'' - r''z' & 0 \\ 0 & rz' \end{pmatrix}.$$

Dabei ist $g_{ik} = g_{ik}(u^1)$ und $L_{ik} = L_{ik}(u^1)$, d. h., daß die Fundamentalgrößen längs eines Breitenkreises konstant sind. Außerdem ist hier im Gegensatz zur obigen Feststellung gerade $\mathfrak{N}_1 = \mathfrak{o}$, d. h. $L_{i1} = 0$. Wegen $L = 0$ können wir die Resultate des Beispiels (2.14) benutzen, wobei wegen $L_{11} = L_{21} = L_{12} = 0$ nur noch L_{22} interessiert.

a) *Gelochte Kreisscheibe* (Abb. 68a). Wegen $z' = 0$ gilt $L_{22} = 0$, $\lambda^2 = 0$ und schließlich $\lambda_1 = \lambda_2 = 0$. Die Ebene besteht also nur aus Nabelpunkten, speziell Flachpunkten.

b) *Drehzylinderfläche* (Abb. 68b). Es ist r konstant und somit $z = s$. Wir erhalten $L_{22} = r$ und neben $\lambda_1 = 0$ (Krümmung der Mantellinie)

$$\lambda_2 = \frac{1}{g}(\ldots) = \frac{g_{11}}{g}L_{22} = \frac{1}{r^2}\cdot r = \frac{1}{r} \qquad \text{(Krümmung des Breitenkreises)}\,.$$

Die Bestimmung der Hauptkrümmungsrichtungen gemäß (69) ergibt wegen

$$\begin{pmatrix} 0 & 0 \\ 0 & r \end{pmatrix}\begin{pmatrix} x^1_{(1)} \\ x^2_{(1)} \end{pmatrix} = \mathfrak{o} \quad \text{bzw.} \quad \begin{pmatrix} 0 - \frac{1}{r} & 0 \\ 0 & r - \frac{1}{r}r^2 \end{pmatrix}\begin{pmatrix} x^1_{(2)} \\ x^2_{(2)} \end{pmatrix} = \mathfrak{o}$$

---

[1]) Im Jahre 1760 von LEONHARD EULER (1707—1783) aufgestellt.

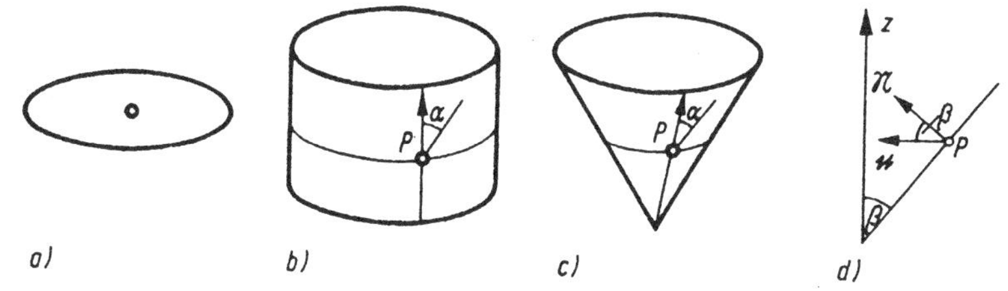

Abb. 68

$x^2_{(1)} = 0$ bzw. $x^1_{(2)} = 0$ und — wegen $(x^1_{(1)})^2 = g_{11}x^1_{(1)}x^1_{(1)} = 1$ bzw. $r^2(x^2_{(2)})^2 = g_{22}x^2_{(2)}x^2_{(2)} = 1$ —

$$\mathfrak{r}_1 = \pm P_1 \quad \text{bzw.} \quad \mathfrak{r}_2 = \pm \frac{1}{r} P_2 \,.$$

Für den von α abhängigen Normalschnitt (Abb. 68b) muß die Normalkrümmung nach dem Satz von EULER gerade $k_n^\alpha = \frac{\sin^2 \alpha}{r}$ sein.

c) *Drehkegelfläche* (Abb. 68c). Es sei β die Größe des Winkels zwischen Drehachse und Mantellinie, so daß

$$r = s \sin \beta \,, \qquad z = s \cos \beta + z_0$$

gesetzt werden kann. Mit $L_{22} = r \cos \beta$ gilt neben $\lambda_1 = 0$ (Krümmung der Mantellinie)

$$\lambda_2 = \frac{g_{11}}{g} L_{22} = \frac{1}{r} \cos \beta \qquad \text{(Normalkrümmung des Breitenkreises)} \,.$$

Zu λ_1, λ_2 gehören die Hauptkrümmungsrichtungen $\mathfrak{r}_1 = \pm P_1$ bzw. $\mathfrak{r}_2 = \pm \frac{1}{r} P_2$ wegen $|\mathfrak{r}_1| = |\mathfrak{r}_2| = 1$ und

$$\begin{pmatrix} 0 & 0 \\ 0 & r \cos \beta \end{pmatrix} \mathfrak{r}_1 = \mathfrak{o} \quad \text{bzw.} \quad \begin{pmatrix} -\frac{1}{r} \cos \beta & 0 \\ 0 & 0 \end{pmatrix} \mathfrak{r}_2 = \mathfrak{o} \,.$$

Nach dem Satz von EULER stellt $k_n^\alpha = \frac{\sin^2 \alpha \cos \beta}{r}$ die Normalkrümmung eines von α abhängigen Normalschnittes (Abb. 68c) dar. Schließlich ist λ_2 nach dem Satz von MEUSNIER die Scheitelkrümmung des Kegelschnittes, der von der zur Mantellinie durch den betrachteten Punkt senkrechten Ebene erzeugt wird (Abb. 68d).

B. *Tangentenfläche* $P(u^1, u^2) = P(u^1) + u^2 P'(u^1)$. Die Berechnung von P_{ik}, $\mathfrak{N} = -\operatorname{sgn} u^2 \mathfrak{b}$ und der metrischen Fundamentalgröße führt zu

$$\lambda_1 = 0\,, \qquad \lambda_2 = -\frac{w}{k|u^2|}\,, \qquad \mathfrak{r}_1 = \pm P_2 = \pm\mathfrak{t}\,, \qquad \mathfrak{r}_2 = \pm\mathfrak{n}$$

(vgl. die folgende Aufgabe).

Aufgabe

Man berechne für eine Tangentenfläche die Hauptkrümmungen und die Hauptkrümmungsrichtungen.

2.8. Mittlere und Gaußsche Krümmung

Die Hauptkrümmungen in einem Punkt P_0 gestatten die Einführung von weiteren, nur von P_0 abhängigen Krümmungsbegriffen:

Definition. Das arithmetische Mittel der Hauptkrümmungen heißt *mittlere Krümmung H*, ihr Produkt *Gaußsche Krümmung K* der Fläche im betrachteten Punkt, d. h.

$$H := \frac{\lambda_1 + \lambda_2}{2}\,, \qquad K := \lambda_1 \lambda_2\,.$$

Flächen mit $H = 0$ in allen Punkten heißen *Minimalflächen.*[1])

Aus der Definition folgt

$$\lambda^2 - 2H\lambda + K = 0\,, \tag{70'}$$

$$H = \frac{1}{2g}(g_{11}L_{22} - g_{12}L_{21} - g_{21}L_{12} + g_{22}L_{11})\,,$$

$$K = \frac{L}{g}\,;$$

wegen $H^2 = \left(\frac{\lambda_1 + \lambda_2}{2}\right)^2 = \left(\frac{\lambda_1 - \lambda_2}{2}\right)^2 + K$ ist stets

$$H^2 \geqq K\,,$$

[1]) Eine Seifenblase in einem (nicht notwendig ebenen) Drahtbügel bildet eine Fläche minimalen Flächeninhaltes, eine *Minimalfläche.* Auf den Beweis müssen wir hier verzichten.

wobei K negativ sein kann (vgl. hyperbolisches Paraboloid im Beispiel (2.16)).

Beispiele

(2.18) Für eine *Kugel von Radius R* gilt $|H| = \frac{1}{R}$ und $K = \frac{1}{R^2}$ (vgl. Beispiel (2.15)). Das *hyperbolische Paraboloid* $x^2 - y^2 + 2z = 0$ hat im Ursprung verschwindende mittlere Krümmung und die Gaußsche Krümmung -1.

(2.19) Für *Torsen* gilt stets $K = 0$. Dabei nimmt die mittlere Krümmung für *Drehzylinder-*, *Drehkegel-* bzw. *Tangentenfläche* folgende Werte an:

$$H = \frac{1}{2r} \quad (r \text{ konstant}),$$

$$H = \frac{\cos\beta}{2r} = \frac{\cot\beta}{2s},$$

$$H = \frac{-w}{2k\,|u^2|}.$$

Hieran läßt sich erkennen, daß mittlere und Gaußsche Krümmung nicht dieselbe Rolle wie Krümmung und Windung in der Kurventheorie spielen können; beispielsweise läßt sich zu einer Drehkegelfläche die Tangentenfläche einer geeigneten Böschungslinie so bestimmen, daß K und H für $u^2 = s$ übereinstimmen (vgl. Aufgabe 3).

Die Einführung von H und K erfolgte recht formal. Wir wollen deshalb noch die Einführung von K durch GAUSS vorstellen (Abb. 69): Die Fläche wird vermöge

$$f\colon P(u^1, u^2) \to O + \mathfrak{N}(u^1, u^2)$$

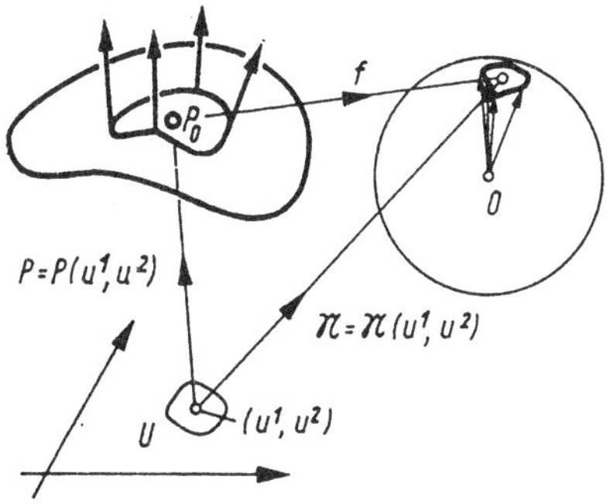

Abb. 69

in die Einheitskugel abgebildet. Im Beispiel einer Zylinderfläche erhalten wir als Bild einen Großkreis, im Beispiel einer Drehkegelfläche analog einen Breitenkreis; das Bild einer Kugel vom Radius R ist die volle Einheitskugel, wobei wir als Quotient der Flächeninhalte

$$\frac{4\pi}{4\pi R^2} = \frac{1}{R^2} = K$$

erhalten.

Um den Flächeninhalt des Bildes U' eines Gebietes U der u^1, u^2-Ebene (Abb. 69) bei der Abbildung $\mathfrak{N} = \mathfrak{N}(u^1, u^2)$ zu ermitteln, denken wir daran, daß $\mathfrak{N}(u^1, u^2)$ ein in $O + \mathfrak{N}(u^1, u^2)$ auf der Einheitskugel senkrecht stehender Einheitsvektor ist.

Es sei nun $P_0 = P(u_0^1, u_0^2)$ ein Punkt der Fläche $P = P(u^1, u^2)$ und B der Abschluß[1]) einer Umgebung U von (u_0^1, u_0^2). Um das Krümmungsverhalten im Punkt P_0 zu bestimmen, betrachten wir nach GAUSS zunächst

$$\frac{\iint\limits_B \mathfrak{N}\mathfrak{N}_1\mathfrak{N}_2\, du^1\, du^2}{\iint\limits_B \mathfrak{N}P_1P_2\, du^1\, du^2} \tag{74}$$

als „durchschnittliche Krümmung" in einer Umgebung von P_0. Diese Festlegung stimmt gut mit anschaulichen Vorstellungen überein, denn bei einer „stark gekrümmten" Fläche werden sich die Normalvektoren stark „spreizen" und einen relativ großen Quotienten (74) ergeben. Doch welchen Wert erhalten wir, wenn U auf (u_0^1, u_0^2) zusammenschrumpft? Zunächst gilt

$$\lim_{U\to(u_0^1,\, u_0^2)} \frac{\iint\limits_B \mathfrak{N}\mathfrak{N}_1\mathfrak{N}_2\, du^1\, du^2}{\iint\limits_B \mathfrak{N}P_1P_2\, du^1\, du^2} = \frac{\mathfrak{N}\mathfrak{N}_1\mathfrak{N}_2}{\mathfrak{N}P_1P_2}.$$

Um einen Zusammenhang zu den schon eingeführten Krümmungsbegriffen zu erhalten, setzen wir

$$\mathfrak{N}_i = A_i^j P_j + B_i \mathfrak{N}.$$

Es gilt $B_i = 0$ wegen $\mathfrak{N} \perp \mathfrak{N}_i$ infolge von $\mathfrak{N}^2 = 1$ bzw. $\mathfrak{N}\mathfrak{N}_i = 0$. Weiterhin ist

$$-L_{ik} = \mathfrak{N}_i P_k = A_i^j P_j P_k = A_i^j g_{jk}$$

[1]) Vereinigung von U und der Menge der Begrenzungspunkte von U.

oder in Matrizenschreibweise

$$\begin{pmatrix} -L_{11} & -L_{12} \\ -L_{21} & -L_{22} \end{pmatrix} = \begin{pmatrix} A_1^1 & A_1^2 \\ A_2^1 & A_2^2 \end{pmatrix} \begin{pmatrix} g_{11} & g_{12} \\ g_{21} & g_{22} \end{pmatrix}.$$

Mit der Festlegung $(g^{ik}) := (g_{ik})^{-1}$ erhalten wir aus der letzten Gleichung

$$\begin{pmatrix} A_1^1 & A_1^2 \\ A_2^1 & A_2^2 \end{pmatrix} = - \begin{pmatrix} L_{11} & L_{12} \\ L_{21} & L_{22} \end{pmatrix} \begin{pmatrix} g^{11} & g^{12} \\ g^{21} & g^{22} \end{pmatrix},$$

d. h. $A_i^j = -L_{ir}g^{rj}$. Das ergibt

$$\mathfrak{N}_i = -L_{ir}g^{rj}P_j, \tag{75}$$

die *Ableitungsgleichungen von Weingarten*[1]). Sie bilden — wie bereits einmal gesagt — zusammen mit den Ableitungsgleichungen (58) von GAUSS das Analogon der Frenetschen Formeln. Nunmehr gilt

$$\begin{aligned} \frac{\mathfrak{N}\mathfrak{N}_1\mathfrak{N}_2}{\mathfrak{N}P_1P_2} &= \frac{\mathfrak{N}(L_{1r}g^{rj}P_j \times L_{2s}g^{sk}P_k)}{\mathfrak{N}P_1P_2} \\ &= \frac{\mathfrak{N}P_1P_2(L_{1r}g^{r1} \cdot L_{2s}g^{r2} - L_{1r}g^{r2} \cdot L_{2s}g^{s1})}{\mathfrak{N}P_1P_2} \\ &= |L_{ir}g^{rl}| = |L_{ir}|\,|g^{rl}| = \frac{L}{g} = K. \end{aligned}$$

Somit haben wir eine schöne Charakterisierung von K erhalten.

Aufgaben

1. Man zeige für Minimalflächen $K \leqq 0$.
2. Das arithmetische Mittel der Normalkrümmungen in zwei zueinander senkrechten Richtungen ist stets gleich der mittleren Krümmung H.
3. Man bestimme zu gegebener Drehkegelfläche eine Böschungslinie derart, daß für deren Tangentenfläche K und H für $u^2 = s$ dieselben Werte wie bei der Kegelfläche annehmen.

---

[1]) JOSEF WEINGARTEN (1836—1910).

2.9. Die Indikatrix von Dupin

Das Vorzeichen der Gaußschen Krümmung wird zur Klassifikation der Flächenpunkte herangezogen.

Definition. Ein Punkt P einer Fläche $P = P(u^1, u^2)$, der kein Flachpunkt ist, heißt genau dann

a) *elliptisch*, wenn $K > 0$,
b) *hyperbolisch*, wenn $K < 0$,
c) *parabolisch*, wenn $K = 0$ ist.

Beispiele

(2.20) Auf der *Kugel* sind alle Punkte elliptisch; das trifft auch noch auf das *Ellipsoid*, das *elliptische Paraboloid* und das *zweischalige Hyperboloid* zu. Auf dem *hyperbolischen Paraboloid* und dem *einschaligen Hyperboloid* liegen ausschließlich hyperbolische Punkte. *Nichtebene Torsen* sind Beispiele für Flächen aus parabolischen Punkten; insbesondere gehören dazu *elliptischer*, *hyperbolischer* und *parabolischer Zylinder* sowie der *Kegel* unter den Flächen zweiter Ordnung.

Bekanntlich besteht eine Ebene nur aus Flachpunkten. Nichttrivialer Fall eines Flachpunktes ist der Ursprung bei der durch die biquadratische Parabel $x = t,\ z = t^4$ erzeugten Drehfläche (Abb. 70): Die Erzeugende hat im Ursprung verschwindende Krümmung; wegen $k^2 = k_n^2 + k_g^2$ gilt dort für alle Meridiane $k_n = 0$. Alle übrigen Punkte dieser Drehfläche sind elliptisch.

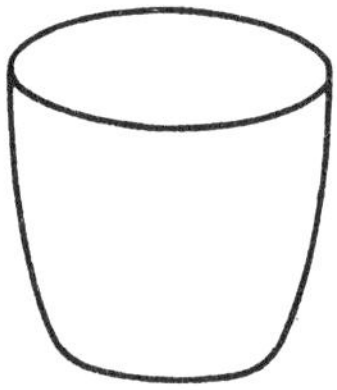

Abb. 70

Wegen $K = \dfrac{L}{g}$ kann die Klassifikation auch mit Hilfe von L statt K vorgenommen werden.

Die Namen der Klassifikation können eine eindrucksvolle Begründung erfahren. Dazu sei im betrachteten Punkt $P_0 = P(u_0^1,\ u_0^2)$, o. B. d. A.

$$u_0^1 = u_0^2 = 0\,,$$

$$P(u^1, u^2) = P(0, 0) + P_i(0, 0)\, u^i + \frac{1}{2}\, P_{ik}(0, 0)\, u^i u^k + \mathfrak{R}_3$$

die Taylorentwicklung. Wir betrachten den Schnitt mit der zur Tangentialebene parallelen Ebene

$$\mathfrak{N}(0, 0)\,(X - P(0, 0)) = \varepsilon\,.$$

Nach den Ableitungsgleichungen (58) von GAUSS gilt für die gemeinsamen Punkte von Fläche und Ebene

$$\varepsilon = \mathfrak{N}(P(u^1, u^2) - P(0, 0)) = \mathfrak{N}\left(P_i u^i + \frac{1}{2} P_{ik} u^i u^k + \mathfrak{R}_3\right) = \frac{1}{2} L_{ik} u^i u^k + R_3$$

oder

$$\pm 1 = L_{ik} \frac{u^i u^k}{2|\varepsilon|} + \frac{1}{|\varepsilon|} R_3\,.$$

Mit der Substitution $x^i := \dfrac{u^i}{\sqrt{2|\varepsilon|}}$ erhalten wir zunächst

$$\pm 1 = L_{ik} x^i x^k + \sqrt{2|\varepsilon|}\, R_3^*$$

und für $\varepsilon \to 0$ die Gleichung

$$L_{ik} x^i x^k = \pm 1\,. \tag{76}$$

Definition. Die Menge der Punkte X der Tangentialebene, die der Gleichung (76) genügen, heißt die *Indikatrix von Dupin*[1]) in P_0.

Satz 2.8. *Die Indikatrix von Dupin ist* (Abb. 71)

a) *eine Ellipse, wenn P_0 elliptisch,*

b) *ein Paar konjugierter Hyperbeln (mit gemeinsamen Asymptoten), wenn P_0 hyperbolisch,*

c) *ein Parallelgeradenpaar, wenn P_0 parabolisch,*

d) $\emptyset$, *wenn P_0 Flachpunkt*

ist. Dabei hat X von P_0 den Abstand $\dfrac{1}{\sqrt{|k_n|}}$.

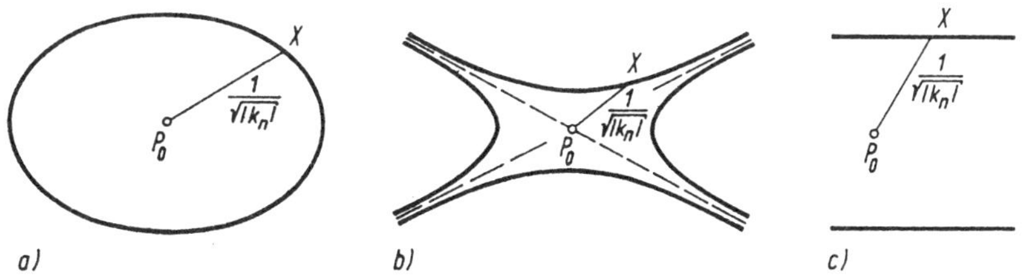

Abb. 71

1) CHARLES DUPIN (1784—1873).

Bezüglich a) bis c) ergibt sich die Behauptung unmittelbar aus der analytischen Geometrie, da L für diese Kurven zweiter Ordnung Diskriminante ist; die Behauptung d) ist trivial. Es sei nun $\mathfrak{r} = \mathfrak{v}(P_0X)$. Dann ist

$$\mathfrak{r} = x^i P_i = \sqrt{g_{ik}x^i x^k}\left(\frac{x^1}{\sqrt{g_{ik}x^i x^k}} P_1 + \frac{x^2}{\sqrt{g_{ik}x^i x^k}} P_2\right),$$

wobei in der Klammer ein Einheitsvektor steht. Aus der Gleichungskette

$$\pm 1 = L_{kl}x^k x^l = g_{ij}x^i x^j \cdot L_{kl}\frac{x^k x^l}{\sqrt{g_{ij}x^i x^j}^2} = \mathfrak{r}^2 k_n^{\mathfrak{r}}$$

ergibt sich abschließend wie behauptet $|\mathfrak{r}| = \dfrac{1}{\sqrt{|k_n|}}$.

Folgerung. *Die Achsen der Indikatrix fallen mit den Hauptkrümmungsrichtungen zusammen. Bei* a) *und* b) *sind* $\dfrac{1}{\sqrt{|\lambda_1|}}$ *und* $\dfrac{1}{\sqrt{|\lambda_2|}}$ *die Längen der Halbachsen, wenn* λ_1 *und* λ_2 *nach wie vor die Hauptkrümmungen bezeichnen.*

Nabelpunkte haben entweder einen Kreis als Indikatrix, oder sie sind Flachpunkte.

Auf der Grundlage der Klassifikation lassen sich noch weitere Aussagen gewinnen:

a) *Elliptischer Punkt*: $K > 0$. Dann haben die Hauptkrümmungen gleiches Vorzeichen und folglich alle Normalkrümmungen ein einheitliches Vorzeichen. Somit ist $L_{ik}x^i x^k$ für $(x^1, x^2) \neq (0, 0)$ entweder stets positiv oder stets negativ, d. h., daß eine hinreichend kleine Umgebung von P_0 mit Ausnahme von P_0 ganz in einem (offenen) Halbraum bezüglich der Tangentialebene durch P_0 liegt (Abb. 72a).

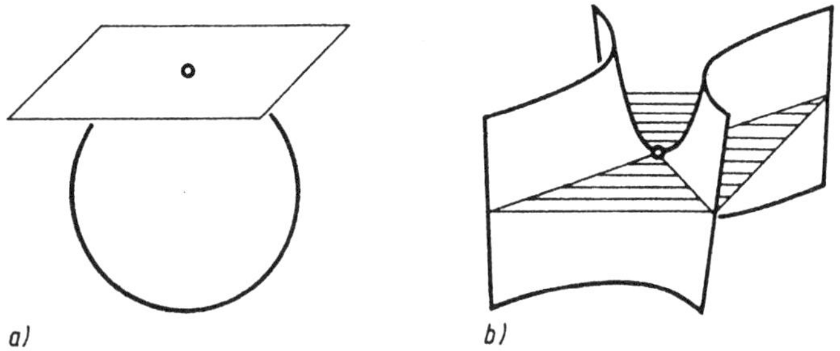

Abb. 72

b) *Hyperbolischer Punkt (Sattelpunkt)*: $K < 0$. Da die Hauptkrümmungen verschiedene Vorzeichen besitzen, ist $L_{ik}x^i x^k$ sowohl positiv als auch negativ. Folglich liegen in jeder Umgebung von P_0 in beiden Halbräumen bezüglich der Tangentialebene Punkte der Fläche. Genauer kann gesagt werden, daß die zur Tangentialebene senkrechten Ebenen durch die Asymptoten der Dupinschen Indikatrix in einer hinreichend kleinen Umgebung von P_0 die Teile der Fläche in den beiden Halbräumen bezüglich der Tangentialebene trennen (Abb. 72b). Dort schneidet die Tangentialebene die Fläche in zwei Kurven $P = P_{(i)}(t)$, $i = 1, 2$, für die die Asymptoten der Indikatrix Tangenten sind: Der Schnitt

$$0 = \mathfrak{N}(P(u^1, u^2) - P_0) = \frac{1}{2} L_{ik}u^i u^k + R_3^{**}$$

habe die Gaußsche Parameterdarstellung $u^i = u^i_{(j)}(t)$ mit $t = 0$ in P_0. Dann gilt

$$0 = L_{ik} \cdot \frac{u^i}{t} \cdot \frac{u^k}{t} + \frac{2R_3^{**}}{t^2},$$

woraus wir für $t \to 0$

$$L_{ik}\dot{u}^i\dot{u}^k = 0$$

erhalten, d. h., daß der Tangentenvektor der Asymptotengleichung genügt, w. z. b. w.

c) *Parabolische Punkte*: $K = 0$, wobei etwa $\lambda_1 = 0$ und $\lambda_2 \neq 0$ gilt. Mit Ausnahme der Vielfachen von $\mathfrak{r}_1$ hat $L_{ik}x^i x^k$ stets das Vorzeichen von λ_2. Eine hinreichend kleine Umgebung von P_0 ohne die Punkte der Geraden $P = P_0 + t\mathfrak{r}_1$ liegt in einem Halbraum bezüglich der Tangentialebene durch P_0 (Abb. 73a).

d) *Flachpunkte*: Dort berühren sich Fläche und Tangentialebene von mindestens zweiter Ordnung. Nach unserer bisherigen Klassifikation muß

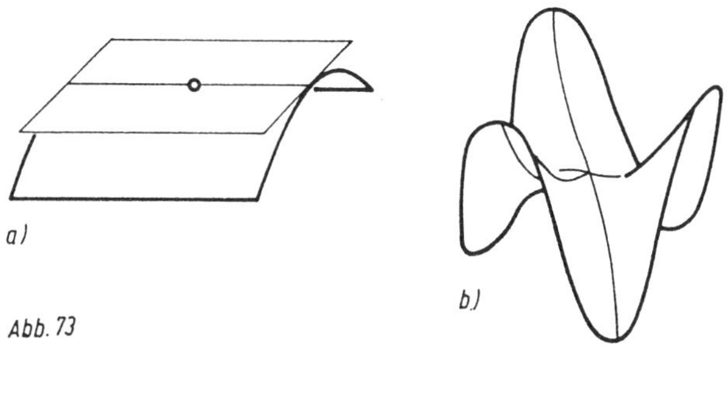

Abb. 73

das auch für den Scheitel eines sogenannten rotationssymmetrischen *Affensattels* (Abb. 73b) zutreffen, bei dem neben den „Beinen“ auch der „Schwanz“ seine Berücksichtigung findet.

Die Achsen der Dupinschen Indikatrix können leicht angegeben werden, wenn die u^1- und die u^2-Linien spezielle Flächenkurven sind:

Definition. Eine Flächenkurve, deren Normalkrümmung in jedem ihrer Punkte Hauptkrümmung ist bzw. verschwindet, heißt (*Haupt-*) *Krümmungslinie* bzw. *Haupttangentenkurve* (auch *Asymptotenlinie*).

In einer Ebene oder einer Kugelfläche ist jede Kurve eine Krümmungslinie, in einer Kegel-, Zylinder- oder Tangentenfläche ist jede Gerade zugleich Krümmungslinie und Haupttangentenkurve. Auf den Drehflächen sind die Meridiane und Breitenkreise Krümmungslinien (vgl. Aufgabe 1); im einschaligen Hyperboloid und im hyperbolischen Paraboloid sind die Geraden Asymptotenlinien.

Die Tangentenvektoren einer Asymptotenlinie erfüllen die Differentialgleichung

$$(L_{1i}g_{2k} - L_{2i}g_{1k})\,\dot{u}^i\dot{u}^k = 0\,.$$

umgekehrt kann diese Differentialgleichung in einer geeigneten Umgebung jedes hyperbolischen Punktes wegen $L < 0$ zur Bestimmung einer Parametertransformation genutzt werden, so daß die Asymptotenlinien die neuen u^i-Linien bilden.

Aus (69) erhält man mit $\dot{u}^k$ statt x^k nach Eliminierung von λ für die Krümmungslinien die Differentialgleichung

$$\begin{aligned}(L_{11}g_{21} - L_{21}g_{11})\,\dot{u}^1\dot{u}^1 &+ (L_{11}g_{22} - L_{21}g_{12})\,\dot{u}^1\dot{u}^2\\ + (L_{12}g_{21} - L_{22}g_{11})\,\dot{u}^2\dot{u}^1 &+ (L_{12}g_{22} - L_{22}g_{12})\,\dot{u}^2\dot{u}^2 = 0\end{aligned}$$

oder kürzer

$$(L_{1i}g_{2k} - L_{2i}g_{1k})\,\dot{u}^i\dot{u}^k = 0\,.$$

Es ist nicht so leicht wie im Fall der Asymptotenlinien zu begründen, daß in einer geeigneten Umgebung jedes Nicht-Nabelpunktes die Krümmungslinien mit Hilfe dieser Differentialgleichung als $\bar{u}^i$-Linien eingeführt werden können.

Aufgaben

1. Man beweise auf der Grundlage der Ergebnisse der Beispiele (2.10) und (2.14), daß die Meridiane und Breitenkreise der Drehflächen Krümmungslinien sind.

2. DUPIN hat die Fläche durch

$$P(u^1, u^2) = P_0 + P_i u^i + \frac{1}{2} P_{ik} u^i u^k \tag{77}$$

angenähert und diese Fläche mit Parallelen zur Tangentialebene geschnitten. Man zeige, daß (77) ein elliptisches oder hyperbolisches Paraboloid, ein parabolischer Zylinder oder die Tangentialebene darstellt, je nachdem, ob P_0 elliptisch, hyperbolisch, parabolisch oder ein Flachpunkt ist.

2.10. Minimalflächen

Im Jahre 1760 stellte JOSEPH LOUIS LAGRANGE die Aufgabe, durch eine geschlossene und doppelpunktfreie glatte Kurve eine Fläche minimalen Flächeninhaltes zu legen.[1]) Obwohl sich namhafte Mathematiker mit dieser Aufgabe befaßt und interessante Beiträge zu dieser Flächenklasse geliefert hatten, konnte ihre Lösung erst 1932 unabhängig voneinander von JESSE DOUGLAS und TIBOR RADÓ erbracht werden. LAGRANGE gelangte zu einer notwendigen Bedingung, die kurz durch $H = 0$ für alle Punkte ausgedrückt werden kann. Trotz der fehlenden Umkehrung werden heute alle Flächen verschwindender mittlerer Krümmung Minimalflächen genannt.

Satz 2.9. *Es sei* $P = P(u^1, u^2)$, $(u^1, u^2) \in B$, *eine von der geschlossenen glatten Kurve K berandete Fläche minimalen Flächeninhalts. Dann gilt* $H(u^1, u^2) = 0$ *für alle* $(u^1, u^2) \in B$.

Bevor wir einen Beweis skizzieren, wollen wir eine Anwendung in der Physik vorstellen (vgl. die Fußnote auf S. 122): Eine Seifenblase in einem Drahtbügel bildet auf Grund der Oberflächenspannung, wenn wir von den geringen anderen Einflüssen, wie beispielsweise der Schwerkraft, absehen, eine Fläche minimalen Flächeninhaltes. Das gestattet es uns, Minimalflächen experimentell herzustellen.

Wir betrachten eine Schraubenlinie und ihr Bild bei der Spiegelung an ihrer Achse (Abb. 74). Die Seifenlamelle nimmt die Gestalt einer Wendelfläche an. Wir überlassen dem Leser den Nachweis, daß die mittlere Krümmung einer Wendelfläche überall verschwindet (vgl. die folgende Aufgabe).

Damit haben wir eine 1776 von MEUSNIER angegebene Minimalfläche kennengelernt; die andere ist eine spezielle Drehfläche. Sie kann experimentell erzeugt werden, indem zwei kreisförmige Drahtbügel in der Seifen-

[1]) Es wird oft vom Plateauschen Problem gesprochen, obwohl JOSEPH PLATEAU (1801—1883) erst 1866 diese Aufgabe formuliert hat.

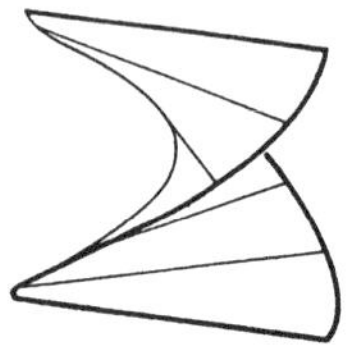

Abb. 74

lösung zunächst übereinander gelegt werden und dann in Richtung der gemeinsamen, auf ihren Ebenen senkrechten Symmetrieachse auseinander gezogen werden (Abb. 75). Um zu einer analytischen Beschreibung dieser Fläche zu gelangen, betrachten wir eine beliebige Drehfläche (vgl. Beispiel (2.3))

$$P(u^1, u^2) = O + r \cos u^2 \mathfrak{i} + r \sin u^2 \mathfrak{j} + z(u^1)\,\mathfrak{k}\,.$$

Für sie gilt nach dem Beispiel (2.10)

$$g_{11} = 1\,, \qquad g_{12} = g_{21} = 0\,, \qquad g_{22} = r^2\,, \qquad g = r^2$$

und nach Beispiel (2.14)

$$L_{11} = r'z'' - r''z'\,, \qquad L_{12} = L_{21} = 0\,, \qquad L_{22} = rz'\,.$$

Eine Drehfläche verschwindender mittlerer Krümmung erfüllt die Gleichung

$$H = \frac{1}{2g}(g_{11}L_{22} + g_{22}L_{11}) = \frac{1}{2r^2}(rz' + r^2(r'z'' - r''z')) = 0$$

bzw. die Differentialgleichung

$$r'z'' - \left(r'' - \frac{1}{r}\right)z' = 0. \tag{78}$$

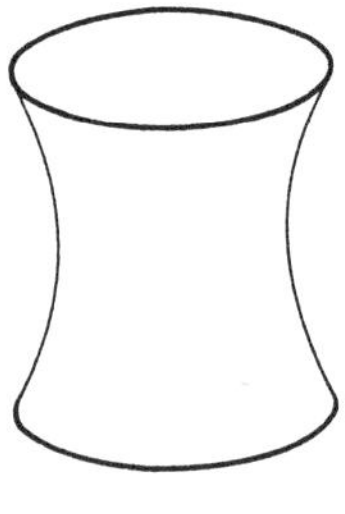

Abb. 75

Zur Bestimmung der Erzeugenden machen wir den Ansatz $r = f(z)$ und erhalten aus (78)

$$\dot f z' z'' - \left(\ddot f z'^2 + \dot f z'' - \frac{1}{f}\right) z' = -\ddot f z'^3 + \frac{z'}{f} = 0 .$$

Es gilt folglich $z' = 0$, d. h., daß z konstant ist, oder

$$\ddot f z'^2 - \frac{1}{f} = 0 .$$

Wegen $\dot s(z) = \sqrt{1 + \dot f^2}$ und $z' = \dfrac{1}{\sqrt{1 + \dot f^2}}$ erhalten wir daraus

$$\ddot f f - (1 + \dot f^2) = 0 . \tag{79}$$

Das ist eine Differentialgleichung der Kettenlinie $r = a \cosh \dfrac{z}{a}$, und aus der Theorie der Differentialgleichungen folgt die Einzigkeit der Lösung, wenn beispielsweise $f(0) = a$ und $\dot f(0) = 0$ gefordert wird. Die Drehfläche wird deshalb *Katenoid* genannt; das Wort Kette ist aus dem lateinischen catena entstanden.

Zusammenfassend gilt der

Satz 2.10 (Bonnet[1]), 1860). *Die einzigen nichtebenen Drehflächen verschwindender mittlerer Krümmung haben eine Kettenlinie als Erzeugende, sind Katenoide.*

Wir skizzieren abschließend den Beweis des Satzes 2.9. Es sei $P = P(u^1, u^2)$, $(u^1, u^2) \in B$, eine von der geschlossenen glatten Kurve K berandete Fläche minimalen Flächeninhalts. Eine „benachbarte“ Fläche mit demselben Rand K kann in der Form

$$\tilde P(u^1, u^2) = P(u^1, u^2) + \varepsilon v(u^1, u^2)\, \mathfrak{N}(u^1, u^2)$$

angegeben werden, wenn $v(u^1, u^2) = 0$ für alle (u^1, u^2) aus dem Rand von B gilt. Somit ist

$$\begin{aligned}
\tilde P_1 &= P_1 + \varepsilon v_1 \mathfrak{N} + \varepsilon v \mathfrak{N}_1 = P_1 - \varepsilon v L_{1r} g^{rj} P_j + \varepsilon v_1 \mathfrak{N} ,\\
\tilde P_2 &= P_2 - \varepsilon v L_{2s} g^{sk} P_k + \varepsilon v_2 \mathfrak{N} ,\\
\tilde g_{11} &= g_{11} - 2\varepsilon v L_{1r} g^{rj} g_{j1} + \varepsilon^2(\dots) = g_{11} - 2\varepsilon v L_{11} + \varepsilon^2(\dots) ,
\end{aligned}$$

---

[1]) Ossian Bonnet (1819—1892).

$$\begin{aligned}
\tilde{g}_{12} &= g_{12} - 2\varepsilon v L_{12} + \varepsilon^2(\,\dots\,) = \tilde{g}_{21}\,,\\
\tilde{g}_{22} &= g_{22} - 2\varepsilon v L_{22} + \varepsilon^2(\,\dots\,)\,,\\
\tilde{g} &= \tilde{g}_{11}\tilde{g}_{22} - \tilde{g}_{12}\tilde{g}_{21}\\
&= g_{11}g_{22} - g_{12}g_{21} - 2\varepsilon v(L_{11}g_{22} + L_{22}g_{11} - 2L_{12}g_{21}) + \varepsilon^2(\,\dots\,)\\
&= g(1 - 4\varepsilon v H) + \varepsilon^2(\,\dots\,)\,.
\end{aligned}$$

Der Flächeninhalt der benachbarten Fläche ist nur dann minimal, wenn

$$\frac{\partial}{\partial\varepsilon}\iint_B \sqrt{\tilde{g}}\, du^1\, du^2\Big|_{\varepsilon=0} = 0 \tag{80}$$

gilt. Aus (80) folgt

$$\begin{aligned}
0 &= \iint_B \frac{\partial}{\partial\varepsilon}\sqrt{\tilde{g}}\, du^1\, du^2\Big|_{\varepsilon=0}\\
&= \iint_B -\left.\frac{4vHg + \varepsilon(\dots)}{2\sqrt{g(1 - 4\varepsilon v H) + \varepsilon^2(\dots)}}\right|_{\varepsilon=0} du^1 du^2\\
&= -2\iint_B vH\sqrt{g}\, du^1\, du^2\,.
\end{aligned}$$

Wie man in der Variationsrechnung durch geeignete Wahl von v zeigt, ist diese Gleichung wegen $\sqrt{g} > 0$ nur dann erfüllt, wenn $H(u^1, u^2) = 0$ für alle $(u^1, u^2) \in B$ gilt. Damit ist der Beweis des Satzes 2.9 umrissen.

Aufgabe

Man zeige, daß jede Wendelfläche eine Minimalfläche ist.

3. Innere Geometrie einer Fläche

3.1. Einführung

Die Krümmungstheorie einer Fläche im zweiten Kapitel stützte sich wesentlich auf die Geometrie des (dreidimensionalen) Anschauungsraumes. Wir stellen nun die Frage, welche geometrischen Größen einer Fläche *durch Messungen in der Fläche allein* schon bestimmt werden können. Die Vermessungsarbeiten, die CARL FRIEDRICH GAUSS von 1821 bis 1825 durchgeführt hat (Abb. 1), sind näherungsweise Messungen in der Erdoberfläche gewesen. Sie ergaben für ihn viele Anregungen zu allgemeinen Untersuchungen über gekrümmte Flächen, und 1827 erschien sein grundlegendes Werk „Disquisitiones generales circa superficies curvas", welches u. a. das später noch zu behandelnde *Theorema egregium* enthält. Einen ersten Eindruck vom Inhalt dieses Satzes erhalten wir im folgenden

Beispiel

(3.1) *Gaußsche Krümmung K einer Kugel vom Radius R.* Im Beispiel (2.18) konnten wir $K = \frac{1}{R^2}$ konstatieren. Um eine Aussage bezüglich der Messung in der Kugeloberfläche zu erhalten, betrachten wir sie als Drehfläche mit $r(u^1) = R \sin \frac{u^1}{R}$ und $z(u^1) = R \cos \frac{u^1}{R}$ (Abb. 2); das ergibt die Parameterdarstellung

$$P = \left(R \sin \frac{u^1}{R} \cos u^2, R \sin \frac{u^1}{R} \sin u^2, R \cos \frac{u^1}{R}\right)$$

mit (*geodätischen*) *Polarkoordinaten* bezüglich des Ursprunges N, des *Nordpols* (Abb. 3). Es gilt

$$P_1 = \left(\cos \frac{u^1}{R} \cos u^2, \cos \frac{u^1}{R} \sin u^2, -\sin \frac{u^1}{R}\right),$$

$$P_2 = \left(-R \sin \frac{u^1}{R} \sin u^2, R \sin \frac{u^1}{R} \cos u^2, 0\right),$$

$$g_{11} = 1, \quad g_{12} = g_{21} = 0, \quad g_{22} = R^2 \sin^2 \frac{u^1}{R}.$$

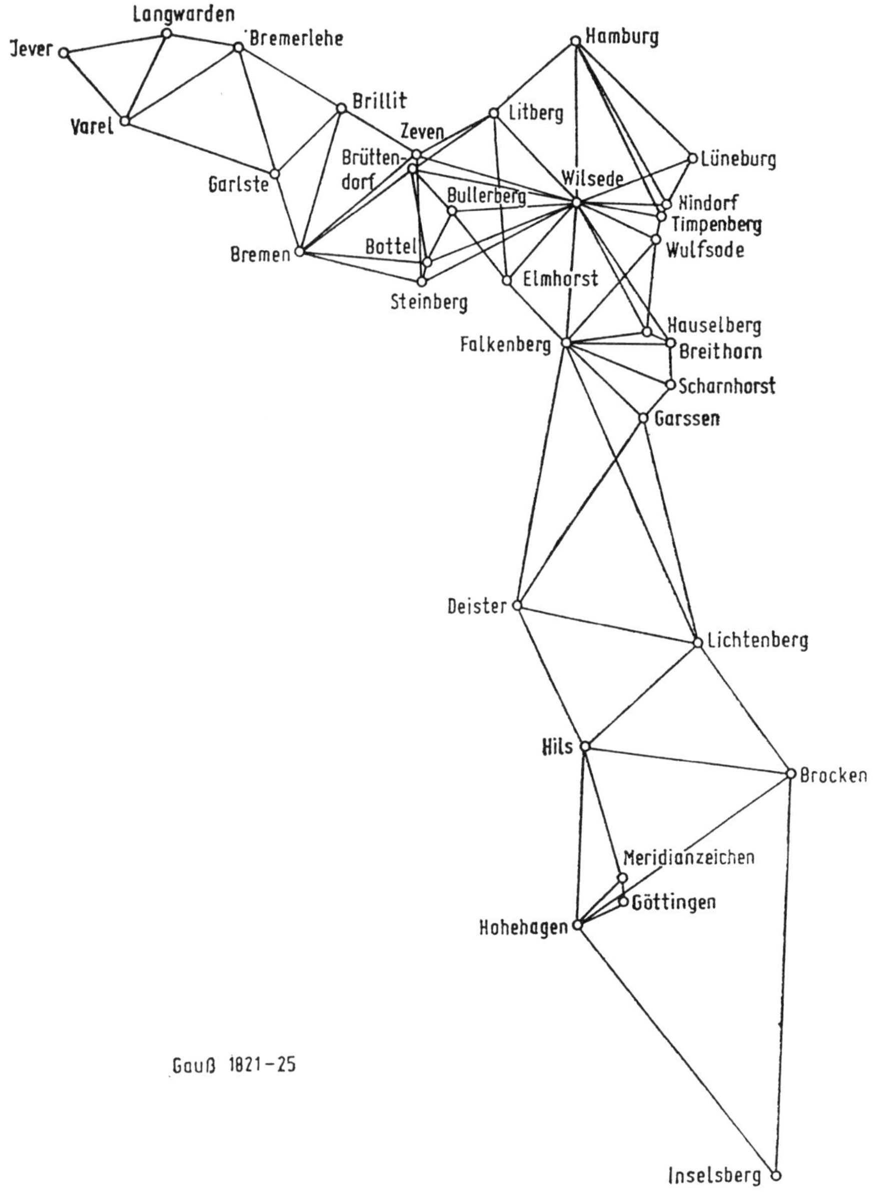
Langwarden
Jever
Bremerlehe
Varel
Brillit
Garlste
Zeven
Brütten-
dorf
Bremen
Bullerberg
Bottel
Steinberg
Hamburg
Litberg
Lüneburg
Wilsede
Hindorf
Timpenberg
Wulfsode
Elmhorst
Hauselberg
Falkenberg
Breithorn
Scharnhorst
Garssen
Deister
Lichtenberg
Hils
Brocken
Meridianzeichen
Göttingen
Hohehagen
Gauß 1821–25
Inselsberg

Abb. 1

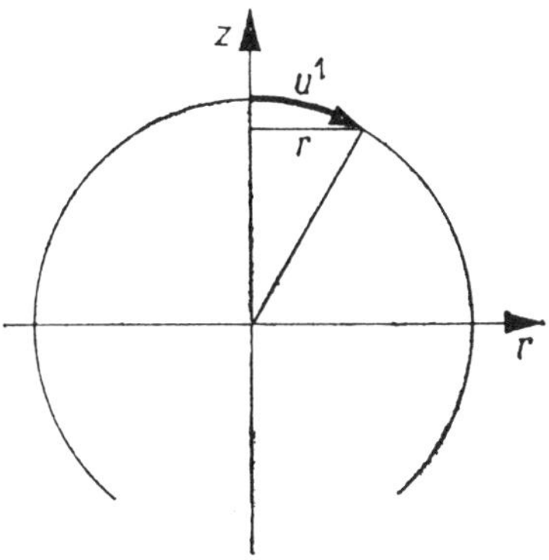

Abb. 2

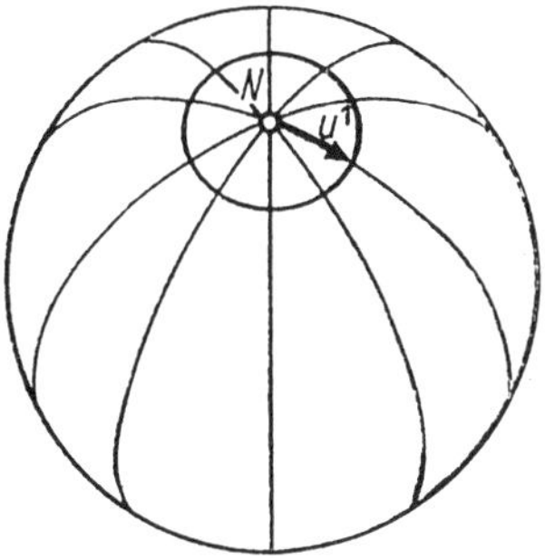

Abb. 3

Somit erhalten wir für den Radius r eines Breitenkreises

$$r = R \sin \frac{u^1}{R} = \sqrt{g_{22}},$$

während bei einer „Bindfadenkonstruktion“ auf der Kugelfläche die Punkte des Breitenkreises von N den Abstand u^1 besitzen (vgl. Abb. 2, 3). Als Flächenkurve hat der Breitenkreis die Gaußsche Parameterdarstellung

$$u^1 = \text{const}, \qquad u^2 = t.$$

Wegen $\dot{u}^1 = 0$ und $\dot{u}^2 = 1$ führt die Berechnung des Umfanges zu

$$U = \int_0^{2\pi} \sqrt{g_{ik}\dot{u}^i\dot{u}^k}\, dt = \int_0^{2\pi} \sqrt{g_{22}}\, dt = 2\pi \sqrt{g_{22}} = 2\pi r \neq 2\pi u^1;$$

dabei ergibt sich $2\pi u^1$ beim Einsetzen des in der Fläche gemessenen Abstandes u^1 in die aus der euklidischen Elementargeometrie bekannte Formel für den Umfang eines Kreises. Um die Differenz $2\pi u^1 - U$ anzunähern, benutzen wir die Taylorreihe für die sin-Funktion

$$r = R \sin \frac{u^1}{R} = R\left[\frac{u^1}{R} - \frac{1}{3!}\left(\frac{u^1}{R}\right)^3 + \left(\frac{u^1}{R}\right)^5 (\ldots)\right]$$

und erhalten zunächst

$$2\pi u^1 - U = 2\pi u^1 - 2\pi r = \frac{2\pi}{3!}\frac{(u^1)^3}{R^2} - (u^1)^5 (\ldots),$$

so daß wegen $K = \frac{1}{R^2}$

$$K = \lim_{u^1 \to 0} \frac{3(2\pi u^1 - U)}{\pi (u^1)^3} \tag{1}$$

gilt. *Da sich u^1 und U durch Messungen in der Fläche bestimmen lassen, gilt dasselbe für die Gaußsche Krümmung K einer Kugel.*

Die bemerkenswerte Formel (1) gilt auch in der Ebene (Aufgabe 1). Die Herleitung von (1) für beliebige Flächen erfolgt im Abschnitt 3.8.

Die Messung von Bogenlängen in der Fläche $P = P(u^1, u^2)$ wird gemäß der Formel

$$s = \int_{t_1}^{t_2} \sqrt{g_{ik} \dot{u}^i \dot{u}^k}\, dt$$

mit Hilfe der metrischen Fundamentalgrößen g_{ik} durch Berechnung ersetzt; umgekehrt können diese Fundamentalgrößen nach Messungen in der Fläche als Grenzwerte bestimmt werden: Die u^1-Linie durch den Punkt $P_0 = P(u_0^1, u_0^2)$ hat die Gaußsche Parameterdarstellung

$$u^1(t) = u_0^1 + t, \qquad u^2(t) = u_0^2,$$

und für ihre Bogenlänge gilt

$$s_1(t) = \int_0^t \sqrt{g_{11}}\, d\tau,$$

d. h.

$$g_{11}(u_0^1, u_0^2) = \left(\lim_{t \to 0} \frac{s_1}{t}\right)^2 = \left(\frac{ds_1}{dt}\right)^2_{t=0}.$$

Analog erhalten wir für die Bogenlänge der u^2-Linie mit der Parameterdarstellung

$$u^1(t) = u_0^1, \qquad u^2(t) = u_0^2 + t$$

die Gleichung

$$s_2(t) = \int_0^t \sqrt{g_{22}}\, d\tau,$$

und somit gilt

$$g_{22}(u_0^1, u_0^2) = \left(\lim_{t \to 0} \frac{s_2}{t}\right)^2 = \left(\frac{ds_2}{dt}\right)^2_{t=0}.$$

Auch $g_{12} = g_{21} = g_{21}(u_0^1, u_0^2)$ läßt sich auf ähnlichem Wege bestimmen (vgl. die Anleitung zur folgenden Aufgabe 2).

Zur Präzisierung des Begriffes der inneren Geometrie einer Fläche stützen wir uns deshalb auf die metrischen Fundamentalgrößen:

Definition. Es sei $P = P(u^1, u^2)$ eine Fläche. Eine (vom betrachteten Punkt abhängige) Größe f *gehört* genau dann *zur inneren Geometrie der Fläche*, heißt genau dann *innergeometrische Größe*, wenn $f(u^1, u^2)$ ausschließlich eine Funktion der metrischen Fundamentalgrößen $g_{ik}(u^1, u^2)$ und deren Ableitungen ist. Die *innere Geometrie der starren Fläche* ist die Menge der gültigen Aussagen, die allein mit Hilfe der innergeometrischen Größen formuliert werden können.

Vom besonderen Interesse sind Größen und Aussagen, die zur inneren Geometrie jeder starren Fläche gehören, die bei sogenannten Abwicklungen (bzw. Verbiegungen) erhalten bleiben. Die abwicklungs- (bzw. biegungs-) invarianten Aussagen bilden die *innere Geometrie* schlechthin. Wie wir noch sehen werden, gehört beispielsweise die Formel (1) zur inneren Geometrie jeder Fläche. Dagegen trifft das in bezug auf das Beispiel (3.1) weder auf

$$R = \sqrt{\lim_{u^1 \to 0} \frac{\pi (u^1)^3}{3(2\pi u^1 - U)}}$$

noch auf

$$H = \sqrt{\lim_{u^1 \to 0} \frac{3(2\pi u^1 - U)}{\pi (u^1)^3}}$$

zu; R und H gehören nur zur inneren Geometrie der starren Kugel.

Ein sicherer Weg, abwicklungsinvariante Aussagen zu erhalten, besteht im Verzicht auf die Verwendung von Größen und Begriffen, die wie beispielsweise H und K nicht mit Hilfe von innergeometrischen Größen definiert wurden. Andererseits besteht für uns ein besonderer Reiz darin, im Rahmen der inneren Geometrie die aus der Krümmungstheorie der Flächen bekannten Größen zu untersuchen. Solche gehören zur inneren Geometrie, wenn wie im Beispiel der Gaußschen Krümmung mit der Formel von Bertrand und Puiseux eine für alle Flächen einheitliche Darstellung mit innergeometrischen Größen gelingt.

Aufgaben

1. Man bestätige (1) für eine Ebene.

2. Man bestimme $g_{12} = g_{12}(u_0^1, u_0^2)$ durch Messung in der Fläche $P = P(u^1, u^2)$.

Anleitung. Man betrachte die Flächenkurve mit der Gaußschen Parameterdarstellung

$$u^1(t) = u_0^1 + t, \qquad u^2(t) = u_0^2 + t$$

und bestimme deren Bogenlänge s, um mit Hilfe von $\frac{ds}{dt}$ die Fundamentalgrößen $g_{12} = g_{21} = g_{21}(u_0^1, u_0^2)$ auszudrücken; dabei dürfen $g_{11} = g_{11}(u_0^1, u_0^2)$ und $g_{22} = g_{22}(u_0^1, u_0^2)$ als bekannt vorausgesetzt werden.

3.2. Abwickelbarkeit und Verbiegbarkeit

Angesichts der Erklärung der inneren Geometrie kann man fragen, inwieweit sie eine Fläche bestimmt, ob es verschiedene Flächen mit derselben inneren Geometrie gibt. In diesem Zusammenhang erklären wir

Definition. Zwei Flächen heißen genau dann *aufeinander abwickelbar* oder *isometrisch*, wenn Parameterdarstellungen

$$P = P(u^1, u^2) \quad \text{und} \quad P = \tilde{P}(u^1, u^2), \qquad (u^1, u^2) \in G,$$

mit der Eigenschaft

$$g_{ik}(u^1, u^2) = \tilde{g}_{ik}(u^1, u^2)$$

für alle $(u^1, u^2) \in G$ existieren. Die *inneren Geometrien* aufeinander abwickelbarer Flächen stimmen überein.

Beispiele

(3.2) *Abwicklung einer Zylinderfläche in die Ebene* (vgl. Beispiel (2.7)). In der Parameterdarstellung einer Zylinderfläche als spezieller Regelfläche

$$P(u^1, u^2) = P(u^1) + u^2\mathfrak{a} \tag{2}$$

mit einem konstanten Einheitsvektor $\mathfrak{a}$ (in Richtung der Mantellinien) dürfen wir o. B. d. A. voraussetzen, daß die „Bahn" $P = P(u^1)$ alle Mantellinien senkrecht trifft und daß dabei u^1 ihr natürlicher Parameter ist (vgl. Abb. 4 und Aufgabe 2). Unter diesen Voraussetzungen über (2) gilt

$$P_1 = P', \qquad P_2 = \mathfrak{a}$$

und folglich

$$g_{11} = P'^2 = 1, \quad g_{12} = g_{21} = P'\mathfrak{a} = 0, \quad g_{22} = \mathfrak{a}^2 = 1,$$

d. h., daß $P = P(u^1, u^2)$ mit $(u^1, u^2) \in G$ und G als Teil einer Ebene mit kartesischen Koordinaten aufeinander abwickelbar sind (Abb. 4).

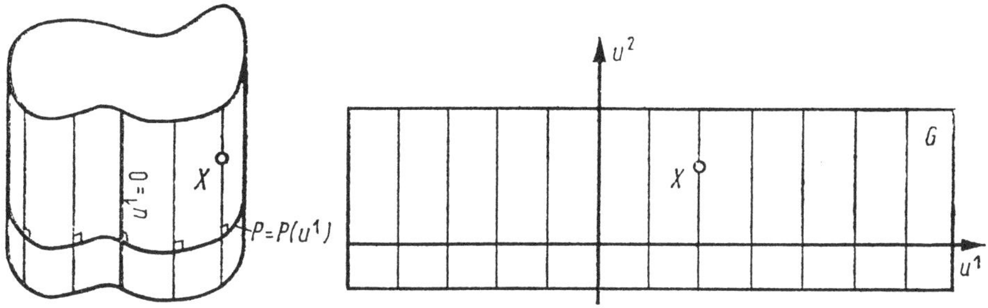

Abb. 4

(3.3) *Abwicklung einer Kegelfläche in die Ebene* (vgl. Beispiel (2.6)). Für die Parameterdarstellung

$$P(u^1, u^2) = P_0 + u^2\mathfrak{a}(u^1) \tag{3}$$

mit $|\mathfrak{a}(u^1)| = 1$ darf vorausgesetzt werden, daß $P(u^1) := P_0 + \mathfrak{a}(u^1)$ eine Kurve mit der Bogenlänge als Parameter u^1 ist. Falls $\overline{P}(\overline{u}^1, \overline{u}^2) = P_0 + \overline{u}^2\overline{\mathfrak{a}}(\overline{u}^1)$ diese Voraussetzung noch nicht erfüllt, nehmen wir die Parametertransformation

$$u^1 = \int \left|\dot{\overline{\mathfrak{a}}}\right| d\overline{u}^1, \qquad u^2 = \overline{u}^2$$

vor, die wegen

$$\begin{vmatrix} \left|\dot{\overline{\mathfrak{a}}}\right| & 0 \\ 0 & 1 \end{vmatrix} \neq 0,$$

d. h. von null verschiedener Funktionaldeterminante, offenbar zulässig ist. Wir erhalten eine Parameterdarstellung

$$P(u^1, u^2) := P_0 + u^2\mathfrak{a}(u^1),$$

wobei $\mathfrak{a}(u^1) := \overline{\mathfrak{a}}\big(\overline{u}^1(u^1)\big)$ sei; für $P(u^1) = P_0 + \mathfrak{a}(u^1)$ ist

$$\dot{P} = \dot{\overline{\mathfrak{a}}} \cdot \frac{\partial \overline{u}^1}{\partial u^1} = \frac{\dot{\overline{\mathfrak{a}}}}{\left|\dot{\overline{\mathfrak{a}}}\right|}$$

ein Einheitsvektor, so daß u^1 der natürliche Parameter der Kurve $P = P(u^1)$ sein muß.

Unter den obigen Voraussetzungen über (3) gilt

$$P_1 = u^2\dot{\mathfrak{a}}, \qquad P_2 = \mathfrak{a}$$

und folglich

$$g_{11} = (u^2)^2, \quad g_{12} = g_{21} = \mathfrak{a} \cdot u^2\dot{\mathfrak{a}} = 0, \quad g_{22} = \mathfrak{a}^2 = 1,$$

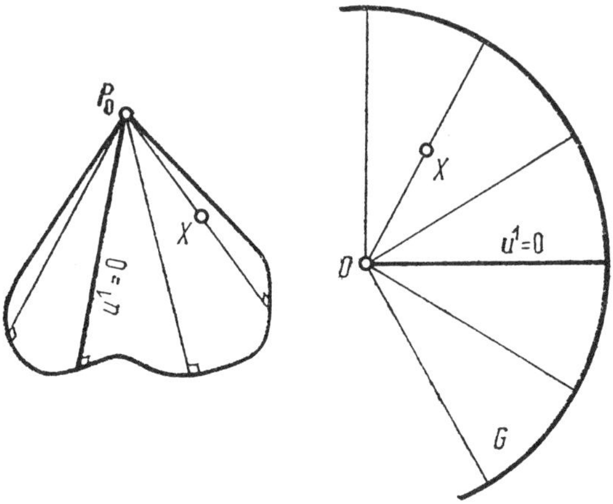

Abb. 5

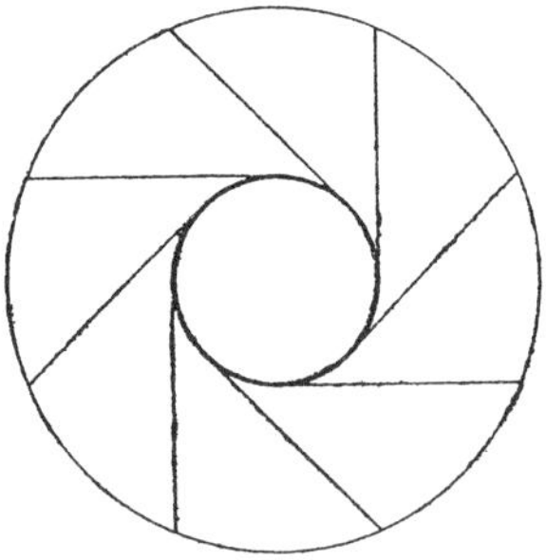

Abb. 6

weil $\mathfrak{a}^2 = 1$ sofort $\mathfrak{a}\dot{\mathfrak{a}} = 0$ ergibt. Somit sind $P = P(u^1, u^2)$ mit $(u^1, u^2) \in G$ und G als Teil einer Ebene mit den Polarkoordinaten $r = u^2$ und $\varphi = u^1$ aufeinander abwickelbar (Abb. 5).

(3.4) *Abwicklung einer Tangentenfläche in die Ebene* (vgl. Beispiel (2.8)). Es sei $P = P(s)$ Parameterdarstellung einer Kurve der Krümmung $k = k(s) > 0$ und

$$P(u^1, u^2) = P(u^1) + u^2 P'(u^1), \qquad u^2 > 0, \tag{4}$$

eine zugehörige Tangentenfläche. Nach dem Fundamentalsatz der Kurventheorie gibt es eine ebene Kurve $P = \overline{P}(s)$ der Krümmung $\bar{k}(s) = k(s)$. Deren Tangentenfläche

$$\overline{P}(u^1, u^2) = \overline{P}(u^1) + u^2 \overline{P}'(u^1), \qquad u^2 > 0,$$

ist eben, und für beide Tangentenflächen gilt wegen

$$P_1 = P' + u^2 P'', \quad P_2 = P'; \qquad \overline{P}_1 = \overline{P}' + u^2 \overline{P}'', \quad \overline{P}_2 = \overline{P}'$$

offenbar

$$g_{11} = 1 + (u^2)^2 k^2(u^1) = \bar{g}_{11}, \quad g_{12} = 1 = \bar{g}_{12}, \quad g_{22} = 1 = \bar{g}_{22}.$$

Damit ist jede Tangentenfläche in eine Ebene abwickelbar. Die zur Tangentenfläche einer Schraubenlinie gehörige ebene Tangentenfläche $P = \overline{P}(u^1, u^2)$ ist in Abb. 6 dargestellt.

Nach dem Satz 2.3 gilt der

Satz 3.1. *Jede Torse ist in die Ebene abwickelbar.*

Die naheliegende Frage, ob noch weitere Flächen in die Ebene abwickelbar sind, können wir erst später beantworten. Wir können aber sofort zeigen, daß Flächen existieren, die nicht in die Ebene abgewickelt werden können:

Satz 3.2. *Keine Umgebung eines Punktes auf einer Kugel kann in die Ebene abgewickelt werden.*

Denn andernfalls besäßen ein Stück einer Kugelfläche und ein Gebiet der Ebene dieselbe innere Geometrie, und ein Kreis k vom Radius u^1 der ersten Fläche müßte in einen Kreis k' der Ebene übergehen. Das ist ein Widerspruch, weil ihre Umfänge U voneinander verschieden sind: $U_k \neq 2\pi u^1 = U_{k'}$ (vgl. Beispiel (3.1)).

Die Relation „aufeinander abwickelbar“ ist eine Äquivalenzrelation. Jede Äquivalenzklasse enthält ausschließlich Elemente derselben inneren Geometrie. Nach dem Satz 3.2 gibt es verschiedene innere Geometrien.

Bei einer Abwicklung in eine Ebene ε kann ein Teil von ε unbedeckt bleiben (Abb. 6). Andererseits kann der übrige Teil mehrfach bedeckt werden. Das tritt z. B. ein, wenn für eine Schraubenlinie die gesamte Tangentenfläche in die Ebene abgewickelt wird.

Neben der Abwicklung wird der Begriff der (stetigen) Verbiegung betrachtet, bei dem der „Prozeß des Abwickeln“ modelliert wird; man denke etwa an die Umformung eines Bleches.

Definition. Zwei Flächen heißen genau dann *ineinander verbiegbar*, wenn sie zu einer stetigen einparametrigen Schar von aufeinander abwickelbaren Flächen gehören.

Beispiele

(3.5) *Verbiegung einer Zylinderfläche in die Ebene.* Gilt für eine Zylinderfläche (2) wie im Beispiel (3.2), daß die „Bahn“ $P = P(u^1)$ alle Mantellinien senkrecht trifft und u^1 ihr natürlicher Parameter ist, dann ist $P = P(u^1)$ eine ebene Kurve mit den natürlichen Gleichungen $k = k(u^1)$ und $w = 0$. Wir wollen die Verbiegung realisieren, indem wir die „Bahn“ durch ebene Kurven $P = P^t(u^1)$ mit den natürlichen Gleichungen $k = tk(u^1)$ und $w = 0$ ersetzen: Das ist offenbar erfüllt, wenn $P_1^t(u^1) = P'(tu^1)$ gilt; daraus erhalten wir

$$P^t(u^1) = P(0) + \frac{P(tu^1) - P(0)}{t}$$

für $t \neq 0$; es sei noch

$$P^0(u^1) = P(0) + \lim_{t \to 0} \frac{P(tu^1) - P(0)}{t} = P(0) + \lim_{t \to 0} u^1 \cdot \frac{P(tu^1) - P(0)}{tu^1}$$
$$= P(0) + u^1 P'(0).$$

Die Flächenschar

$$P^t(u^1, u^2) = P^t(u^1) + u^2\mathfrak{a}$$

enthält für $t = 1$ die Zylinderfläche (2) und für $t = 0$ eine Ebene, und sie ist in t stetig (für $t \neq 0$ sogar differenzierbar). Um schließlich die Abwickelbarkeit der Flächen der Schar zu erhalten, bilden wir

$$P_1^t = P'(tu^1), \qquad P_2^t = \mathfrak{a}$$

und erhalten $g_{11}^t = 1$, $g_{12}^t = g_{21}^t = 0$, $g_{22}^t = 1$.

(3.6) *Verbiegung einer Tangenten- bzw. Kegelfläche in die Ebene.* Analog dem Vorgehen im Beispiel (3.5) kann bei gegebener Tangentenfläche einer Kurve mit natürlichen Gleichungen $k = k(s)$ und $w = w(s)$ eine Schar von Kurven mit den natürlichen Gleichungen $k = k(s)$ und $w = tw(s)$ genutzt werden, um eine Schar von aufeinander abwickelbarer Tangentenflächen anzugeben, die für $t = 1$ die ursprüngliche Fläche und für $t = 0$ eine ebene Tangentenfläche enthält. Bei einer Kegelfläche (3) ist $P(u^1) = P_0 + \mathfrak{a}(u^1)$ in einen Einheitskreis überzuführen.

Damit sind alle Torsen in die Ebene verbiegbar.

Wir wollen nun die Verbiegung von einigen in der Praxis besonders bedeutsamen Drehflächen

$$P(u^1, u^2) = O + r\cos u^2\mathfrak{i} + r\sin u^2\mathfrak{j} + z\mathfrak{k} \tag{5}$$

näher studieren. Wie im Beispiel (2.3) sei $\mathfrak{e}(s) = r(s)\,\mathfrak{i} + z(s)\,\mathfrak{k}$ eine Erzeugende mit dem natürlichen Parameter s.

Nach den Beispielen (2.10) und (2.14) gilt

$$\begin{gathered} g_{11} = r'^2 + z'^2 = 1, \qquad g_{12} = g_{21} = 0, \qquad g_{22} = g = r^2 > 0, \\ L_{11} = r'z'' - r''z', \qquad L_{12} = L_{21} = 0, \qquad L_{22} = rz', \\ L = (z''r' - z'r'')\,rz'. \end{gathered}$$

Die Gaußsche Krümmung der Drehfläche (5)

$$K = \frac{L}{g} = \frac{z'}{r}(z''r' - z'r'')$$

hängt nur von u^1 ab; wegen $0 = g_{11}' = 2r'r'' + 2z'z''$ bzw. $z'z'' = -r'r''$ ist

$$K = \frac{1}{r}(-r'^2r'' - z'^2r'') = -\frac{r''}{r}(r'^2 + z'^2) = -\frac{r''}{r};$$

folglich sind K und r durch die Differentialgleichung

$$r'' + Kr = 0 \tag{6}$$

verbunden. Die Gleichung (6) ist von zweiter Ordnung und linear, sie ist zu dem System

$$r_1' = r_2, \tag{6'}$$
$$r_2' = -Kr_1$$

äquivalent. Zu vorgegebener stetiger Funktion $K = K(u^1)$ und vorgegebenen Zahlen u_0^1, r_{10}, r_{20} gibt es genau eine Lösung $r_1 = r_1(u^1)$, $r_2 = r_2(u^1)$ mit $r_1(u_0^1) = r_{10}$ und $r_2(u_0^1) = r_{20}$ (vgl. den Abschnitt 0.1). Das bedeutet bezüglich (6) die Lösbarkeit, denn mit $r = r_1$ gilt $r'' = r_1'' = r_2' = -Kr_1 = -Kr$; dabei können für $r(u_0^1)$ und $r'(u_0^1)$ noch Zahlenwerte vorgegeben werden. Wir können zunächst feststellen, daß zu vorgegebener stetiger Funktion $K = K(u^1)$ stets Drehflächen derart existieren, daß für alle u^1 die Gaußsche Krümmung gerade $K(u^1)$ ist: Wir haben für eine Erzeugende nur

$$r = r(u^1)$$

als Lösung von (6) und dann wegen $r'^2 + z'^2 = 1$

$$z = \int^{u^1} \sqrt{1 - r'^2(\xi)}\, d\xi$$

zu wählen.

Das Problem der Verbiegung wird nun für konstante Gaußsche Krümmung betrachtet.

Beispiel

(3.7) *Die Drehflächen konstanter Gaußscher Krümmung* $K = 1$. Wir erhalten eine Übersicht über alle Drehflächen mit $K = 1$, indem wir

$$r'' + r = 0 \tag{6_1}$$

lösen; dabei können wir noch Anfangsbedingungen der Form $r(0) = a > 0$ und $r'(0) = b$ aufstellen. Auch ohne größere Kenntnisse über die Lösung von Differentialgleichungen hilft bezüglich (6_1) folgender „Kunstgriff" weiter: Aus $r'' = -r$ folgt $2r''r' = -2rr'$, d. h.

$$r'^2 = r_0^2 - r^2.$$

Um nun das Wurzelziehen zu umgehen, versuchen wir den Ansatz $r = r_0 \cos\varphi$, d. h.

$$r_0^2 \sin^2\varphi \cdot \left(\frac{d\varphi}{du^1}\right)^2 = r_0^2(1 - \cos^2\varphi)$$

und folglich

$$\frac{d\varphi}{du^1} = \pm 1, \qquad \varphi = \pm u^1 + u^1_0.$$

Wir können o. B. d. A. $u^1_0 = 0 = r'(0)$ und das obere Vorzeichen wählen; dann gilt $b^2 = (r'(0))^2 = 0 = r_0^2 - r^2(0) = r_0^2 - a^2$, d. h.

$$r = a\cos u^1, \qquad z = \int\limits^{u^1} \sqrt{1 - a^2\sin^2\varphi}\, d\varphi \quad \text{mit} \quad |u^1| < \frac{\pi}{2}$$

(Abb. 7). Für $a = 1$ ist die Erzeugende wegen $r = \cos u^1$, $z = \sin u^1$ ein Einheitskreis; für $a \neq 1$ ist z als sogenanntes elliptisches Integral nur näherungsweise zu bestimmen, wobei im Fall $a > 1$ noch die weitere Einschränkung $1 - a^2\sin^2 u^1 \geqq 0$, d. h. $|u^1| \leqq \arcsin\frac{1}{a}$, zu beachten ist.

Es sei $0 < a < 1$. Die Einheitskugelfläche

$$P(u^1, u^2) = O + \cos u^1 \cos u^2\mathfrak{i} + \cos u^1 \sin u^2\mathfrak{j} + \sin u^1\mathfrak{k}, \qquad -\pi < \frac{u^2}{a} < \pi,$$

und die zu a gehörige Drehfläche

$$P^a(u^1, u^2) := O + a\cos u^1 \cos\frac{u^2}{a}\mathfrak{i} + a\cos u^1 \sin\frac{u^2}{a}\mathfrak{j} + \int\limits^{u^1} \sqrt{1 - a^2\sin^2\xi}\, d\xi\,\mathfrak{k}$$

sind ineinander verbiegbar, denn sie gehören zur Schar der Flächen

$$P^t(u^1, u^2) = O + t\cos u^1 \cos\frac{u^2}{t}\,\mathfrak{i} + t\cos u^1 \sin\frac{u^2}{t}\,\mathfrak{j} + \int\limits^{u^1} \sqrt{1 - t^2\sin^2\xi}\, d\xi\,\mathfrak{k}$$

mit den Ableitungen

$$P_1^t = \left(-t\sin u^1 \cos\frac{u^2}{t}, -t\sin u^1 \sin\frac{u^2}{t}, \sqrt{1 - t^2\sin^2 u^1}\right),$$

$$P_2^t = \left(-\cos u^1 \sin\frac{u^2}{t}, \cos u^1 \cos\frac{u^2}{t}, 0\right)$$

und den metrischen Fundamentalgrößen

$$g_{11}^t = 1, \qquad g_{12}^t = g_{21}^t = 0, \qquad g_{22}^t = \cos^2 u^1.$$

Es sei nun $a > 1$. Die Zone $|u^1| \leqq \arcsin\frac{1}{a}$ der Einheitskugel mit

$-\pi < u^2 < \pi$ und die Drehfläche

$$P = P^a(u^1, u^2), \qquad -\frac{\pi}{a} < u^2 < \frac{\pi}{a},$$

sind ineinander verbiegbar, weil sie zur Schar $P = P^t(u^1, u^2)$ gehören.

Da alle Drehzylinderflächen ineinander verbiegbar sind und aus dem Ergebnis des Beispiels (3.7) bei Wahl einer neuen Längeneinheit das entsprechende Resultat für jedes konstante $K > 0$ folgt, gilt der

Satz 3.3. *Es sei* $K \geqq 0$. *Alle Drehflächen der konstanten Gaußschen Krümmung K sind ineinander verbiegbar, wenn der Definitionsbereich in der* u^1, u^2*-Ebene geeignet gewählt wird.*

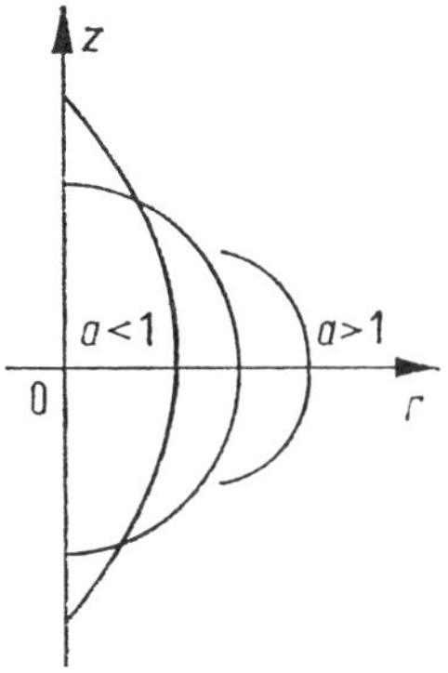

Abb. 7

Zunächst bleibt noch offen, ob dabei auch Drehflächen verschiedener Gaußscher Krümmung ineinander verbiegbar sind und welche Aussagen im Falle $K < 0$ gemacht werden können. Antworten auf diese Fragen enthalten die Abschnitte 3.4 und 3.8 (vgl. auch die folgende Aufgabe 1).

Unter den Drehflächen sind die Katenoide die einzigen nichtebenen Minimalflächen (vgl. 2.10). Schon 1838 hat FERDINAND ADOLF MINDING (1806 – 1885) die Verbiegbarkeit der (längs eines Meridians aufgeschnittenen) Katenoide

$$P(z, u^2) = \left(a \cosh \frac{z}{a} \cos u^2, a \cosh \frac{z}{a} \sin u^2, z\right) \tag{7}$$

(vgl. die Herleitung des Satzes 2.10) in die Wendelfläche

$$\overline{P}(\overline{u}^1, \overline{u}^2) = (\overline{u}^2 \cos \overline{u}^1, \overline{u}^2 \sin \overline{u}^1, a\overline{u}^1) \tag{8}$$

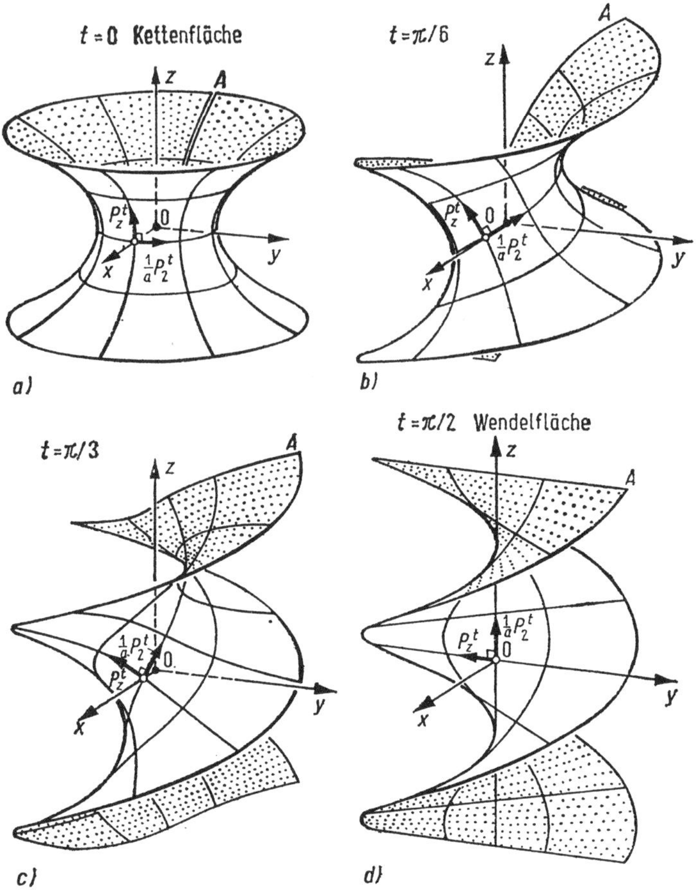

Abb. 8

entdeckt. Zum Beweis dieser Tatsache betrachten wir die Flächenschar (Abb. 8a—d nach W. WUNDERLICH)

$$P^t(z, u^2) = \left(a \cosh \frac{z}{a} \cos u^2 \cos t + a \sinh \frac{z}{a} \sin u^2 \sin t,\right.$$

$$a \cosh \frac{z}{a} \sin u^2 \cos t - a \sinh \frac{z}{a} \cos u^2 \sin t,$$

$$\left. z \cos t + a u^2 \sin t\right). \tag{9}$$

a) Zu dieser Schar gehören die Katenoide (7), denn wir haben offensichtlich $P^0(z, u^2) = P(z, u^2)$. Weiterhin gilt

$$P^{\pi/2}(z, u^2) = \left(a \sinh \frac{z}{a} \sin u^2, -a \sinh \frac{z}{a} \cos u^2, a u^2\right).$$

Um (8) zu erhalten, betrachten wir die Parametertransformation

$$\bar{u}^1 = u^2 - \frac{\pi}{2}, \quad \bar{u}^2 = a \sinh \frac{z}{a}.$$

Wie man leicht sieht, ist diese Parametertransformation zulässig, weil die Funktionaldeterminante

$$\begin{vmatrix} 0 & \cosh \frac{z}{a} \\ 1 & 0 \end{vmatrix} = -\cosh \frac{z}{a}$$

stets negativ ist.

b) Die Flächen der Schar sind aufeinander abwickelbar, denn es gilt

$$P_z^t = \left(\sinh \frac{z}{a} \cos u^2 \cos t + \cosh \frac{z}{a} \sin u^2 \sin t,\right.$$

$$\left.\sinh \frac{z}{a} \sin u^2 \cos t - \cosh \frac{z}{a} \cos u^2 \sin t, \cos t\right),$$

$$P_2^t = \left(-a \cosh \frac{z}{a} \sin u^2 \cos t + a \sinh \frac{z}{a} \cos u^2 \sin t,\right.$$

$$\left.a \cosh \frac{z}{a} \cos u^2 \cos t + a \sinh \frac{z}{a} \sin u^2 \sin t, a \sin t\right)$$

und somit

$$g_{zz}^t = \left(\sinh \frac{z}{a} \cos u^2 \cos t + \cosh \frac{z}{a} \sin u^2 \sin t\right)^2$$

$$+ \left(\sinh \frac{z}{a} \sin u^2 \cos t - \cosh \frac{z}{a} \cos u^2 \sin t\right)^2 + \cos^2 t$$

$$= \left(\sinh^2 \frac{z}{a} + 1\right) \cos^2 t + \cosh^2 \frac{z}{a} \sin^2 t = \cosh^2 \frac{z}{a},$$

$$g^t_{z2} = a\left(\sinh\frac{z}{a}\cos u^2\cos t + \cosh\frac{z}{a}\sin u^2\sin t\right)$$
$$\times\left(\sinh\frac{z}{a}\cos u^2\sin t - \cosh\frac{z}{a}\sin u^2\cos t\right)$$
$$+ a\left(\sinh\frac{z}{a}\sin u^2\cos t - \cosh\frac{z}{a}\cos u^2\sin t\right)$$
$$\times\left(\sinh\frac{z}{a}\sin u^2\sin t + \cosh\frac{z}{a}\cos u^2\cos t\right)$$
$$+ a\sin t\cos t = 0,$$

$$g^t_{22} = a^2\left[\left(-\cosh\frac{z}{a}\sin u^2\cos t + \sinh\frac{z}{a}\cos u^2\sin t\right)^2\right.$$
$$\left.+\left(\cosh\frac{z}{a}\cos u^2\cos t + \sinh\frac{z}{a}\sin u^2\sin t\right)^2 + \sin^2 t\right]$$
$$= a^2\left[\cosh^2\frac{z}{a}\cos^2 t + \left(\sinh^2\frac{z}{a} + 1\right)\sin^2 t\right] = a^2\cosh^2\frac{z}{a},$$

d. h., daß g^t_{zz}, g^t_{z2} $(= g^t_{2z})$ und g^t_{22} nicht von t abhängen.

Wir haben – Überschneidungen vernachlässigend – den

Satz 3.4. *Das Katenoid* (7) *und die Wendelfläche* (8) *sind ineinander verbiegbar.*

Aufgaben

1. Die Schar mit dem Scharparameter $t > 0$

$$P^t(u^1, u^2) = O + t\cosh u^1\cos\frac{u^2}{t}\,\mathfrak{i} + t\cosh u^1\sin\frac{u^2}{t}\,\mathfrak{j}$$
$$+ \int^{u^1}\sqrt{1 - t^2\sinh^2\chi}\,d\chi\,\mathfrak{k}$$

besteht aus ineinander verbiegbaren Flächen der Gaußschen Krümmung $K = -1$.

Anleitung. a) Man zeige zunächst, daß g^t_{11}, g^t_{12} und g^t_{22} von t nicht abhängen, d. h., daß alle Flächen der Schar aufeinander abwickelbar sind.

b) $P = P^t(u^1, u^2)$ muß in t stetig sein, da für $t > 0$ die Differenzierbarkeit offensichtlich ist.

c) Die Gaußsche Krümmung ist -1, da $r = t \cosh u^1$ der Differentialgleichung (6) mit $K = -1$ genügt.

Bemerkung. Die Bestimmung sämtlicher Lösungen der Differentialgleichung $r'' - r = 0$ kann wie im Beispiel (3.7) begonnen werden: Aus $2r''r' = 2rr'$ folgt zunächst

$$r'^2 - a^2 = r^2 - b^2 \quad \text{und} \quad r'^2 = r^2 + a^2 - b^2 .$$

Wir setzen $r_0 := \sqrt{|a^2 - b^2|}$, machen für $r_0 \neq 0$ den Ansatz $r = r_0 \cosh \chi$ oder $r = r_0 \sinh \chi$, je nachdem, ob $a^2 < b^2$ oder $a^2 > b^2$ ist, und finden $\chi = \pm u^1 + u_0^1$. Im Fall $a^2 = b^2$ gilt $r' = \pm r$, woraus $\frac{r'}{r} = \pm 1$, $\ln r = \pm u^1 + u_1^0$ und schließlich $r = r_0 e^{\pm u^1}$ folgt.

2*. Man zeige, daß für eine Zylinderfläche der Übergang von einer Parameterdarstellung $\bar{P}(\bar{u}^1, \bar{u}^2) = \bar{P}(\bar{u}^1) + \bar{u}^2\mathfrak{a}$ zu einer Darstellung $P(u^1, u^2) = P(u^1) + u^2\mathfrak{a}$ mit $\mathfrak{a} \perp \dot{P}$ und $\dot{P}^2 = 1$ zulässig realisiert werden kann.

Anleitung. Man führe zwei Parametertransformationen durch:

$$\text{(a)} \qquad \tilde{u}^1 = \bar{u}^1, \qquad \tilde{u}^2 = \bar{u}^2 - \int \dot{\bar{P}}\mathfrak{a}\, d\bar{u}^1$$

ist zulässig, und für

$$\tilde{P}(\tilde{u}^1) := \bar{P}(\bar{u}^1) - \int \dot{\bar{P}}\mathfrak{a}\, d\bar{u}^1\mathfrak{a}$$

gilt $\mathfrak{a} \perp \dot{\tilde{P}}$.

$$\text{(b)} \qquad u^1 = \int \left|\dot{\tilde{P}}\right| d\tilde{u}^1, \qquad u^2 = \tilde{u}^2$$

ist ebenfalls zulässig. Man setze abschließend

$$P(u^1) := \tilde{P}(\tilde{u}^1(u^1)).$$

3.3. Die Christoffelsymbole Γ_{ij}^k als Größen der inneren Geometrie einer Fläche und die absolute Differentiation

Es sei $P = P(u^1, u^2)$ eine Fläche mit dem begleitenden Dreibein $P_1, P_2, \mathfrak{N}$. Im Zusammenhang mit der geodätischen Krümmung wurden die Ableitungsgleichungen von Gauss und mit ihnen die Christoffelsymbole[1]) eingeführt:

$$P_{ij} = \Gamma_{ij}^r P_r + L_{ij}\mathfrak{N}. \tag{10}$$

---

[1]) Ihre Bedeutung für die Differentialgeometrie hat Elwin Bruno Christoffel (1829—1900) bereits 1869 erkannt.

Um hieraus eine Darstellung von Γ_{ij}^h zu gewinnen, multiplizieren wir beide Seiten von (10) mit P_k:

$$P_{ij}P_k = \Gamma_{ij}^r P_r P_k = \Gamma_{ij}^r g_{rk}. \tag{11}$$

Die Matrizen (g_{rs}) und (g^{st}) sind zueinander invers — $g_{rs}g^{st} = \delta_r^t$ (Kroneckersymbol) —, so daß sich aus (11) vorerst

$$P_{ij}P_k g^{kh} = \Gamma_{ij}^r g_{rk} g^{kh} = \Gamma_{ij}^r \delta_r^h = \Gamma_{ij}^h \tag{12}$$

ergibt.

Andrerseits gilt wegen $g_{uv} = P_u P_v$

$$\frac{\partial g_{ij}}{\partial u^k} = P_{ik}P_j + P_i P_{jk},$$

$$\frac{\partial g_{jk}}{\partial u^i} = P_{ji}P_k + P_j P_{ki},$$

$$\frac{\partial g_{ki}}{\partial u^j} = P_{kj}P_i + P_k P_{ij};$$

indem wir die beiden letzten Gleichungen addieren und vom Ergebnis die erste Gleichung subtrahieren, erhalten wir wegen $P_{uv} = P_{vu}$

$$2P_{ij}P_k = -\frac{\partial g_{ij}}{\partial u^k} + \frac{\partial g_{jk}}{\partial u^i} + \frac{\partial g_{ki}}{\partial u^j}. \tag{13}$$

Die Gleichung (13) wird übersichtlicher, wenn wir wie bei P_i und P_{ij} die partiellen Ableitungen von g_{rs} nach u^t durch einen unteren Index kennzeichnen. Um den Index, der die Ableitung angibt, von den schon vorhandenen Indizes ohne diese Bedeutung zu trennen, wird ein Komma gesetzt

$$g_{rs,t} := \frac{\partial g_{rs}}{\partial u^t}.$$

Aus (12) und (13) gewinnen wir schließlich

$$\Gamma_{ij}^h = \frac{g^{hk}}{2}\left(-g_{ij,k} + g_{jk,i} + g_{ki,j}\right), \tag{14}$$

wobei in der Klammer die Indizes durch zyklische Vertauschung auseinander hervorgehen.

Zusammenfassend gilt der

Satz 3.5. *Die Christoffelsymbole sind innergeometrische Größen der Fläche. Sie können nach* (14) *berechnet werden.*

Ist längs einer Kurve mit den Gaußschen Parametern

$$u^i = u^i(t)$$

eine Schar von Vektoren (Abb. 9)

$$\mathfrak{v} = \mathfrak{v}(t) = v^i(t)\, P_i\big(u^1(t),\, u^2(t)\big)$$

in der jeweiligen Tangentialebene

$$\varepsilon = \varepsilon(t) = \varepsilon\big(u^1(t),\, u^2(t)\big)$$

gegeben, dann ist

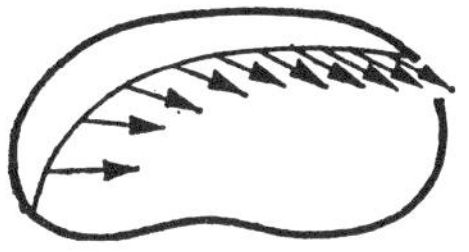

Abb. 9

$$\dot{\mathfrak{v}} = \dot{\mathfrak{v}}(t) = \dot{v}^i P_i + v^i P_{ik} \dot{u}^k$$

im allgemeinen kein Vektor der Tangentialebene $\varepsilon = \varepsilon(t)$. Das trifft beispielsweise auf $\mathfrak{v}(t) = \dot{P}(t)$ zu; denn ist t die Bogenlänge, dann hatten wir in (**2**.54) die Zerlegung

$$\mathfrak{v}' = P'' = k_n \mathfrak{N} + k_g \mathfrak{e}$$

aufgestellt, und k_n ist im allgemeinen von null verschieden. Für die Differentialgeometrie innerhalb der inneren Geometrie einer Fläche wollen wir keineswegs auf Ableitungen verzichten; deshalb zerlegen wir $\dot{\mathfrak{v}}$ bezüglich $\varepsilon = \varepsilon(t)$ in die Parallelkomponente $\dot{\mathfrak{v}}_\varepsilon$ und die Normalkomponente $\dot{\mathfrak{v}}_\varepsilon^\perp$, und wir nennen $\dot{\mathfrak{v}}_\varepsilon = \dot{\mathfrak{v}}_\varepsilon(t)$ *absolute Ableitung der Schar* $\mathfrak{v} = \mathfrak{v}(t)$ *längs der Flächenkurve* $u^i = u^i(t)$, in Zeichen

$$\frac{D\mathfrak{v}(t)}{dt} := \dot{\mathfrak{v}}_\varepsilon = \dot{\mathfrak{v}} - \dot{\mathfrak{v}}_\varepsilon^\perp. \qquad (15)$$ [1]

Mit Hilfe der Ableitungsgleichungen von GAUSS erhalten wir

$$\dot{\mathfrak{v}} - \dot{\mathfrak{v}}_\varepsilon^\perp = \dot{v}^i P_i + v^i \Gamma_{ik}^r P_r \dot{u}^k,$$

[1]) Zweifellos kann die Zweckmäßigkeit dieser Definition in Frage gestellt werden, weil $\dot{\mathfrak{v}}_\varepsilon$ wie $\mathfrak{v}(t)$ im allgemeinen nicht mehr in der Fläche enthalten ist. Wie wir in Abschnitt 4.2. jedoch sehen werden, kann der Begriff der Tangentialebene ohne Anschauungsraum innerhalb der inneren Geometrie entwickelt werden.

d. h.

$$\frac{D\mathfrak{v}(t)}{dt} = (\dot{v}^i + \Gamma^i_{jk} v^j \dot{u}^k)\, P_i . \qquad (15')$$

Aufgaben

1. Man berechne für eine Fläche mit den metrischen Fundamentalgrößen $g_{11} = 1$, $g_{12} = g_{21} = 0$ und $g_{22} = g_{22}(u^1, u^2)$ — vgl. die metrischen Fundamentalgrößen der Drehflächen — sämtliche Christoffelsymbole nach (14).

   Anleitung. Es gilt $g^{11} = 1$, $g^{12} = g^{21} = 0$ und $g^{22} = \frac{1}{g_{22}}$. (Vgl. auch den Abschnitt 3.4.)

2. Wird für eine (*Orts-*) *Funktion* $f = f(u^1, u^2)$

$$\frac{Df}{dt} := f_i \dot{u}^i$$

   gesetzt, d. h. Identifizierung der absoluten mit der gewöhnlichen Differentiation, dann gelten folgende Summen- und Produktregeln:

$$\frac{D(\mathfrak{v} + \bar{\mathfrak{v}})}{dt} = \frac{D\mathfrak{v}}{dt} + \frac{D\bar{\mathfrak{v}}}{dt}, \qquad \frac{D(\mathfrak{v}\bar{\mathfrak{v}})}{dt} = \frac{D\mathfrak{v}}{dt}\,\bar{\mathfrak{v}} + \mathfrak{v}\,\frac{D\bar{\mathfrak{v}}}{dt}.$$

   Anleitung. Um

$$\frac{D\mathfrak{v}}{dt}\,\bar{\mathfrak{v}} + \mathfrak{v}\,\frac{D\bar{\mathfrak{v}}}{dt}$$

   zu berechnen, benutze man $\dot{\mathfrak{v}}_\varepsilon = \dot{\mathfrak{v}} - \dot{\mathfrak{v}}_\varepsilon^\perp$, $\dot{\bar{\mathfrak{v}}}_\varepsilon = \dot{\bar{\mathfrak{v}}} - \dot{\bar{\mathfrak{v}}}_\varepsilon^\perp$ sowie $\mathfrak{v}, \bar{\mathfrak{v}} \perp \mathfrak{N}, \dot{\mathfrak{v}}_\varepsilon^\perp, \dot{\bar{\mathfrak{v}}}_\varepsilon^\perp$.

3.4. Theorema egregium

Die Tatsache, daß die heutzutage nach GAUSS benannte Krümmung K zur inneren Geometrie der Fläche $P = P(u^1, u^2)$ gehört, hat GAUSS als theorema egregium (hervorragenden Satz) bezeichnet. Bevor wir ihn später als Folgerung der Formel (1) gewinnen, geben wir hier eine erste kurze, aber formale Herleitung. Sie führt uns zwangsläufig auf Gleichungen, die für die Fundamentalgrößen erfüllt sein müssen und später noch gebraucht werden, auf die Gleichungen von GAUSS und auf die Gleichungen von MAINARDI und CODAZZI.

Wir gehen davon aus, daß nach einem Satz von H. A. SCHWARZ (vgl. den Abschnitt 0.1.), nach dem die Existenz von stetigen partiellen Ableitungen die Vertauschung der Differentiationsreihenfolge gestattet, bezüglich der Parameterdarstellung $P = P(u^1, u^2)$

$$P_{ijk} = P_{ikj} \tag{16}$$

gilt. Mit Hilfe der Ableitungsgleichungen von GAUSS (**2.**58)

$$P_{rs} = \Gamma_{rs}^t P_t + L_{rs}\mathfrak{N}$$

und WEINGARTEN (**2.**75)

$$\mathfrak{N}_r = -L_{rs} g^{st} P_t$$

läßt sich P_{ijk} folgendermaßen berechnen:

$$\begin{aligned} P_{ijk} &= \frac{\partial}{\partial u^k} P_{ij} = \frac{\partial}{\partial u^k}(\Gamma_{ij}^r P_r + L_{ij}\mathfrak{N}) \\ &= \Gamma_{ij,k}^r P_r + \Gamma_{ij}^r P_{rk} + L_{ij,k}\mathfrak{N} + L_{ij}\mathfrak{N}_k{}^{1)} \\ &= \Gamma_{ij,k}^r P_r + \Gamma_{ij}^r(\Gamma_{rk}^s P_s + L_{rk}\mathfrak{N}) + L_{ij,k}\mathfrak{N} + L_{ij}(-L_{kl} g^{ls} P_s) \\ &= (\Gamma_{ij,k}^s + \Gamma_{ij}^r \Gamma_{rk}^s - L_{ij} L_{kl} g^{ls})\, P_s + (L_{ij,k} + \Gamma_{ij}^r L_{rk})\,\mathfrak{N}; \end{aligned}$$

entsprechend gilt

$$P_{ikj} = (\Gamma_{ik,j}^s + \Gamma_{ik}^r \Gamma_{rj}^s - L_{ik} L_{jl} g^{ls})\, P_s + (L_{ik,j} + \Gamma_{ik}^r L_{rj})\,\mathfrak{N}.$$

Aus (16) folgt $P_{ijk} - P_{ikj} = 0$, d. h.

$$G_{ijk}^s P_s + C_{ijk}\mathfrak{N} = 0 \tag{16'}$$

mit den Abkürzungen

$$\begin{aligned} G_{ijk}^s &:= R_{ijk}^s - (L_{ij} L_{kl} - L_{ik} L_{jl})\, g^{ls}, \\ R_{ijk}^s &:= \Gamma_{ij,k}^s - \Gamma_{ik,j}^s + \Gamma_{ij}^r \Gamma_{rk}^s - \Gamma_{ik}^r \Gamma_{rj}^s, \qquad (16'') \\ C_{ijk} &:= L_{ij,k} - L_{ik,j} + \Gamma_{ij}^r L_{rk} - \Gamma_{ik}^r L_{rj}. \end{aligned}$$

Da die Vektoren P_1, P_2, $\mathfrak{N}$ linear unabhängig sind, gibt es genau eine Linearkombination des Nullvektors bezüglich dieser Vektoren, nämlich $\mathfrak{o} = 0 \cdot P_1 + 0 \cdot P_2 + 0 \cdot \mathfrak{N}$, d. h., daß in (16′) sämtliche Koeffizienten verschwinden müsse n. Somit bestehen die Gleichungen von GAUSS (1827)

$$G_{ijk}^s = 0 \tag{17}$$

---

[1]) Bezüglich der Bezeichnungen $\Gamma_{ij,k}^r$ und $L_{ij,k}$ vergleiche man die Bemerkungen zu $g_{rs,t}$ über der Formel (14).

— die Variable G erinnert an GAUSS — und die Gleichungen von MAINARDI und CODAZZI[1])

$$C_{ijk} = 0. \tag{18}$$

Aus (17) kann nun die eingangs genannte Behauptung gewonnen werden, denn (17) ist mit

$$R^s_{ijk} = (L_{ij}L_{kl} - L_{ik}L_{jl})\, g^{ls} \tag{17'}$$

äquivalent. Da (g_{st}) und (g^{ls}) zueinander invers sind und somit $g^{ls}g_{st} = \delta^l_t$ gilt, folgt aus (17′) nunmehr

$$g_{st}R^s_{ijk} = (L_{ij}L_{kl} - L_{ik}L_{jl})\,\delta^l_t = L_{ij}L_{kt} - L_{ik}L_{jt}$$

oder nach Umbenennung von t

$$g_{ls}R^s_{ijk} = L_{ij}L_{kl} - L_{ik}L_{jl}. \tag{17''}$$

Insbesondere gilt für $i = j = 1$ und $k = l = 2$

$$g_{2s}R^s_{112} = L_{11}L_{22} - L_{12}L_{12} = L.$$

Nach (2.70′) heißt das

$$K = \frac{L}{g} = \frac{g_{2s}}{g} R^s_{112}. \tag{19}$$

Weil $R^s_{112} = \Gamma^s_{11,2} - \Gamma^s_{12,1} + \Gamma^r_{11}\Gamma^s_{r2} - \Gamma^r_{12}\Gamma^s_{r1}$ nach dem Satz 3.5 zur inneren Geometrie der Fläche gehört, gilt das

Theorema egregium. *Die Gaußsche Krümmung $K = K(u^1, u^2)$ ist eine Größe der inneren Geometrie der Fläche.*

Die Formel (19), die zum Theorema egregium führte, hat auf der rechten Seite nur deshalb solch einfaches Aussehen, weil wir günstige Abkürzungen eingeführt hatten. Allerdings kann, wie wir im folgenden Beispiel sehen werden, die rechte Seite von (19) unter besonderen Voraussetzungen auch sehr einfach sein.

Beispiel

(3.8) *Der Fall* $g_{11} = 1$, $g_{12} = g_{21} = 0$, $g_{22} = g_{22}(u^1, u^2)$. Der Fall tritt beispielsweise bei Drehflächen mit der Bogenlänge der Erzeugenden als Para-

[1]) Diese Gleichungen sind in Veröffentlichungen aus den Jahren 1856 und 1860 enthalten, die von GASPARE MAINARDI (1800–1876) bzw. DELFINO CODAZZI (1794–1859) abgefaßt wurden. Das C in (18) bezieht sich auf CODAZZI.

meter u^1 ein, er ist aber darüber hinaus für spätere Untersuchungen wichtig.

Unter obigen Voraussetzungen gilt $g = g_{22}$, $g^{11} = 1$, $g^{12} = g^{21} = 0$, $g^{22} = \frac{1}{g_{22}}$ sowie

$$\begin{aligned} K &= \frac{g_{21}}{g} R^1_{112} + \frac{g_{22}}{g} R^2_{112} = R^2_{112} \\ &= \Gamma^{\;2}_{11,2} - \Gamma^{\;2}_{12,1} + \Gamma^{\;1}_{11}\Gamma^{\;2}_{12} + \Gamma^{\;2}_{11}\Gamma^{\;2}_{22} - \Gamma^{\;1}_{12}\Gamma^{\;2}_{11} - \Gamma^{\;2}_{12}\Gamma^{\;2}_{21}. \end{aligned}$$

In einer Nebenrechnung bestimmen wir die benötigten Christoffelsymbole (vgl. die Aufgabe 1 zu Abschnitt 3.3.)

$$\Gamma^{\;1}_{11} = \frac{g^{11}}{2}\,(-g_{11,1} + g_{11,1} + g_{11,1}) = 0,$$

$$\Gamma^{\;2}_{11} = \frac{g^{22}}{2}\,(-g_{11,2} + g_{12,1} + g_{21,1}) = 0,$$

$$\Gamma^{\;2}_{12} = \frac{g^{22}}{2}\,(-g_{12,2} + g_{22,1} + g_{21,2}) = \frac{g_{22,1}}{2g_{22}} = \Gamma^{\;2}_{21}$$

und die beiden benötigten Ableitungen

$$\Gamma^{\;2}_{11,2} = 0, \qquad \Gamma^{\;2}_{12,1} = \frac{g_{22,1,1}g_{22} - (g_{22,1})^2}{2(g_{22})^2}.$$

Somit gilt die Formel

$$K = -\frac{g_{22,1,1}}{2g_{22}} + \frac{1}{4}\left(\frac{g_{22,1}}{g_{22}}\right)^2, \tag{19'}$$

aus der die Zugehörigkeit von $K = K(u^1, u^2)$ zur inneren Geometrie der Fläche bereits leicht abgelesen werden kann. Wegen

$$\frac{\partial^2\sqrt{g_{22}}}{(\partial u^1)^2} = \frac{\partial}{\partial u^1}\left(\frac{g_{22,1}}{2\sqrt{g_{22}}}\right) = \frac{g_{22,1,1}}{2\sqrt{g_{22}}} - \frac{(g_{22,1})^2}{4\left(\sqrt{g_{22}}\right)^3}$$

besteht schließlich die Gleichung

$$\frac{\partial^2\sqrt{g_{22}}}{(\partial u^1)^2} + K\sqrt{g_{22}} = 0. \tag{20}$$

Sind Flächen aufeinander abwickelbar oder gar ineinander verbiegbar, dann existieren Parameterdarstellungen $P = P(u^1, u^2)$ und $P = \tilde{P}(u^1, u^2)$ mit

$$g_{ik}(u^1, u^2) = \tilde{g}_{ik}(u^1, u^2); \tag{21}$$

nach (19) gilt dann

$$K(u^1, u^2) = \tilde{K}(u^1, u^2). \tag{22}$$

In Ergänzung des Satzes 3.3 *kann nun festgestellt werden, daß Drehflächen konstanter, aber verschiedener Gaußscher Krümmung nicht aufeinander abwickelbar und damit erst recht nicht ineinander verbiegbar sind,* weil K als Größe der inneren Geometrie bei Verbiegung wie auch bei Abwicklung konstant bleiben muß.

Die naheliegende Frage, ob aus (22) umgekehrt (21) folgt, ist — wie das folgende Beispiel zeigt — zu verneinen.

Beispiel

(3.9) *Parameterdarstellungen mit* (22), *die* (21) *nicht erfüllen.* Neben der Parameterdarstellung

$$P(u^1, u^2) = \left(u^1, u^2, \frac{(u^2)^2 - (u^1)^2}{2}\right)$$

eines hyperbolischen Paraboloides (vgl. Beispiel (2.16)) mit

$$P_1 = (1, 0, -u^1), \qquad P_2 = (0, 1, u^2),$$

$$P_{11} = (0, 0, -1), \quad P_{12} = P_{21} = 0, \quad P_{22} = (0, 0, 1),$$

$$g_{11} = 1 + (u^1)^2, \quad g_{12} = g_{21} = -u^1u^2, \quad g_{22} = 1 + (u^2)^2,$$

$$g = 1 + (u^1)^2 + (u^2)^2$$

betrachten wir

$$\bar{P}(u^1, u^2) = (u^1, u^2, u^1u^2),$$

wobei wegen

$$\bar{P}_1 = (1, 0, u^2), \qquad \bar{P}_2 = (0, 1, u^1),$$

$$\bar{P}_{11} = 0, \quad \bar{P}_{12} = \bar{P}_{21} = (0, 0, 1), \quad \bar{P}_{22} = 0,$$

$$\bar{g}_{11} = 1 + (u^2)^2, \quad \bar{g}_{12} = \bar{g}_{21} = u^1u^2, \quad \bar{g}_{22} = 1 + (u^1)^2,$$

$$\bar{g} = 1 + (u^1)^2 + (u^2)^2$$

offenbar (21) für $(u^1, u^2) \neq (0, 0)$ verletzt ist. Die Berechnung der Gaußschen Krümmung ergibt jedoch

$$K = \frac{L}{g} = \frac{(P_1 P_2 P_{11})(P_1 P_2 P_{22}) - (P_1 P_2 P_{12})^2}{g^2} = -\frac{1}{g^2}$$

sowie

$$\bar{K} = \frac{\bar{L}}{\bar{g}} = \frac{(\bar{P}_1 \bar{P}_2 \bar{P}_{11})(\bar{P}_1 \bar{P}_2 \bar{P}_{22}) - (\bar{P}_1 \bar{P}_2 \bar{P}_{12})^2}{\bar{g}^2} = -\frac{1}{\bar{g}^2} = K.$$

Trotz dieses Resultates kann gefragt werden, wann die Gaußsche Krümmung bereits die innere Geometrie einer Fläche beherrscht. Hier können wir zunächst den Satz 3.3 nennen. Um ein weiteres Resultat von dieser Art zu erhalten, bestimmen wir alle Flächen verschwindender Gaußscher Krümmung:

Für $P = P(u^1, u^2)$ gelte $K(u^1, u^2) = 0$.

a) In Flachpunkten gilt $L_{ik} = \lambda g_{ik}$ mit $\lambda = 0$ nach dem Satz 2.6, d. h. $L_{ik} = 0$ und $\mathfrak{N}_i = \mathfrak{o}$ nach den Ableitungsgleichungen (2.75) von WEINGARTEN. In einem offenen Flächenstück aus Flachpunkten ist $\mathfrak{N}$ konstant und die Fläche eben. Alle übrigen Flachpunkte sind Häufungspunkte von Nicht-Flachpunkten, und über sie erhalten wir nach b) und einem Grenzübergang eine Aussage.

b) In flachpunktfreien Flächenstücken seien o. B. d. A. die Parameterlinien Krümmungslinien, so daß nach einem Zusatz des Satzes 2.7 sofort $g_{12} = g_{21} = 0$ und wegen $x^2_{(1)} = x^1_{(2)} = 0$ nach (2.71) noch

$$L_{11} = \lambda_1 g_{11}, \quad L_{12} = L_{21} = 0, \quad L_{22} = \lambda_2 g_{22}$$

folgt. Es gilt $\lambda_1 \lambda_2 = K = 0$, d. h. $\lambda_1 \neq 0$, $\lambda_2 = 0$ oder $\lambda_1 = 0$, $\lambda_2 \neq 0$; aus Stetigkeitsgründen dürfen wir einheitlich $\lambda_1 \neq 0$, $\lambda_2 = 0$ voraussetzen. Dann ist noch $L_{22} = 0$ und $\mathfrak{N}_2 = -L_{2r} g^{rj} P_j = \mathfrak{o}$. Für P_{22} erhalten wir

$$P_{22} = \Gamma_{22}^{r} P_r + L_{22} \mathfrak{N} = \Gamma_{22}^{2} P_2,$$

denn nach (18) ist $0 = C_{221} = \Gamma_{22}^{1} L_{11}$ und folglich $\Gamma_{22}^{1} = 0$. Insbesondere haben wir für die x-Koordinate von P_2

$$\frac{\partial x}{\partial u^2} = \Gamma_{22}^{2} x \quad \text{bzw.} \quad \frac{1}{x} \cdot \frac{\partial x}{\partial u^2} = \Gamma_{22}^{2}$$

oder nach Integration

$$\ln x - \ln x_0 = f(u^1, u^2) := \int^{u^2} \Gamma_{22}^{2} du^2 \quad \text{bzw.} \quad x = x_0 e^f.$$

Analog ergibt sich $y = y_0 e^f$ und $z = z_0 e^f$. Da $P_2 = e^f(x_0, y_0, z_0)$ gilt, sind die u^2-Linien geradlinig. Mithin ist das Flächenstück eine Regelfläche mit $\mathfrak{R}_2 = \mathfrak{o}$, d. h. eine Torse.

Aus diesem Ergebnis und dem Satz 3.1 folgt der

Satz 3.6. *Folgende Aussagen sind untereinander äquivalent:*

a) *Die Fläche ist eine Torse.*

b) *Die Fläche ist in die Ebene abwickelbar.*

c) *Für die Fläche gilt überall* $K(u^1, u^2) = 0$.

d) *Die Punkte der Fläche sind parabolisch, oder es sind Flachpunkte.*

Aufgaben

1. Die Gaußsche Krümmung einer Regelfläche ist nirgends positiv.

2. Man überprüfe die Gültigkeit von (20) für eine a) Drehzylinderfläche, b) Drehkegelfläche, c) Kugel vom Radius R.
   Anleitung. Für Drehflächen gilt $g_{22} = r^2$. Unter a) ist r konstant und $K = 0$, unter b) gilt $r = u^1 \sin\beta$ und $K = 0$, unter c) sind $r = R \sin \dfrac{u^1}{R}$ und $K = \dfrac{1}{R^2}$ zu berücksichtigen.

3*. Die Gleichungen (17) enthalten nur vier wesentliche Gleichungen, die sämtlich das Theorema egregium erweisen und untereinander äquivalent sind. Dagegen befinden sich unter den Gleichungen (18) zwei wesentliche Gleichungen.

3.5. Der Fundamentalsatz der Flächentheorie

Bereits in der Einführung 3.1. konnte festgestellt werden, daß die innere Geometrie zur eindeutigen Bestimmung einer Fläche im allgemeinen nicht ausreicht, d. h., daß eine Fläche durch die metrischen Fundamentalgrößen noch nicht eindeutig festgelegt ist. Nach dem folgenden Fundamentalsatz gelingt die eindeutige Beschreibung einer Fläche mit Hilfe aller Fundamentalgrößen. Im Zusammenhang mit der Bestimmung aller Flächen ein und derselben inneren Geometrie ist vor allem zu klären, inwieweit die zweiten Fundamentalgrößen beliebig gewählt werden können.

Schon im zweiten Kapitel wurde darauf hingewiesen, daß den Frenetschen Formeln der Kurventheorie die Ableitungsgleichungen von Gauss und Weingarten entsprechen. Somit bilden die Fundamentalgrößen g_{ik} und L_{ik} das Gegenstück zu Krümmung und Windung, mit deren Hilfe sich die Koeffizienten in den Frenetschen Formeln angeben lassen.

Wegen $g_{ik} = P_i P_k$, $(P_1 \times P_2)^2 = g$ und $P_{ij} = \Gamma^k_{ij} P_k + L_{ij} \mathfrak{N}$ gilt

(i) g_{ik} zweimal stetig differenzierbar; g_{11}, g_{22}, $g > 0$; $g_{ik} = g_{ki}$,

(ii) L_{ik} stetig differenzierbar, $L_{ik} = L_{ki}$.

Im Gegensatz dazu, daß in der Kurventheorie Krümmung und Windung völlig unabhängig voneinander sind, müssen die Fundamentalgrößen nach Abschnitt 3.4. noch den Gleichungen von Gauss bzw. Mainardi und Codazzi

(iii) $G^r_{ijk} = 0$ (Gauss 1827),

(iv) $C_{ijk} = 0$ (Mainardi 1856, Codazzi 1860)

genügen. Die Bedingungen (i) bis (iv) sind somit notwendig dafür, daß die Funktionen $g_{ik} = g_{ik}(u^1, u^2)$ und $L_{ik} = L_{ik}(u^1, u^2)$ zu einer zulässigen Parameterdarstellung einer Fläche gehören. Nach dem folgenden Satz sind diese Bedingungen auch hinreichend:

Fundamentalsatz der Flächentheorie (Bonnet 1867). *Genügen die Funktionen $\tilde{g}_{ik} = \tilde{g}_{ik}(u^1, u^2)$ und $\tilde{L}_{ik} = \tilde{L}_{ik}(u^1, u^2)$ den Bedingungen* (i) *bis* (iv), *so gibt es bis auf Bewegung im Raum genau eine zulässige Parameterdarstellung $P = P(u^1, u^2)$ mit*

$$g_{ik}(u^1, u^2) = \tilde{g}_{ik}(u^1, u^2) \quad \textit{und} \quad L_{ik}(u^1, u^2) = \tilde{L}_{ik}(u^1, u^2).$$

Der Beweis beruht auf der Existenz und Eindeutigkeit der Lösung von einem System partieller Differentialgleichungen. Das soll im folgenden skizziert werden: Eine Lösung $P = P(u^1, u^2)$ muß die Ableitungsgleichungen von Gauss und Weingarten

$$P_{ij} = \tilde{\Gamma}^r_{ij} P_r + \tilde{L}_{ij} \mathfrak{N}, \tag{23}$$

$$\mathfrak{N}_i = -\tilde{L}_{ir} \tilde{g}^{rs} P_s \tag{24}$$

erfüllen. Notwendige Voraussetzung für die Lösbarkeit dieses Systems von partiellen Differentialgleichungen ist

$$(\tilde{\Gamma}^r_{ij} P_r + \tilde{L}_{ij} \mathfrak{N})_k = (\tilde{\Gamma}^r_{ik} P_r + \tilde{L}_{ik} \mathfrak{N})_j \tag{25}$$

und

$$(-\tilde{L}_{ir} \tilde{g}^{rs} P_s)_j = (-\tilde{L}_{jr} \tilde{g}^{rs} P_s)_i; \tag{26}$$

dabei besteht (25) nach (23) und (24) infolge von (iii) und (iv), wie die Herleitung dieser Gleichungen im Abschnitt 3.4. lehrt. Es erweist sich überraschenderweise, daß (26) keine neue Bedingung erfordert. Denn (26) hat die Gestalt

$$K^s_{ij} P_s + K_{ij} \mathfrak{N} = K^s_{ji} P_s + K_{ji} \mathfrak{N},$$

wobei sich die vorübergehend mit K^s_{ij} bzw. K_{ij} bezeichneten Koeffizienten nach (23) berechnen lassen

$$K^s_{ij}P_s + K_{ij}\mathfrak{N} = -(\tilde{L}_{ir,j}\tilde{g}^{rs} + \tilde{L}_{ir}\tilde{g}^{rs}{}_{,j})\,P_s - \tilde{L}_{ir}\tilde{g}^{ru}(\tilde{\Gamma}^{\,s}_{uj}P_s + \tilde{L}_{uj}\mathfrak{N}).$$

Trivialerweise haben wir

$$K_{ij} = -\tilde{L}_{ir}\tilde{g}^{rs}\tilde{L}_{sj} = -\tilde{L}_{js}\tilde{g}^{sr}\tilde{L}_{ri} = K_{ji}.$$

Um $K^s_{ij} = K^s_{ji}$ nachzuweisen, bemerken wir zunächst

$$\tilde{g}^{rs}{}_{,j}\tilde{g}_{st} + \tilde{g}^{rs}\tilde{g}_{st,j} = 0$$

wegen $\tilde{g}^{rs}\tilde{g}_{st} = \delta^r_t$ und betrachten

$$\begin{aligned}
K^s_{ij}\tilde{g}_{st} &= -\tilde{L}_{it,j} + \tilde{L}_{ir}\tilde{g}^{rs}\tilde{g}_{st,j} - \tilde{L}_{ir}\tilde{g}^{ru}\tilde{\Gamma}^{\,s}_{uj}\tilde{g}_{st} \\
&= -\tilde{L}_{it,j} + \tilde{L}_{ir}\left(\tilde{g}^{rs}\tilde{g}_{st,j} - \tilde{g}^{ru}\frac{\tilde{g}^{sv}}{2}(-\tilde{g}_{uj,v} + \tilde{g}_{jv,u} + \tilde{g}_{vu,j})\,\tilde{g}_{st}\right) \\
&= -\tilde{L}_{it,j} + \tilde{L}_{ir}\left(\tilde{g}^{ru}\tilde{g}_{ut,j} - \frac{\tilde{g}^{ru}}{2}(-\tilde{g}_{uj,t} + \tilde{g}_{jt,u} + \tilde{g}_{tu,j})\right) \\
&= -\tilde{L}_{it,j} + \tilde{L}_{ir}\frac{\tilde{g}^{ru}}{2}(-\tilde{g}_{jt,u} + \tilde{g}_{tu,j} + \tilde{g}_{uj,t}) \\
&= -\tilde{L}_{it,j} + \tilde{L}_{ir}\,\tilde{\Gamma}^{\,r}_{jt} = -\tilde{L}_{ti,j} + \tilde{\Gamma}^{\,r}_{tj}\tilde{L}_{ri} \\
&= -\tilde{C}_{tij} - \tilde{L}_{tj,i} + \tilde{\Gamma}^{\,r}_{ti}\tilde{L}_{rj} = -\tilde{C}_{tij} + K^s_{ji}\tilde{g}_{st}.
\end{aligned}$$

Nach (iv) gilt $\tilde{C}_{tij} = 0$ und somit

$$K^s_{ij}\tilde{g}_{st} = K^s_{ji}\tilde{g}_{st},$$

woraus $K^s_{ij} = K^s_{ji}$ und damit (26) folgt. Also besteht (26) nach (23) lediglich wegen (iv).

Die Theorie der Lösung von Differentialgleichungen lehrt, daß (23) und (24) wegen (25) und (26) genau eine Lösung

$$P_i = P_i(u^1, u^2), \qquad \mathfrak{N} = \mathfrak{N}(u^1, u^2) \tag{27}$$

besitzt, wenn man von einem geeigneten Dreibein

$$P_1(u^1_0, u^2_0), \qquad P_2(u^1_0, u^2_0), \qquad \mathfrak{N}(u^1_0, u^2_0)$$

ausgeht. Nach der Wahl eines Punktes P_0 gibt es wegen $P_i(u^1, u^2)_j = P_j(u^1, u^2)_i$ nach (23) genau eine Lösung $P = P(u^1, u^2)$ mit (27) und $P(u_0^1, u_0^2) = P_0$. Schließlich läßt sich $g_{ik} = \tilde{g}_{ik}$ und $L_{ik} = \tilde{L}_{ik}$ für alle (u^1, u^2) nachweisen.

Um nun eine *Klasse von Flächen mit derselben inneren Geometrie* zu bestimmen, kann man bei festen metrischen Fundamentalgrößen g_{ik} zunächst alle mit (iii) und (iv) verträglichen L_{ik} bestimmen. Da beide Bedingungen für $j = k$ trivialerweise erfüllt sind (vgl. (16″)), dürfen wir o. B. d. A. sofort $j = 1$ und $k = 2$ voraussetzen.

Die Bedingung (iii). Aus (iii) und $g_{ik} = \bar{g}_{ik}$ folgt erst

$$(L_{i1}L_{2l} - L_{i2}L_{1l})\, g^{lr} = R^r_{i12} = (\bar{L}_{i1}\bar{L}_{2l} - \bar{L}_{i2}\bar{L}_{1l})\, g^{lr}$$

und dann

$$L_{i1}L_{2l} - L_{i2}L_{1l} = \bar{L}_{i1}\bar{L}_{2l} - \bar{L}_{i2}\bar{L}_{1l}\,.$$

In den Fällen $i = l = 1$ oder $i = l = 2$ liegen triviale Identitäten vor. Abschließend betrachten wir die übrigen Fälle:

a) $i = 1$ und $l = 2$: $L_{11}L_{22} - L_{12}L_{12} = \bar{L}_{11}\bar{L}_{22} - \bar{L}_{12}\bar{L}_{12}$.

b) $i = 2$ und $l = 1$: $L_{21}L_{21} - L_{22}L_{11} = \bar{L}_{21}\bar{L}_{21} - \bar{L}_{22}\bar{L}_{11}$.

Zusammenfassend können wir feststellen, daß (iii) lediglich $L = \bar{L}$ ergibt; diese Gleichung erhalten wir bereits aus $g_{ik} = \bar{g}_{ik}$ über $K = \bar{K}$ nach dem Theorema egregium. Bei der obigen Voraussetzung $g_{ik} = \bar{g}_{ik}$ ist folglich (iii) belanglos.

Die Bedingung (iv). Wegen $j = 1$ und $k = 2$ besteht (iv) aus zwei Gleichungen ($i = 1, 2$!)

$$\text{(iv}') \quad \begin{cases} L_{11,2} - L_{12,1} + \Gamma_{11}^1 L_{12} + \Gamma_{11}^2 L_{22} - \Gamma_{12}^1 L_{11} - \Gamma_{12}^2 L_{21} = 0, \\ L_{21,2} - L_{22,1} + \Gamma_{21}^1 L_{12} + \Gamma_{21}^2 L_{22} - \Gamma_{22}^1 L_{11} - \Gamma_{22}^2 L_{21} = 0. \end{cases}$$

Unter der Voraussetzung, daß die Parameterlinien zueinander orthogonale Krümmungslinien sind, vereinfacht sich (iv′) erheblich: Aus $g_{12} = g_{21} = 0$ und $x^2_{(1)} = x^1_{(2)} = 0$ folgt nach (**2.**71)

$$L_{11} = \lambda_1 g_{11}\,, \qquad L_{12} = L_{21} = 0, \qquad L_{22} = \lambda_2 g_{22}\,,$$

so daß wir

$$\text{(iv}'') \quad \begin{cases} L_{11,2} = \Gamma_{12}^1 L_{11} - \Gamma_{11}^2 L_{22}\,, \\ L_{22,1} = -\Gamma_{22}^1 L_{11} + \Gamma_{21}^2 L_{22} \end{cases}$$

erhalten, wobei wir die Bestimmung von L_{11} und L_{22} auf die Ermittlung von $\lambda_1 = \lambda_1(u^1, u^2)$ bzw. $\lambda_2 = \lambda_2(u^1, u^2)$ zurückführen können.

Beispiel

(3.10) *Bestimmung aller mit* $g_{11} = g_{22} = 1$, $g_{12} = g_{21} = 0$ *verträglichen zweiten Fundamentalgrößen unter der Voraussetzung, daß die Parameterlinien Krümmungslinien sind.* Wegen $\Gamma^i_{jk} = 0$ gilt $R^s_{ijk} = 0$ nach (16″) und $K = 0$ nach (19). Aus Stetigkeitsgründen dürfen wir o. B. d. A. überall $\lambda_2 = 0$ voraussetzen. Zur Ermittlung von λ_1 steht uns (iv$_1$″) zur Verfügung:

$$L_{11,2} = (\lambda_1 g_{11})_2 = \lambda_{1,2} = 0;$$

als Lösungen kommen gerade alle stetig differenzierbaren Funktionen $\lambda_1 = \lambda(u^1)$ in Frage. Außerdem gilt

$$L_{11}(u^1, u^2) = \lambda(u^1), \qquad L_{12} = L_{21} = L_{22} = 0.$$

Nach dem Fundamentalsatz gibt es zu jeder Funktion $\lambda_1 = \lambda(u^1)$ eine Lösung $P = P_\lambda(u^1, u^2)$; diese Lösung können wir sogar explizit als Zylinderfläche (2)

$$P_\lambda(u^1, u^2) = P_\lambda(u^1) + u^2\mathfrak{a}$$

mit $|P_\lambda'| = |\mathfrak{a}| = 1$ und $\mathfrak{a}P_\lambda' = 0$ angeben, wobei die ebene „Bahn“-Kurve $P = P_\lambda(u^1)$ die Krümmung $k_\lambda(u^1) = |\lambda(u^1)|$ besitzt und $\operatorname{sgn} \lambda(u^1) = +1$ etwa „Links“- und $\operatorname{sgn} \lambda(u^1) = -1$ „Rechtskurve“ bedeutet. Sonderfall ist natürlich die Ebene.

Im obigen Beispiel haben wir über (iv″) nicht alle in die Ebene abwickelbaren Flächen erhalten. Die Ursache ist darin zu sehen, daß die Ebene vielfältige Systeme zueinander orthogonaler Krümmungslinien besitzt. Nach einer Bemerkung in Abschnitt **2.9.** lassen sich in einer Umgebung jedes Nicht-Nabelpunktes die Krümmungslinien als Parameterlinien einführen, und nach einem Zusatz zum Satz 2.7 ist das System der Krümmungslinien dort eindeutig. Um den Wert von (iv″) einschätzen zu können, müssen wir den Fall der Nabelpunkte näher untersuchen: Es sei $P = P(u^1, u^2)$ eine Fläche, die nur aus Nabelpunkten besteht. Nach dem Satz 2.6 gilt

$$L_{ik}(u^1, u^2) = \lambda(u^1, u^2)\, g_{ik}(u^1, u^2),$$

nach den Ableitungsgleichungen von Weingarten (**2.**75) somit

$$\mathfrak{N}_i = -L_{ir}g^{rj}P_j = -\lambda g_{ir}g^{rj}P_j = -\lambda P_i. \tag{28}$$

Folglich ist

$$\mathfrak{N}_{12} - \mathfrak{N}_{21} = -\lambda_{,2}P_1 - \lambda P_{12} + \lambda_{,1}P_2 + \lambda P_{21} = \lambda_{,1}P_2 - \lambda_{,2}P_1 = \mathfrak{o};$$

wegen der linearen Unabhängigkeit von P_1 und P_2 bedeutet das $\lambda_{,1} = \lambda_{,2} = 0$, so daß λ konstant ist. Folglich ergibt (28) im Fall $\lambda = 0$ einen konstanten

Normalvektor $\mathfrak{N}$, mithin ist $P = P(u^1, u^2)$ eben; im Fall $\lambda \neq 0$ führt Integration von (28) zu

$$\mathfrak{N} = \lambda\big(P_0 - P(u^1, u^2)\big) \quad \text{bzw.} \quad \big(P_0 - P(u^1, u^2)\big)^2 = \frac{1}{\lambda^2},$$

d. h., daß $P = P(u^1, u^2)$ der Gleichung der Kugel um P_0 mit dem Radius $\frac{1}{|\lambda|}$ genügt. Wir haben also den

Satz 3.7. *Ein Flächenstück, das nur aus Nabelpunkten besteht, ist entweder Teil einer Ebene oder Teil einer Kugel.*

Aufgaben

1. Für $P = P(u^1, u^2)$ seien die Parameterlinien zueinander orthogonale Krümmungslinien.
   a) Man zeige $g_{12} = L_{12} = 0$.
   b) $\tilde{L}_{ik} := -L_{ik}$ ist mit g_{ik} verträglich, d. h., daß (iv″) von g_{ik} und $\tilde{L}_{ik}$ erfüllt wird.
   c) Man berechne $\bar{L}_{ik}$ nach der Parametertransformation $\bar{u}^1 = u^1$, $\bar{u}^2 = -u^2$, vergleiche das Resultat mit $\tilde{L}_{ik}$ und deute des Ergebnis.
2. Für die Kegelfläche (3) gilt $g_{11} = (u^2)^2$, $g_{12} = g_{21} = 0$ und $g_{22} = 1$. Man bestimme alle mit diesen g_{ik} verträglichen L_{ik}, die zu Flächen mit orthogonalen Krümmungslinien als Parameterlinien gehören.
3. Man löse nochmals Aufgabe 3* aus Abschnitt 3.4.

3.6. Die geodätische Krümmung

Es sei $u^i = u^i(s)$ die Gaußsche Parameterdarstellung einer Kurve der Fläche $P = P(u^1, u^2)$, wobei s den natürlichen Parameter bezeichne. Im Abschnitt 2.5. haben wir die geodätische Krümmung über die Zerlegung

$$P''\big(u^1(s), u^2(s)\big) = k_n\mathfrak{N} + k_g(\mathfrak{N} \times P') \tag{29}$$

eingeführt. Da $\mathfrak{N} \times P'$ ein zu $\mathfrak{N}$ senkrechter Einheitsvektor ist, erhalten wir aus (29)

$$k_g = (\mathfrak{N} \times P')\, P'' = \mathfrak{N}(P' \times P''). \tag{30}$$

Diese Darstellung zeigt noch keine Beziehung von k_g zur inneren Geometrie der Fläche $P = P(u^1, u^2)$. Deshalb formen wir P' und P'' mit Hilfe der

Ableitungsgleichungen von GAUSS um:

$$k_g = \mathfrak{N}(P' \times P'') = \mathfrak{N}\big(P_r u^{r\prime} \times (P_s u^{s\prime\prime} + \Gamma^s_{ij} u^{i\prime} u^{j\prime} P_s + L_{ij} u^{i\prime} u^{j\prime} \mathfrak{N})\big)$$
$$= u^{r\prime}(u^{s\prime\prime} + \Gamma^s_{ij} u^{i\prime} u^{j\prime})\, \mathfrak{N}(P_r \times P_s).$$

Wegen

$$P_r \times P_s = \begin{cases} P_1 \times P_2 & \text{für} \quad r < s, \\ 0 & \text{für} \quad r = s, \\ -P_1 \times P_2 & \text{für} \quad r > s \end{cases}$$

gilt $\mathfrak{N}(P_r \times P_s) = \mathfrak{N}(P_1 \times P_2)\, \operatorname{sgn}(s - r) = \sqrt{g}\, \operatorname{sgn}(s - r)$ und schließlich

$$k_g = \sqrt{g}\, \big(u^{1\prime}(u^{2\prime\prime} + \Gamma^2_{ij} u^{i\prime} u^{j\prime}) - u^{2\prime}(u^{1\prime\prime} + \Gamma^1_{ij} u^{i\prime} u^{j\prime})\big). \tag{31}$$

Nach dem Satz 3.5 haben wir nun den

Satz 3.8. *Die geodätische Krümmung einer Flächenkurve gehört zur inneren Geometrie der Fläche.*

Der Nachteil der Formel (31) besteht neben ihrer Länge in der Abhängigkeit von den Flächenparametern. Für die Theorie der ebenen Kurven soll das nachgewiesen werden. Dort kann man vorteilhaft die geodätische Krümmung statt der Krümmung benutzen, weil das Vorzeichen $\operatorname{sgn} k_g(s)$ eine bemerkenswerte Deutung besitzt:

a) *Ebene mit kartesischen Koordinaten.* Wegen $g_{11} = g_{22} = 1$ und $g_{12} = g_{21} = 0$ verschwinden alle Christoffelsymbole. Der Tangentenvektor $P'(s)$ einer ebenen Kurve läßt sich mit Hilfe des Winkels $\varphi = \varphi(s)$ zwischen den positiv orientierten Parallelen zur u^1-Achse und $P'(s)$ darstellen (vgl. Abb. 10):

$$P'(s) = (u^{1\prime}, u^{2\prime}) = (\cos\varphi, \sin\varphi),$$

so daß

$$P''(s) = (u^{1\prime\prime}, u^{2\prime\prime}) = \left(-\sin\varphi \frac{d\varphi}{ds}, \cos\varphi \frac{d\varphi}{ds}\right)$$

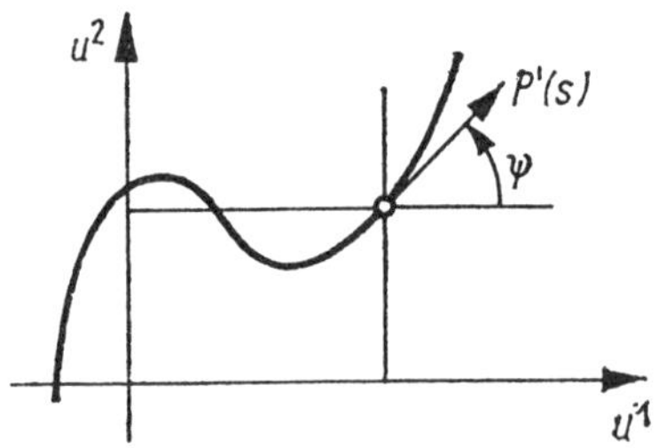

Abb. 10

gilt. Aus (31) erhalten wir folglich

$$k_g = \cos\psi \cdot \cos\psi \frac{d\psi}{ds} - \sin\psi \left(-\sin\psi \frac{d\psi}{ds}\right),$$

d. h.

$$k_g(s) = \frac{d\psi}{ds}. \tag{31a}$$

Wachsender Winkel ψ und positive geodätische Krümmung entsprechen einander und kennzeichnen eine Linkskurve; negative geodätische Krümmung charakterisiert eine Rechtskurve. Die Parametertransformation $\bar{s} := -s$ ergibt

$$\bar{k}_g(\bar{s}) = \frac{d\psi}{d\bar{s}} = \frac{d\psi}{ds} \cdot \frac{ds}{d\bar{s}} = -k_g(s)$$

und wie erwartet die Umwandlung einer Links- in eine Rechtskurve und umgekehrt. Ist $(\mathfrak{t}, \mathfrak{n}_+)$ ein positiv orientiertes Zweibein, dann erhalten wir wegen $k_n = 0$

$$\mathfrak{t}' = \quad k_g \mathfrak{n}_+,$$

$$\mathfrak{n}_+' = -k_g \mathfrak{t}$$

die *Frenetschen Formeln der ebenen Kurventheorie.* Damit wird

$$k_g = k_g(s)$$

die *natürliche Gleichung einer ebenen Kurve.*

b) *Ebene mit Polarkoordinaten.* Aus den metrischen Fundamentalgrößen $g_{11} = 1$, $g_{12} = g_{21} = 0$, $g_{22} = (u^1)^2$, wie sie im Beispiel **(2.12′)** ermittelt wurden, erhalten wir bezüglich der Christoffelsymbole nach (14) folgende Ergebnisse:

$$\Gamma_{11}^{\,1} = \Gamma_{12}^{\,1} = 0, \quad \Gamma_{22}^{\,1} = -\frac{g_{22,1}}{2g_{11}}, \quad \Gamma_{11}^{\,2} = \Gamma_{22}^{\,2} = 0, \quad \Gamma_{12}^{\,2} = \frac{g_{22,1}}{2g_{22}}.$$

Ist ψ der Winkel, den die durch den betrachteten Punkt laufende u^1-Linie mit dem Tangentenvektor $P'(s)$ einschließt (Abb. 11), dann gilt wegen $P'^2 = g_{11}(u^{1\prime})^2 + g_{22}(u^{2\prime})^2 = 1$ hier zunächst

$$P'(s) = P_i u^{i\prime} = P_1 \cos\psi + P_2 \frac{\sin\psi}{u^1}$$

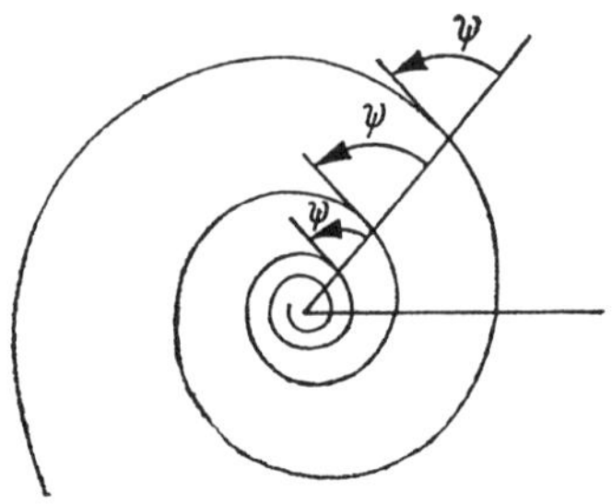

Abb. 11

und dann

$$u^{1\prime\prime} = -\sin\psi \cdot \frac{d\psi}{ds},$$

$$u^{2\prime\prime} = \frac{\cos\psi}{u^1} \cdot \frac{d\psi}{ds} - \frac{\sin\psi\cos\psi}{(u^1)^2}.$$

Die geodätische Krümmung kann nun wieder nach (31) berechnet werden:

$$k_g = u^1 \left(\cos\ \psi \left(\frac{\cos\psi}{u^1} \cdot \frac{d\psi}{ds} - \frac{\sin\psi\cos\psi}{(u^1)^2} + \frac{2}{u^1} \cdot \cos\psi \cdot \frac{\sin\psi}{u^1}\right) - \frac{\sin\psi}{u^1}\left(-\sin\psi\frac{d\psi}{ds} - u^1 \cdot \frac{\sin^2\psi}{(u^1)^2}\right)\right)$$

$$= \cos^2\psi\,\frac{d\psi}{ds} + \cos^2\psi \cdot \frac{\sin\psi}{u^1} + \sin^2\psi\frac{d\psi}{ds} + \sin\psi \cdot \frac{\sin^2\psi}{u^1}$$

$$= \frac{d\psi}{ds} + \sin\psi \cdot \frac{1}{u^1}. \tag{31b}$$

Gegenüber (31a) ist hier ein Korrekturglied zu berücksichtigen, das mit $\frac{1}{u^1}$ die geodätische Krümmung der u^2-Linie durch den betrachteten Punkt enthält.

Nach (31b) läßt sich eine Darstellung der geodätischen Krümmung einer Kurve $u^i = u^i(s)$ in einer beliebigen Fläche $P = P(u^1, u^2)$ mit Hilfe der geodätischen Krümmung der Parameterlinien vermuten. Dabei setzen wir voraus, daß sie ein orthogonales Netz bilden, d. h. $g_{12} = g_{21} = 0$. Es sei s_1 der natürliche Parameter der u^1-Linie $u^2 = c$. Dann ist wegen $P_{s_1} = P_i u^{i\prime} = P_1 u^{1\prime}$ und $|P_{s_1}| = 1 = |P_1 u^{1\prime}|$ o. B. d. A.

$$u^{1\prime} = \frac{1}{\sqrt{g_{11}}}, \qquad u^{2\prime} = 0.$$

Um die Formel (31) anwenden zu können, benötigen wir lediglich noch

$$\Gamma_{11}^{2} = \frac{1}{2g_{22}}(-g_{11,2}) = -\frac{g_{11,2}}{2g_{22}},$$

denn jetzt ist

$$k_g^{(1)} = \sqrt{g}\, u^{1'} \Gamma_{11}^{2} u^{1'} u^{1'} = -\frac{g_{11,2}\sqrt{g_{11}g_{22}}}{2g_{22}\sqrt{g_{11}}^{3}} = -\frac{g_{11,2}}{2g_{11}\sqrt{g_{22}}}. \qquad (32_1)$$

Analog ergibt sich

$$k_g^{(2)} = +\frac{g_{22,1}}{2g_{22}\sqrt{g_{11}}}. \qquad (32_2)$$

Abschließend berechnen wir die geodätische Krümmung der Flächenkurve $u^i = u^i(s)$ gemäß (31). Wegen $g_{12} = g_{21} = 0$ gilt zunächst

$$\Gamma_{11}^{1} = \frac{g_{11,1}}{2g_{11}},\quad \Gamma_{12}^{1} = \frac{g_{11,2}}{2g_{11}},\quad \Gamma_{22}^{1} = \frac{-g_{22,1}}{2g_{11}},\quad \Gamma_{11}^{2} = \frac{-g_{11,2}}{2g_{22}},$$

$$\Gamma_{12}^{2} = \frac{g_{22,1}}{2g_{22}},\quad \Gamma_{22}^{2} = \frac{g_{22,2}}{2g_{22}}.$$

Wir stellen den Tangentenvektor P' wiederum mit Hilfe des Winkels ψ zwischen u^1-Linie und Kurve (Abb. 12) dar:

$$P' = P_i u^{i'} = \frac{\cos\psi}{\sqrt{g_{11}}} P_1 + \frac{\sin\psi}{\sqrt{g_{22}}} P_{22};$$

somit haben wir

$$u^{1'} = \frac{\cos\psi}{\sqrt{g_{11}}},\quad u^{1''} = -\frac{\sin\psi}{\sqrt{g_{11}}}\frac{d\psi}{ds} - \frac{\cos\psi}{2\sqrt{g_{11}}^{3}}\left(g_{11,1}\frac{\cos\psi}{\sqrt{g_{11}}} + g_{11,2}\frac{\sin\psi}{\sqrt{g_{22}}}\right),$$

$$u^{2'} = \frac{\sin\psi}{\sqrt{g_{22}}},\quad u^{2''} = \frac{\cos\psi}{\sqrt{g_{22}}}\frac{d\psi}{ds} - \frac{\sin\psi}{2\sqrt{g_{22}}^{3}}\left(g_{22,1}\frac{\cos\psi}{\sqrt{g_{11}}} + g_{22,2}\frac{\sin\psi}{\sqrt{g_{22}}}\right).$$

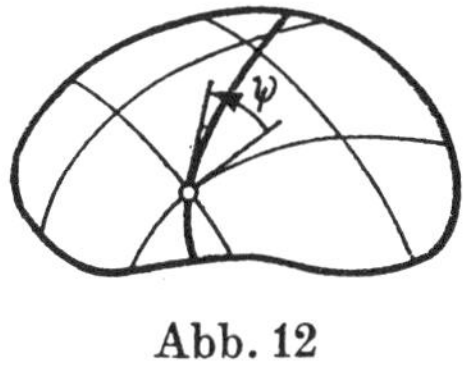

Abb. 12

Nach diesen Vorbereitungen können wir die Berechnung der geodätischen Krümmung ausführen:

$$k_g = \sqrt{g}\left(\frac{\cos\psi}{\sqrt{g_{11}}}\left(u^{2''} - \frac{g_{11,2}}{2g_{22}}\cdot\frac{\cos^2\psi}{g_{11}} + \frac{g_{22,1}}{g_{22}}\cdot\frac{\sin\psi\cos\psi}{\sqrt{g}} + \frac{g_{22,2}}{2g_{22}}\cdot\frac{\sin^2\psi}{g_{22}}\right)\right.$$
$$\left. - \frac{\sin\psi}{\sqrt{g_{22}}}\left(u^{1''} + \frac{g_{11,1}}{2g_{11}}\cdot\frac{\cos^2\psi}{g_{11}} + \frac{g_{11,2}}{g_{11}}\cdot\frac{\sin\psi\cos\psi}{\sqrt{g}} - \frac{g_{22,1}}{2g_{11}}\cdot\frac{\sin^2\psi}{g_{11}}\right)\right)$$
$$= \frac{d\psi}{ds} + k_g^{(2)}\sin\psi\cos^2\psi + k_g^{(1)}\cos^3\psi$$
$$+ k_g^{(1)}\cos\psi\sin^2\psi + k_g^{(2)}\sin^3\psi.$$

Nach einer weiteren Zusammenfassung erhalten wir den

Satz 3.9 (LIOUVILLE[1]), 1850). *Bilden die Parameterlinien ein orthogonales Netz, dann läßt sich die geodätische Krümmung nach der Formel*

$$k_g = \frac{d\psi}{ds} + k_g^{(1)}\cos\psi + k_g^{(2)}\sin\psi \tag{33}$$

berechnen.

Bei der effektiven Bestimmung von k_g wird man jedoch meist auf (30) zurückkommen, woraus nach den Frenetschen Formeln

$$k_g = \mathfrak{N}(P' \times P'') = \mathfrak{N}(\mathfrak{t} \times k\mathfrak{n}) = k\mathfrak{N}\mathfrak{b}$$

und somit

$$k_g = k\cos\sphericalangle(\mathfrak{N}, \mathfrak{b}) \tag{34}$$

folgt. Das läßt sich umdeuten:

Satz 3.10. *Die geodätische Krümmung ergibt sich aus der Krümmung nach Multiplikation mit dem Kosinus des Neigungswinkels von Tangential- und Schmiegebene.*

Aufgaben

1. Man zeige, daß für ebene Flächen $P = P(u^1, u^2)$ stets $|k_g| = k$ gilt.
2. Man bestimme die geodätische Krümmung einer logarithmischen Spirale (Abb. 11) mittels (31b).

[1]) JOSEPH LIOUVILLE (1809–1882). Seine mathematische Schule brachte u. a. die Frenetschen Formeln hervor.

Anleitung. Nach dem Beispiel (1.15) gilt $\cos \psi = \frac{a}{\sqrt{1 + a^2}}$.

3. Man zeige, daß in einer Kugelfläche jede Kurve konstanter geodätischer Krümmung ein Kreis ist.

   Anleitung. Ist R der Kugelradius, dann gilt $k_n^2 = \frac{1}{R^2}$, so daß k konstant sein muß (warum?). Man zeige abschließend $w = 0$.

4. Man beweise für die Meridiane der Drehflächen $k_g = 0$ nach (32) und ermittele eine notwendige und hinreichende Bedingung für das Verschwinden der geodätischen Krümmung der Breitenkreise.

   Anleitung. Für eine Drehfläche (2.36)

$$P(u^1, u^2) = O + r \cos u^2 \mathfrak{i} + r \sin u^2 \mathfrak{j} + z \mathfrak{k}$$

   gilt $g_{11} = 1$, $g_{12} = g_{21} = 0$ und $g_{22} = r(u^1)^2$ nach dem Beispiel (2.10), wobei Meridiane und Breitenkreise Parameterlinien sind.

5. Man überprüfe (32_2) sowie

$$k_g^{(1)} = -\frac{d}{ds_2} \ln \sqrt{g_{11}}\,,$$

$$k_g^{(2)} = \frac{d}{ds_1} \ln \sqrt{g_{22}}\,.$$

3.7. Geodätische Linien

Die Geraden sind durch verschwindende Krümmung gekennzeichnet. Da Flächen nur in Ausnahmefällen Geraden enthalten, zeichnen wir in einer Fläche die Kurven verschwindender geodätischer Krümmung als „geradeste“ Linien aus:

Definition. Eine Flächenkurve $P = P\big(u^1(s), u^2(s)\big)$ heißt *geodätische Linie* oder kurz *Geodätische* genau dann, wenn $k_g(s) = 0$ für alle s gilt.

Beispiele

(3.11) *Geraden.* Enthält eine Fläche eine Gerade g, dann ist g eine Geodätische, weil aus $k = 0$ und $k^2 = k_n^2 + k_g^2$ sofort $k_g = k_n = 0$ folgt. Unter anderem sind die Geraden einer Regelfläche geodätisch.

(3.12) *Meridiane der Drehflächen.* Für sie ist $\mathfrak{b}$ Tangentenvektor der Breitenkreise, d. h. $\mathfrak{b} \perp \mathfrak{N}$; aus (34) folgt $k_g = 0$. Eine andere Begründung ergibt sich daraus, daß ihre Schmiegebene auf der Tangentialebene senkrecht steht und daß somit $k_g = 0$ nach dem Satz 3.10 gilt. Schließlich führt auch die Feststellung $|k_n| = k$ zur Behauptung $k_g = 0$. Dagegen gilt $k_g = 0$

nur für die Breitenkreise, deren Tangentialebenen parallel zur Achse sind, z. B. für alle Breitenkreise der Drehzylinderflächen.

Satz 3.11. *Jede der folgenden Bedingungen ist für Geodätische kennzeichnend:*

a) $\mathfrak{N}(P' \times P'') = 0$ *für alle* s,

b) $u^{i''} + \Gamma^{i}_{jk} u^{j'} u^{k'} = 0$ *für alle* s *und* $i = 1, 2$.

Beweis. Die Behauptung bezüglich a) ergibt sich unmittelbar aus (29). Wir erinnern an (2.54) und (2.61). Wegen

$$P'' = k_g(\mathfrak{N} \times P') + k_n \mathfrak{N} = (u^{i''} + \Gamma^{i}_{jk} u^{j'} u^{k'})\, P_i + k_n \mathfrak{N}$$

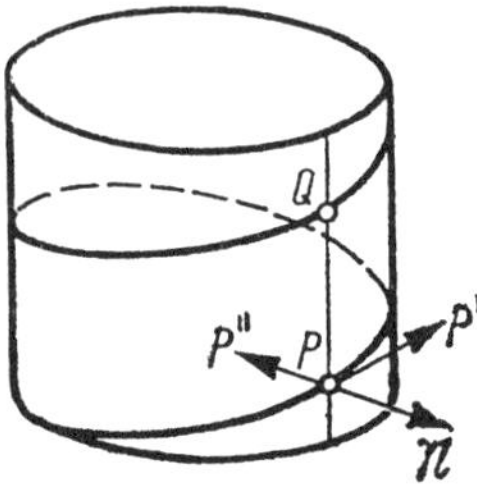

Abb. 13

ist $k_g = 0$ gleichbedeutend mit

$$(u^{i''} + \Gamma^{i}_{jk} u^{j'} u^{k'})\, P_i = 0$$

und diese Gleichung wegen $P_1 \nparallel P_2$ mit $u^{i''} + \Gamma^{i}_{jk} u^{j'} u^{k'} = 0$, $i = 1, 2$, für alle s, w. z. b. w.

Beispiel

(3.13) Die *Schraubenlinien auf Drehzylindern* sind geodätisch, da $\mathfrak{N} \parallel P''$ und somit $\mathfrak{N}(P' \times P'') = -\mathfrak{N}(P'' \times P') = -(\mathfrak{N} \times P'')\, P' = 0$ ist (Abb 13). Da die Meridiane und Breitenkreise ebenfalls geodätisch sind, geht von einem Punkt des Drehzylinders in jeder Richtung eine Geodätische. Allerdings ist die Verbindung zweier Punkte durch eine Geodätische nicht eindeutig: Beispielsweise gibt es für zwei Punkte P und Q einer Mantellinie noch unendlich viele sie verbindende Schraubenlinien (Abb. 13).

In der Ebene ist die geradlinige Verbindung zweier Punkte nach der Dreiecksungleichung stets kürzeste Verbindung dieser Punkte. Wie das Beispiel (3.13) lehrt, kann es geodätische Verbindungen zweier Punkte geben, deren Länge nicht minimal ist (Abb. 13). Umgekehrt ist in einer

Ebene die kürzeste Verbindung geradlinig. Diese Aussage läßt sich stets verallgemeinern:

Satz 3.12 (Johann Bernoulli, 1697). *Eine kürzeste Verbindung zweier Punkte ist stets Teil einer Geodätischen der Fläche $P = P(u^1, u^2)$.*

Beweis. Es sei $u^i = u^i(s)$ die Gleichung einer kürzesten Verbindung der Punkte $A_j = P\big(u^1(s_j), u^2(s_j)\big)$, $j = 1, 2$, d. h., daß ihre Länge das Minimum für die Längen aller A_1 und A_2 verbindenden Kurven ist. Ohne Beschränkung der Allgemeinheit sei $s_1 < s_2$.

Wir betrachten zwei dreimal stetig differenzierbare Funktionen $v^1 = v^1(t)$ und $v^2 = v^2(t)$ mit $v^1(s_1) = v^2(s_1) = v^1(s_2) = v^2(s_2) = 0$ und fragen, wann durch (Abb. 14)

$$u_\varepsilon^1(t) := u^1(t) + \varepsilon v^1(t), \quad u_\varepsilon^2(t) := u^2(t) + \varepsilon v^2(t), \quad s_1 \leqq t \leqq s_2, \tag{35}$$

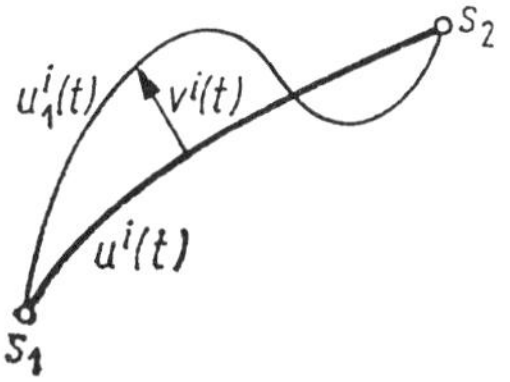

Abb. 14

eine Flächenkurve beschrieben wird. Offenbar gilt $u_0^i(t) = u^i(t)$, d. h., daß für $\varepsilon = 0$ die Kürzeste dargestellt wird; dann ist t nach Voraussetzung sogar natürlicher Parameter. (Da diese Eigenschaft bei dem obigen Ansatz nicht gefordert wird, haben wir den Parameter mit t bezeichnet.) Für $\varepsilon \neq 0$ ist $u_\varepsilon^i = u_\varepsilon^i(t)$ dreimal stetig differenzierbar; doch wann gilt $(\dot{u}_\varepsilon^1, \dot{u}_\varepsilon^2) \neq (0, 0)$? Wegen der Äquivalenzen

$$(\dot{u}_\varepsilon^1, \dot{u}_\varepsilon^2) \neq (0, 0) \Leftrightarrow \dot{P}_\varepsilon := P_i \dot{u}_\varepsilon^i \neq 0 \Leftrightarrow \dot{P}_\varepsilon^2 > 0$$
$$\Leftrightarrow g_{ik} \dot{u}_\varepsilon^i \dot{u}_\varepsilon^k > 0$$

genügt es, die Werte der durch (g_{ik}) definierten positiv definiten quadratischen Form zu untersuchen. Es gilt

$$\begin{aligned} g_{ik} \dot{u}_\varepsilon^i \dot{u}_\varepsilon^k &= g_{ik} \dot{u}^i \dot{u}^k + 2\varepsilon g_{ik} \dot{u}^i \dot{v}^k + \varepsilon^2 g_{ik} \dot{v}^i \dot{v}^k \\ &= 1 + 2\varepsilon g_{ik} \dot{u}^i \dot{v}^k + \varepsilon^2 g_{ik} \dot{v}^i \dot{v}^k \\ &\geqq 1 + 2\varepsilon g_{ik} \dot{u}^i \dot{v}^k \\ &\geqq 1 - 2\,|\varepsilon|\,|g_{ik} \dot{u}^i \dot{v}^k| \geqq 1 - |\varepsilon|\, M > 0, \end{aligned}$$

wenn M das Maximum der stetigen Funktion

$$f(t) := 2\,|g_{ik}\dot{u}^i \dot{v}^k|$$

auf dem abgeschlossenen Intervall $[s_1, s_2]$ bezeichnet und für $M \neq 0$ dann $|\varepsilon| < \frac{1}{M}$ gewählt wird. Es gibt also stets eine Umgebung U_ϱ von 0 derart, daß (35) für $\varepsilon \in U_\varrho$ eine Flächenkurve beschreibt.

Die Länge l_ε einer Kurve (35) erfüllt nach der Voraussetzung die Ungleichung $l_0 \leqq l_\varepsilon$. Notwendige Bedingung für das Vorliegen eines Minimums ist bekanntlich

$$\left.\frac{dl_\varepsilon}{d\varepsilon}\right|_{\varepsilon=0} = 0;$$

genauer heißt das

$$0 = \frac{d}{d\varepsilon}\int_{s_1}^{s_2} \sqrt{g_{ij}\dot{u}_\varepsilon^i \dot{u}_\varepsilon^j}\,dt\,\Bigg|_{\varepsilon=0}$$

$$= \int_{s_1}^{s_2} \left.\frac{g_{ij,k}\dot{u}_\varepsilon^i \dot{u}_\varepsilon^j \frac{du_\varepsilon^k}{d\varepsilon} + 2g_{ij}\dot{u}_\varepsilon^i \frac{d\dot{u}_\varepsilon^j}{d\varepsilon}}{2\sqrt{g_{ij}\dot{u}_\varepsilon^i \dot{u}_\varepsilon^j}}\right|_{\varepsilon=0} dt$$

$$= \int_{s_1}^{s_2} \frac{1}{2}\left(g_{ij,k}\dot{u}^i \dot{u}^j v^k + 2g_{ij}\dot{u}^i \dot{v}^j\right) dt$$

$$= \frac{1}{2}\int_{s_1}^{s_2} g_{ij,k}\dot{u}^i \dot{u}^j v^k dt + g_{ij}\dot{u}^i v^j \Big|_{s_1}^{s_2} - \int_{s_1}^{s_2} (g_{ij}\dot{u}^i)^{\cdot}\, v^j dt$$

$$= \frac{1}{2}\int_{s_1}^{s_2} \left(g_{ij,k}\dot{u}^i \dot{u}^j - 2(g_{ik}\dot{u}^i)^{\cdot}\right) v^k dt.$$

Da $v^1 = v^1(t)$ und $v^2 = v^2(t)$ weitgehend beliebig gewählt werden können — speziell derart, daß der Integrand stets nicht negativ ist —, kann das Integral nur dann verschwinden, wenn

$$g_{ij,k}\dot{u}^i \dot{u}^j - 2(g_{ik}\dot{u}^i)^{\cdot} = 0 \tag{36}$$

gilt.

Für $\varepsilon = 0$ ist der Parameter die Bogenlänge s, so daß wir künftig die Ableitungen mit $'$ statt $\cdot$ kennzeichnen. Aus (36) folgt

$$g_{ij,k} u^{i\prime} u^{j\prime} - 2 g_{ik,j} u^{i\prime} u^{j\prime} - 2 g_{ik} u^{i\prime\prime} = 0,$$

$$g_{tk}\left(u^{t\prime\prime} + \frac{g^{tr}}{2}\left(-g_{ij,r} + 2 g_{ir,j}\right) u^{i\prime} u^{j\prime}\right) = 0$$

und schließlich nach Multiplikation mit g^{hk} und Summation

$$u^{h\prime\prime} + \Gamma^h_{ij} u^{i\prime} u^{j\prime} = 0$$

für unsere Kürzeste. Nach dem Satz 3.11 ist sie geodätisch, w. z. b. w.

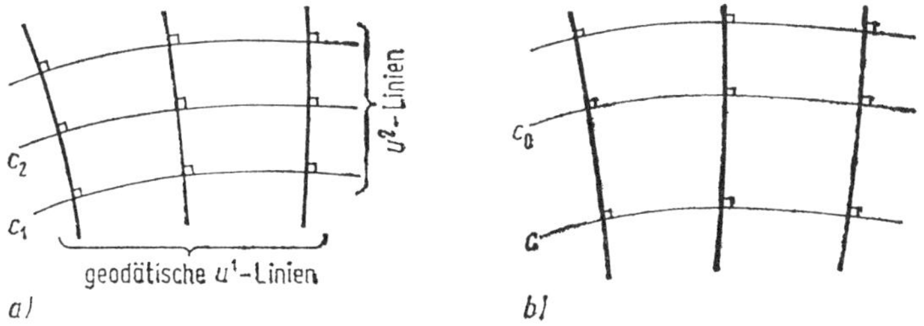

Abb. 15

Wie wir bereits wissen, gilt die Umkehrung des Satzes 3.12 im allgemeinen nicht. Um eine hinreichende Bedingung für die Umkehrbarkeit formulieren zu können, erklären wir:

Definition. Das System der Parameterlinien einer Fläche heißt genau dann *geodätisch*, wenn die u^1-Linien geodätisch sind und von den u^2-Linien senkrecht durchsetzt werden (Abb. 15a). Man spricht dann auch von *geodätischen Parametern.*

Das System der Meridiane und Breitenkreise einer Drehfläche ist z. B. geodätisch.

Satz 3.13. *Zwei u^2-Linien eines geodätischen Parametersystems schneiden aus den u^1-Linien Stücke gleicher Länge aus* (Gauss, 1827). *Umgekehrt ergibt diese Eigenschaft bei einem orthogonalen Netz, daß die u^1-Linien geodätisch sind.*

Zusatz. *Bei geodätischen Parametern kann o. B. d. A.* $g_{11} = 1$, $g_{12} = g_{21} = 0$ *und* $g_{22} = g_{22}(u^1, u^2)$ *angenommen werden.*

Folgerung. *Sind bei einem geodätischen System der Parameterlinien auch die u^2-Linien geodätisch, dann läßt sich die Fläche in die Ebene abwickeln.*

Beweis. a) Das System der Parameterlinien sei geodätisch. Falls die metrischen Fundamentalgrößen $\bar{g}_{ik}$ noch nicht die im Zusatz angegebene Gestalt haben, gilt jedoch $\bar{g}_{11,2} = 0$ nach (32_1) und $\bar{g}_{11} = \bar{g}_{11}(\bar{u}^1)$. Wir nehmen die Parametertransformation

$$u^1 := \int^{\bar{u}^1} \sqrt{\bar{g}_{11}}\, d\bar{u}^1, \qquad u^2 := \bar{u}^2$$

vor; dabei wird offensichtlich nur die „Numerierung" der u^2-Linien geändert. Für die Funktionalmatrix

$$\left(\frac{\partial u^i}{\partial \bar{u}^k}\right) = \begin{pmatrix} \sqrt{\bar{g}_{11}} & 0 \\ 0 & 1 \end{pmatrix}$$

ist nach **2.4A**

$$\left(\frac{\partial \bar{u}^i}{\partial u^k}\right) = \left(\frac{\partial u^i}{\partial \bar{u}^k}\right)^{-1} = \begin{pmatrix} \frac{1}{\sqrt{\bar{g}_{11}}} & 0 \\ 0 & 1 \end{pmatrix}$$

die inverse Matrix; damit gilt

$$g_{11} = P_1^2 = \left(\bar{P}_i \frac{\partial \bar{u}^i}{\partial u^1}\right)^2 = \bar{g}_{11} \cdot \frac{1}{\sqrt{\bar{g}_{11}}^2} = 1,$$

$$g_{12} = P_1 P_2 = \left(\bar{P}_i \frac{\partial \bar{u}^i}{\partial u^1}\right)\left(\bar{P}_k \cdot \frac{\partial \bar{u}^k}{\partial u^2}\right) = \bar{g}_{12} \cdot \frac{1}{\sqrt{\bar{g}_{11}}} \cdot 1 = 0 = g_{21},$$

$$g_{22} = P_2 P_2 = \bar{P}_2^2 = \bar{g}_{22}.$$

Damit ist der Zusatz bewiesen. Sind sogar die Voraussetzungen der Folgerung erfüllt, dann kann mit denselben Argumenten wie oben neben $g_{11} = 1$ und $g_{12} = 0$ noch $g_{22} = 1$ erreicht werden, d. h., daß die Fläche in die Ebene (mit kartesischen Koordinaten) abwickelbar ist.

Für die Länge l des Kurvenbogens zwischen den u^2-Linien $u^1 = c_1$ und $u^1 = c_2$ gilt (Abb. 15a)

$$l = \int_{c_1}^{c_2} du^1 = c_2 - c_1.$$

b) Für die Umkehrung sei die Berechnung der Bogenlänge unabhängig von u^2 (Abb.15b)

$$0 = \frac{\partial}{\partial u^2} \int_{c_0}^{c} \sqrt{g_{11}}\, du^1 = \int_{c_0}^{c} \frac{\partial}{\partial u^2} \sqrt{g_{11}}\, du^1 = \int_{c_0}^{c} \frac{1}{2\sqrt{g_{11}}} g_{11,2}\, du^1 .$$

Folglich ist $g_{11,2} = 0$ und $k_g^{(1)} = 0$ nach (32_1), w. z. b. w.

Wegen des bewiesenen Sachverhaltes werden die u^2-Linien eines geodätischen Systems von Parameterlinien *Parallelkurven*, (u^1, u^2) signifikanter *geodätische Parallelkoordinaten* oder *Gaußsche geodätische Parameter* genannt. Mit ihrer Hilfe läßt sich eine hinreichende Bedingung für die Umkehrung des Satzes 3.12 formulieren:

Satz 3.14. *Sind die (zulässigen*[1]*) Parameter der einfach zusammenhängenden*[1]*) Fläche* $P = P(u^1, u^2)$, $(u^1, u^2) \in G$, *geodätische Parallelkoordinaten und liegen* P, Q *auf einer* u^1*-Linie, dann ist ihr Teil* k *zwischen* P *und* Q *die Kürzeste unter allen Verbindungskurven der Fläche.*

Beweis. Es sei $P = P(p, c)$ und $Q = P(q, c)$. Da die Fläche einfach zusammenhängt, ist k durch P und Q eindeutig bestimmt, etwa $k = \{P = P(x, c) : p \leqq x \leqq q\}$; die Länge von k ist $q - p$.

Für eine Verbindungskurve $u^i = u^i(t)$ der Punkte P und Q (Abb. 16) gelte $u^1(a) = p$, $u^1(b) = q$ sowie $u^2(a) = u^2(b) = c$. Ihre Länge

$$l = \int_a^b \sqrt{(\dot{u}^1)^2 + g_{22}(\dot{u}^2)^2}\, dt \geqq \int_a^b \sqrt{(\dot{u}^1)^2}\, dt = \int_a^b |\dot{u}^1|\, dt \geqq \int_a^b \dot{u}^1\, dt = q - p$$

übertrifft $q - p$; damit ist k eine Kürzeste. Darüber hinaus ist k einzige Kürzeste, denn aus $l = q - p$ folgt erstens $\dot{u}^2 = 0$, d. h. $u^2 = c$ für $a \leqq t \leqq b$, und zweitens $\dot{u}^1 > 0$ für alle $t \in [a, b]$ wegen $\dot{u}^1 \neq 0$ und

---

[1]) In der Literatur findet man häufig eine oberflächliche Zusammenstellung der Voraussetzungen, wird oft nur die Schlichtheit der u^1-Linien (durch jeden Punkt der Fläche geht genau eine u^1-Linie) hervorgehoben. Jeder Drehzylinder wird von den Schraubenlinien ein und derselben Ganghöhe schlicht überdeckt, ohne daß solch geodätische Verbindung Kürzeste zu sein braucht. Bei unserer Parameterdarstellung der Kugel müssen Nord- und Südpol ausgeschlossen werden, um die Zulässigkeit zu gewährleisten; danach ist die Fläche wie ein Drehzylinder nicht mehr einfach zusammenhängend (nicht jede geschlossene Kurve läßt sich „stetig auf einen Punkt zusammen ziehen“); es muß nun noch ein Halbmeridian zwischen Nord- und Südpol entfernt werden.

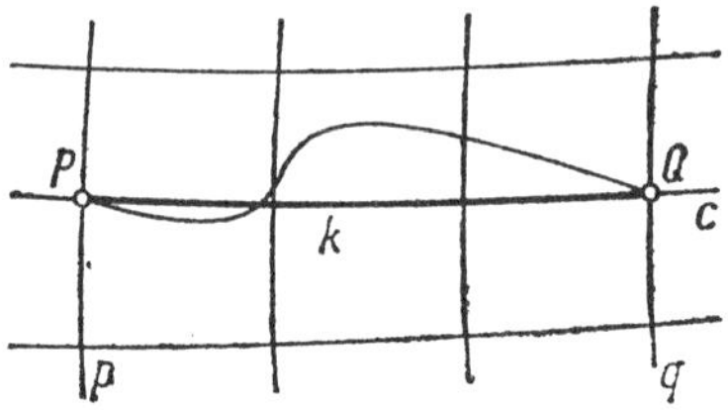

Abb. 16

$\dot{u}^1 = |\dot{u}^1|$, so daß $u^1 = u^1(t)$, $u^2 = c$ nur eine andere zulässige Darstellung von k ist, w. z. b. w.

Beispiele

(3.14) *Die Voraussetzungen des Satzes* 3.14 *im Fall des Drehzylinders.* Die Drehzylinderfläche ist nicht einfach zusammenhängend. Trotzdem läßt sich für jede geodätische Verbindung k zweier Punkte ein derartiges einfach zusammenhängendes Flächenstück F angeben, daß dort diese geodätische Verbindung Kürzeste wird (Abb. 17); bei der Abwicklung in die Ebene geht F in eine Rechtecksfläche über.

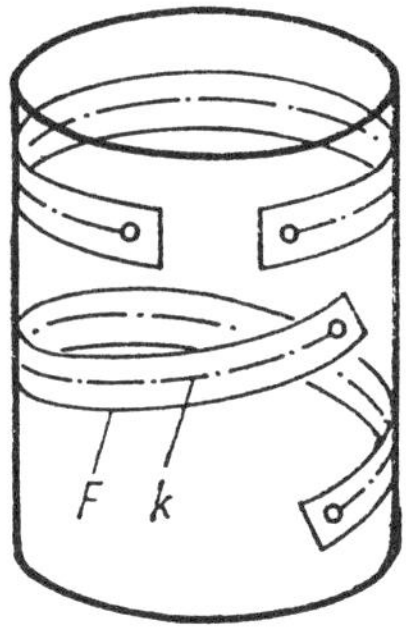

Abb. 17

Es brauchen keine neuen Parameter eingeführt zu werden, wenn die geodätische Verbindung Teil einer Mantellinie oder eines Breitenkreises ist. Liegt k in einer Schraubenlinie $P = P(s)$, dann wählen wir die Schraubenlinien derselben Ganghöhe als u^1-Linien und in F diejenigen Schraubenlinien mit entgegengesetztem Schraubungssinn als u^2-Linien, die $P = P(s)$ im rechten Winkel treffen. (Außerhalb von F können die u^2-Linien nur gering verlängert werden, weil sie sonst ein und dieselbe u^1-Linie mehrfach treffen würden.)

(3.15) *Die Kürzesten der Kugel.* Die Voraussetzungen des Satzes 3.14 sind erfüllt, wenn aus der Fläche Nord- und Südpol sowie ein sie verbindender Halbkreis aus der Fläche entfernt werden. Die geodätischen Meridiane sind für ihre Punkte kürzeste Verbindungen; ihre Länge wird durch πR (R Kugelradius) beschränkt. Auf dem durchtrennten Äquator gibt es jedoch geodätische Verbindungen k einer Länge $l > \pi R$ (Abb. 18a). Solche Verbindung k kann jedoch stets durch einen Kleinkreisbogen kleinerer Länge (wegen des kleineren Radius und kleineren Zentriwinkels, Abb. 18b) ersetzt werden. Auf der Kugel ist eine geodätische Verbindung also genau dann Kürzeste, wenn ihre Länge durch πR beschränkt wird.

In Ergänzung des Satzes 3.14 kann man nach Möglichkeiten zur Konstruktion eines geodätischen Systems von Parameterlinien fragen, bei dem eine gegebene Geodätische k eine u^1-Linie ist. Diese Frage wird im folgenden Abschnitt beantwortet.

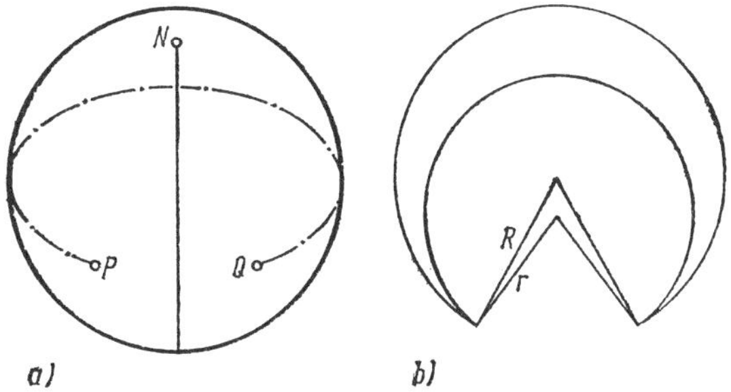

Abb. 18

Aufgaben

1. Man zeige, daß jede Geodätische in der Kugelfläche Teil eines Großkreises ist (vgl. Aufgabe 3 von Abschnitt 3.6.).
2. Man beweise, daß in einer Zylinderfläche (2) a) alle Mantellinien, b) alle Schnittkurven in den zu den Mantellinien senkrechten Ebenen, c) alle Böschungslinien geodätisch sind.
3. Auf dem Drehzylinder $x^2 + y^2 = r^2$ befindet sich die Schraubenlinie

$$P(t) = (r \cos t, r \sin t, ht).$$

Man ermittle diejenige Schraubenlinie, die $P = P(t)$ im Punkt $(r, 0, 0)$ senkrecht trifft, und berechne alle Schnittpunkte dieser Schraubenlinien.

3.8. Geodätische Parallel- bzw. Polarkoordinaten und die Formel von Bertrand und Puiseux

Die Einführung spezieller Koordinaten in der Fläche $P = P(u^1, u^2)$ hängt wesentlich von der Lösung folgender Aufgabe ab: Durch einen Punkt P_0 sit eine Geodätische $u^i = u^i(s)$ zu legen, deren Tangentenvektor $P' = P_i u^{i\prime}(0)$

in P_0 ein gegebener Einheitsvektor $\mathfrak{t}_0$ ist. Die Lösung stützt sich auf die Theorie der Differentialgleichungen.

Hilfssatz 3.15. *Es sei $\mathfrak{t}_0$ Einheitsvektor der Tangentialebene im Punkt P_0 der Fläche $P = P(u^1, u^2)$. Dann gibt es dreimal stetig differenzierbare Funktionen $u^i = u^i(s)$, $s \in I$, derart, daß $P = P(s) := P\big(u^1(s), u^2(s)\big)$ eine Geodätische durch P_0 mit dem natürlichen Parameter s ist, die $P_i u^{i\prime}(0) = \mathfrak{t}_0$ erfüllt. Das Paar $u^1 = u^1(s)$, $u^2 = u^2(s)$ ist eindeutig.*

Beweis. Nach dem Satz 3.11b muß eine Lösung $u^1 = u^1(t)$, $u^2 = u^2(t)$ die Differentialgleichungen

$$\ddot{u}^i + \Gamma^i_{jk}\dot{u}^j\dot{u}^k = 0 \tag{37}$$

erfüllen. Umgekehrt wird in der Theorie der Differentialgleichungen zu den Anfangsbedingungen $P\big(u^1(0), u^2(0)\big) = P_0$, $P_i u^{i\prime}(0) = \mathfrak{t}_0$ die Existenz genau eines Paares $u^1 = u^1(t)$, $u^2 = u^2(t)$ von dreimal stetig differenzierbaren Funktionen gesichert, weil die Koeffizienten Γ^i_{jk} stetig differenzierbar sind. Nach dem Satz 3.11b erhalten wir so eine Geodätische, falls t der natürliche Parameter ist, d. h., falls $g_{ij}\dot{u}^i\dot{u}^j = 1$ für alle t gilt. Wir setzen

$$f(t) := g_{ij}\dot{u}^i\dot{u}^j,$$

um $f(t) = 1$ für alle t zu zeigen. Es gilt

1. $f(0) = g_{ij}\dot{u}^i(0)\,\dot{u}^j(0) = \mathfrak{t}_0^2 = 1,$

2. $$\begin{aligned}\dot{f} &= g_{ij,k}\dot{u}^i\dot{u}^j\dot{u}^k + g_{ij}\ddot{u}^i\dot{u}^j + g_{ij}\dot{u}^i\ddot{u}^j \\ &= (P_iP_j)_k\,\dot{u}^i\dot{u}^j\dot{u}^k + g_{rj}\ddot{u}^r\dot{u}^j + g_{ir}\dot{u}^i\ddot{u}^r \\ &= (P_{ik}P_j + P_iP_{jk})\,\dot{u}^i\dot{u}^j\dot{u}^k + g_{rj}\ddot{u}^r\dot{u}^j + g_{ir}\dot{u}^i\ddot{u}^r \\ &= (\Gamma^r_{ik}g_{rj} + g_{ir}\Gamma^r_{jk})\,\dot{u}^i\dot{u}^j\dot{u}^k + g_{rj}\ddot{u}^r\dot{u}^j + g_{ir}\dot{u}^i\ddot{u}^r \\ &= (\ddot{u}^r + \Gamma^r_{ik}\dot{u}^i\dot{u}^k)\,g_{rj}\dot{u}^j + \dot{u}^i g_{ir}(\ddot{u}^r + \Gamma^r_{jk}\dot{u}^j\dot{u}^k) = 0\end{aligned}$$

nach (37), d. h. $f(t) = 1$ für alle t, w. z. b. w.

Für das weitere spielt der folgende Hilfssatz ebenfalls eine große Rolle.

Hilfssatz 3.16. *Es sei $P = P(s) = P(s, 0)$ eine Kurve, die von einer Schar von Geodätischen $P = P(s, t)$ mit dem natürlichen Parameter t geschnitten wird. Dann ist das Skalarprodukt $P'(s, t)\,\dot{P}(s, t)$ von t unabhängig. Folglich steht die Geodätische $P(s_0, t)$, wenn auf einer, dann auf allen Parallelkurven $P(s, t_0)$ senkrecht* (Abb. 19).

Beweis. Es sei $P(s, t) = P(u^1(s, t), u^2(s, t))$. Für die Geodätischen gilt

$$g_{ij}\dot{u}^i\dot{u}^j = 1, \qquad \ddot{u}^r + \Gamma^r_{jk}\dot{u}^j\dot{u}^k = 0. \tag{38}$$

Aus (38_1) folgt

$$g_{ij,k}\dot{u}^i\dot{u}^j u^{k'} + 2g_{ij}\dot{u}^{i'}\dot{u}^j = 0, \tag{38'}$$

so daß wir mit Hilfe von (38′) und (38_2)

$$(g_{ij}u^{i'}\dot{u}^j)^{\cdot} = g_{ij,k}u^{i'}\dot{u}^j\dot{u}^k + g_{ij}\dot{u}^{i'}\dot{u}^j + g_{ij}u^{i'}\ddot{u}^j$$

$$= g_{ij,k}u^{i'}\dot{u}^j\dot{u}^k - \frac{1}{2}g_{ij,k}\dot{u}^i\dot{u}^j u^{k'} + g_{ir}u^{i'}(-\Gamma^r_{jk}\dot{u}^j\dot{u}^k)$$

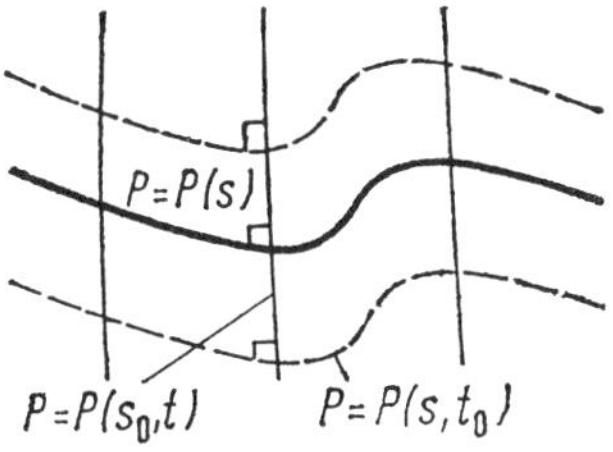

Abb. 19

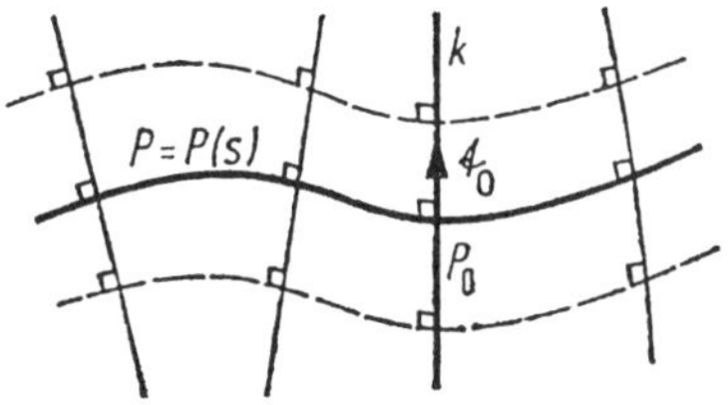

Abb. 20

erhalten. Diese Summe verschwindet, denn Umbenennung ergibt

$$(g_{ij}u^{i'}\dot{u}^j)^{\cdot} = \frac{1}{2}(-g_{jk,i} + g_{ki,j} + g_{ij,k})\,u^{i'}\dot{u}^j\dot{u}^k$$

$$+ g_{ir}\left(-\frac{g^{r\varrho}}{2}(-g_{jk,\varrho} + g_{k\varrho,j} + g_{\varrho j,k})\,u^{i'}\dot{u}^j\dot{u}^k\right)$$

$$= \frac{1}{2}(-g_{jk,i} + g_{ki,j} + g_{ij,k})\,u^{i'}\dot{u}^j\dot{u}^k$$

$$- \frac{1}{2}\delta^\varrho_i(-g_{jk,\varrho} + g_{k\varrho,j} + g_{\varrho j,k})\,u^{i'}\dot{u}^j\dot{u}^k$$

$$= \frac{1}{2}(-g_{jk,i} + g_{ki,j} + g_{ij,k} + g_{jk,i} - g_{ki,j} - g_{ij,k})\,u^{i'}\dot{u}^j\dot{u}^k$$

$$= 0,$$

w. z. b. w.

Nunmehr können wir die Konstruktion neuer Parameterlinien erfolgreich in Angriff nehmen:

a) *Geodätische Parallelkoordinaten zu gegebener u^1-Linie k.* Es sei k geodätisch, $P_0 \in k$ und $\mathfrak{t}_0$ Tangenteneinheitsvektor von k in P_0 (Abb. 20). Zunächst wählen wir eine Flächenkurve $P = P(s)$, die in P_0 auf k senkrecht steht; eine solche Kurve erhalten wir etwa nach dem Hilfssatz 3.15 zu P_0 und $\mathfrak{t}_0 \times \mathfrak{N}$. Indem wir dann den Hilfssatz 3.15 auf $P(s)$ und $\mathfrak{N} \times P'(s)$ anwenden, erhalten wir eine Schar von Geodätischen, die sämtlich auf $P = P(s)$ senkrecht stehen. Deshalb werden die Parallelkurven zu $P = P(s)$, in Abb. 20 gestrichelt, mit den Geodätischen nach dem Hilfssatz 3.16 ein orthogonales Netz bilden. Allerdings wird die Schar der Geodätischen nur eine Umgebung U von P_0 schlicht überdecken, nur in einer Umgebung V von P_0 werden je eine Geodätische der Schar und eine Parallelkurve von $P = P(s)$ höchstens einen gemeinsamen Punkt haben. In $U \cap V$ bilden die Geodätischen der Schar und die Parallelkurven von $P = P(s)$ ein geodätisches System von neuen Parameterlinien; die Parametertransformation ist zulässig.

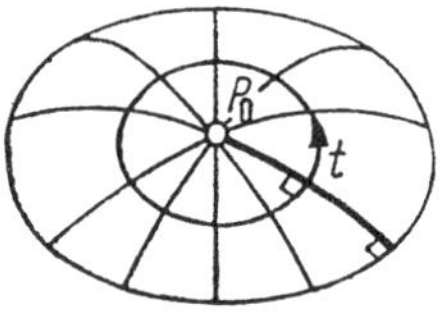

Abb. 21

b) *Geodätische Polarkoordinaten.* Es sei P_0 ein beliebiger Punkt der Fläche $P = P(u^1, u^2)$ und ε die Tangentialebene in P_0. Nach dem Hilfssatz 3.15 existiert durch P_0 in jeder Richtung der Tangentialebene genau eine Geodätische; wir verbinden alle Punkte mit ein und demselben Abstand von P_0 durch einen *geodätischen Abstands-*[1]) bzw. *Entfernungskreis* (Abb. 21). Die Schar der Geodätischen und die Abstandskreise bilden ein orthogonales Netz: Denn ist $P(s, t) = P_0 + sP'(0, t) + s^2\mathfrak{R}$ die Taylorentwicklung von der Geodätischen der durch das Bogenmaß t repräsentierten Richtung (Abb. 20), dann gilt für festen Parameter t

$$|P'(s, t)\, \dot{P}(s, t)| \leqq |\dot{P}(s, t)| = s\, |\dot{P}'(0, t) + s\dot{\mathfrak{R}}| \to 0$$

[1]) In Analogie zu dieser Namensbildung könnte man die Parallelkurven von $P = P(s)$ unter a) *Abstandslinien* nennen. Geodätische Abstandskreise haben im allgemeinen keine konstante geodätische Krümmung. Flächenkurven konstanter geodätischer Krümmung werden *geodätische Krümmungskreise* genannt; sie sind im allgemeinen nicht geschlossen.

für $s \to 0$; da $P'(s, t)\,\dot{P}(s, t)$ nach dem Hilfssatz 3.16 von s unabhängig ist, muß somit $P'(s, t)\,\dot{P}(s, t) = 0$ bzw. $P'(s, t) \perp \dot{P}(s, t)$ für alle s und t gelten. Eine Umgebung U von P_0 werden die (auf den natürlichen Parameter s bezogenen) Geodätischen, wenn wir P_0 herausnehmen, schlicht überdecken; in einer Umgebung V von P_0 werden sich je eine von P_0 ausgehende Geodätische und jeder Abstandskreis in genau einem Punkt treffen. In $U \cap V$ können wir schließlich zu diesem geodätischen System von Parameterlinien übergehen, wobei wir die neuen metrischen Fundamentalgrößen

$$g_{11} = 1, \qquad g_{12} = g_{21} = 0, \qquad g_{22} = g_{22}(u^1, u^2)$$

mit $u^1 := s$ und $u^2 := t$ erhalten. Dabei müssen wir aber beachten, daß die Parametertransformation in P_0 nicht zulässig ist.

Wegen $\sqrt{g_{22}} = u^1\,|\dot{P}'(0, u^2) + u^1\dot{\mathfrak{R}}|$, $u^1 > 0$, können wir für $u^1 \to 0$ einige wichtige Limites gewinnen:

$$\lim_{u^1 \to 0} \sqrt{g_{22}} = 0, \qquad \lim_{u^1 \to 0} \frac{\partial \sqrt{g_{22}}}{\partial u^1} = 1, \tag{39}$$

$$\lim_{u^1 \to 0} \frac{\partial^2 \sqrt{g_{22}}}{(\partial u^1)^2} = 0, \qquad \lim_{u^1 \to 0} \frac{\partial^3 \sqrt{g_{22}}}{(\partial u^1)^3} = -K_0, \tag{40}$$

wobei K_0 die Gaußsche Krümmung in P_0 bezeichnet.

Beweis. Die Beziehung (39_1) ist offensichtlich; aus ihr folgt (40_1) nach (20). Es gilt

$$\lim_{u^1 \to 0} \frac{\partial \sqrt{g_{22}}}{\partial u^1} = \lim_{u^1 \to 0} |\dot{P}'(u^1, u^2) + u^1\dot{\mathfrak{R}}| = |\dot{P}'(0, u^2)|;$$

den Betrag des Vektors $\dot{P}'(0, u^2)$ ermitteln wir in der Tangentialebene ε (Abb. 22): Die Einheitsvektoren $P'(0, u^2)$ und $P'(0, u^2 + h)$ schließen einen Winkel der Größe h ein. Nun läßt sich (39_2) wie folgt ermitteln:

$$\lim_{u^1 \to 0} \frac{\partial \sqrt{g_{22}}}{\partial u^1} = \lim_{h \to 0} \left| \frac{P'(0, u^2 + h) - P'(0, u^2)}{h} \right| = \lim_{h \to 0} \frac{2 \sin \frac{h}{2}}{h} = 1.$$

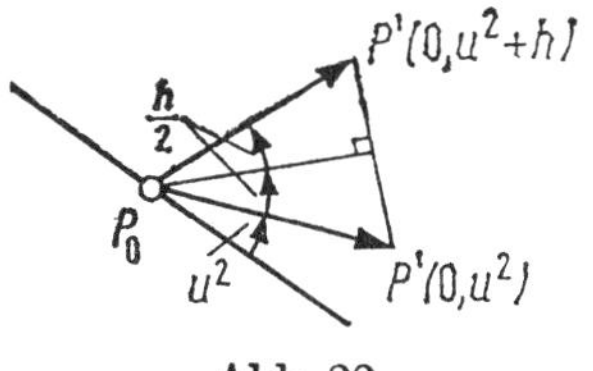

Abb. 22

Um (40_2) zu erhalten, gehen wir von (20) aus:

$$\frac{\partial^3 \sqrt{g_{22}}}{(\partial u^1)^3} + \frac{\partial K}{\partial u^1} \sqrt{g_{22}} + K \frac{\partial \sqrt{g_{22}}}{\partial u^1} = 0. \tag{41}$$

Beim Grenzübergang $u^1 \to 0$ ergibt sich nach (39) wie gewünscht (40_2), w. z. b. w.

Da nach (41) auch noch eine weitere Ableitung von $\sqrt{g_{22}}$ nach u^1 existiert, wenn $P = P(u^1, u^2)$ viermal und damit $K = K(u^1, u^2)$ einmal stetig ableitbar ist, können wir für $\sqrt{g_{22}}$ folgende Taylorentwicklung angeben:

$$\sqrt{g_{22}} = u^1 - \frac{K_0}{3!} (u^1)^3 + (u^1)^4 (\ldots), \tag{42}$$

mit deren Hilfe Umfang U und Flächeninhalt F des Abstandskreises $u^1 = r$ berechnet werden können:

$$U = \int_0^{2\pi} \sqrt{g_{22}}\, du^2 = 2\pi r - \frac{1}{3} \pi K_0 r^3 + r^4(\ldots),$$

$$F = \int_0^{2\pi} \int_0^r \sqrt{g_{22}}\, du^1\, du^2 = \pi r^2 - \frac{1}{12} \pi K_0 r^4 + r^5(\ldots). \tag{44}$$

Indem wir diese Formeln nach K_0 umstellen und r gegen 0 streben lassen, erhalten wir die berühmten Formeln von BERTRAND und PUISEUX[1]) bzw. DIGUET[1])

$$K_0 = \frac{3}{\pi} \lim_{r \to 0} \frac{2\pi r - U}{r^3} = \frac{12}{\pi} \lim_{r \to 0} \frac{\pi r^2 - F}{r^4}. \tag{45}$$

Mit diesen Grenzwertformeln wird das Theorema egregium noch einmal ganz augenfällig bestätigt: Wir ermitteln zunächst den Überschuß des Umfanges bzw. des Flächeninhaltes eines Kreises vom Radius r in der Tangentialebene über den Umfang bzw. den Flächeninhalt des geodätischen Abstandskreises vom Radius r. Da in jedem Fall der Überschuß wie auch die fraglichen Quotienten allein durch Messung in der Fläche ermittelt werden können, gehört K_0 zur inneren Geometrie der Fläche.

---

[1]) Diese Formeln wurden im Jahre 1848 von JOSEPH BERTRAND (1822—1900) und VICTOR ALEXANDRE PUISEUX (1820—1883) bzw. DIGUET gefunden.

Aufgabe

Man beweise, daß die Flächen gleicher konstanter Krümmung lokal isometrisch sind (Minding, 1839), d. h., sind P_0 und $\overline{P}_0$ Punkte derselben oder verschiedener Flächen konstanter Krümmung K, dann gibt es aufeinander abwickelbare Umgebungen $U(P_0)$ und $\overline{U}(\overline{P}_0)$.

Anleitung. Wir wählen in P_0 und $\overline{P}_0$ geodätische Polarkoordinaten, so daß nach (20) folgendes gilt:

a) $K = \frac{1}{R^2} > 0 \Rightarrow \sqrt{g_{22}} = a(u^2) \sin \frac{u^1}{R} + b(u^2) \cos \frac{u^1}{R}$,

b) $K = 0 \quad \Rightarrow \sqrt{g_{22}} = a(u^2)\, u^1 + b(u^2)$,

c) $K = -\frac{1}{R^2} < 0 \Rightarrow \sqrt{g_{22}} = a(u^2) \sinh \frac{u^1}{R} + b(u^2) \cosh \frac{u^1}{R}$.

Nun ist noch (39) zu beachten.

3.9. Parallelverschiebung und absolute Ableitungsgleichungen

Für eine Schar von Vektoren (Abb. 9)

$$\mathfrak{v} = \mathfrak{v}(t) = v^i(t)\, P_i\big(u^1(t), u^2(t)\big),$$

wobei $\mathfrak{v}(t)$ zur Tangentialebene $\varepsilon(t)$ im Punkt $P\big(u^1(t), u^2(t)\big)$ gehört, hatten wir im Abschnitt 3.3. die absolute Ableitung

$$\frac{D\mathfrak{v}(t)}{dt} = \dot{\mathfrak{v}}_\varepsilon = \dot{\mathfrak{v}} - \dot{\mathfrak{v}}_\varepsilon^\perp$$

als tangentialen Teil von $\dot{\mathfrak{v}}$ eingeführt. Nach Tullio Levi-Civita (1873 bis 1941) nennen wir Vektoren *geodätisch parallel* oder *längs* $P = P(t) = P\big(u^1(t), u^2(t)\big)$ *parallel verschoben* genau dann, wenn für alle t

$$\frac{D\mathfrak{v}(t)}{dt} = 0 \tag{46}$$

gilt. Für eine Ebene ist (46) gleichbedeutend mit $\dot{\mathfrak{v}}(t) = 0$, d. h., $\mathfrak{v}(t)$ ist dabei konstant.

Für beliebige Flächen hat Levi-Civita 1917 erkannt:

Satz 3.17. *Bei einer Parallelverschiebung längs $P = P(t)$ bleiben die Beträge und von Vektoren eingeschlossene Winkel unverändert.*

Beweis. Es gelte (46) sowohl für $\mathfrak{v} = \mathfrak{v}(t)$ als auch für $\bar{\mathfrak{v}} = \bar{\mathfrak{v}}(t)$. Nach der Produktregel für die absolute Differentiation (vgl. Aufgabe 2 zum Abschnitt 3.3.) gilt

$$\frac{D(\mathfrak{v}\bar{\mathfrak{v}})}{dt} = \frac{D\mathfrak{v}}{dt}\bar{\mathfrak{v}} + \mathfrak{v}\frac{D\bar{\mathfrak{v}}}{dt} = 0.$$

Andererseits wurde absolute Differentiation für eine Ortsfunktion $f = f(u^1, u^2)$ mit der gewöhnlichen Differentiation identifiziert, so daß $(\mathfrak{v}\bar{\mathfrak{v}})^{\cdot} = 0$ gilt und das Skalarprodukt $\mathfrak{v}\bar{\mathfrak{v}}$ längs $P = P(t)$ konstant sein muß. Im Fall $\bar{\mathfrak{v}} = \mathfrak{v}$ ergibt das die erste Behauptung, und danach folgt die zweite, w. z. b. w.

Wegen der linearen Unabhängigkeit von P_1 und P_2 ist (46) nach (15′) gleichwertig mit

$$\dot{v}^l + \Gamma_{jk}^l v^j \dot{u}^k = 0. \tag{46′}$$

Ist die Bedingung (46) für die Tangentenvektoren einer Kurve $P = P(s)$ erfüllt, dann kann sie als eine *geradeste* Kurve oder — nach der Eigenschaft der Tangentenvektoren, selbstparallel zu sein — als eine *Autoparallele* angesehen werden. Die Bedingung (46′) ergibt nach dem Satz 3.11b sofort den

Satz 3.18. *Die Geodätischen einer Fläche sind auch ihre geradesten Kurven.*

Beispiel

(3.16) *Parallelverschiebung längs geschlossener Wege.* Es sei ε die Tangentialebene in einem Punkt P_0. Jede Parallelverschiebung längs eines geschlossenen Weges durch P_0 ergibt eine Bewegung mit dem Fixpunkt P_0.

Auf einer *Kugel* K können wir so gerade alle Drehungen von ε um P_0 realisieren (Abb. 23): Es sei $P_0 = N$. Wir verschieben längs des Nullmeridians bis zum Äquator, gehen auf ihm bis zum Meridian der geographischen Länge φ und auf ihm zurück zum Nordpol. Dabei erhalten wir eine Drehung mit dem Drehwinkel φ, weil die Orientierung von ε erhalten bleibt. Da auf K jede Parallelverschiebung längs eines geschlossenen Weges durch N die Orientierung von ε erhält, ist jede so erhaltene Bewegung von ε eine Drehung.

Auf einem *Möbiusschen Band* [1]) kann die Spiegelung an der Tangente der Mittellinie durch Parallelverschiebung längs der Mittellinie realisiert werden (Abb. 24).

[1]) Möbius, August Ferdinand (1790—1868).

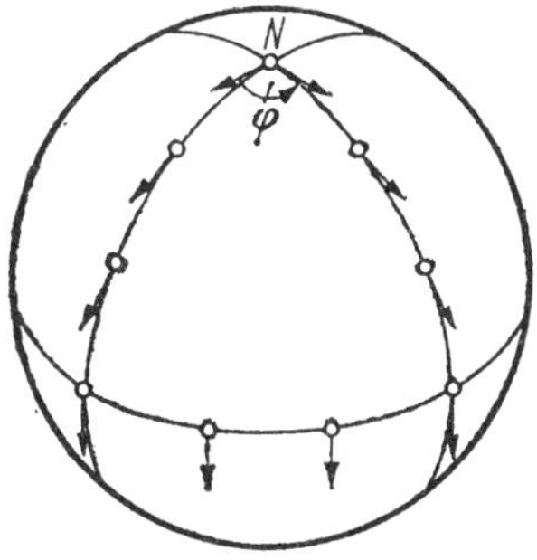

Abb. 23

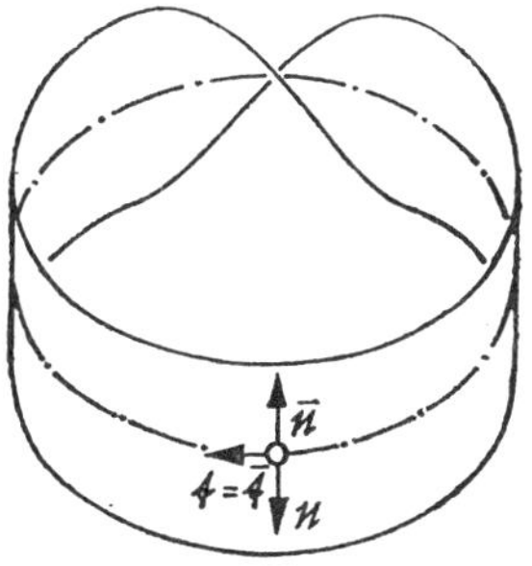

Abb. 24

Im Abschnitt 3.6. hatten wir die Frenetschen Formeln der ebenen Kurventheorie kennengelernt. Hier soll nun ihre Verallgemeinerung auf beliebige Flächen dargelegt werden.

In der Fläche $P = P(u^1, u^2)$ sei eine Flächenkurve $u^i = u^i(s)$ gegeben; wir setzen $P(s) := P\big(u^1(s), u^2(s)\big)$. Die beiden Vektoren $\mathfrak{t} := P'(s)$ und $\mathfrak{n}_+ := \mathfrak{N}\big(u^1(s), u^2(s)\big) \times P'(s)$ gehören zur Tangentialebene $\varepsilon(s)$ im Punkt $P(s)$, wobei

$$\mathfrak{t}^2 = 1, \qquad \mathfrak{t}\mathfrak{n}_+ = 0, \qquad \mathfrak{n}_+^2 = 1 \tag{47}$$

gilt. Hier interessieren wir uns nur für die tangentialen Anteile von $\mathfrak{t}'$ und $\mathfrak{n}'_+$, d. h. für

$$\frac{D\mathfrak{t}}{ds} = a_{11}\mathfrak{t} + a_{12}\mathfrak{n}_+, \qquad \frac{D\mathfrak{n}_+}{ds} = a_{21}\mathfrak{t} + a_{22}\mathfrak{n}_+. \tag{48}$$

Die absolute Differentiation von (47) führt zu

$$\frac{D\mathfrak{t}}{ds}\mathfrak{t} + \mathfrak{t}\frac{D\mathfrak{t}}{ds} = 0, \quad \frac{D\mathfrak{t}}{ds}\mathfrak{n}_+ + \mathfrak{t}\frac{D\mathfrak{n}_+}{ds} = 0, \quad \frac{D\mathfrak{n}_+}{ds}\mathfrak{n}_+ + \mathfrak{n}_+\frac{D\mathfrak{n}_+}{ds} = 0,$$

d. h.

$$a_{11} = \frac{D\mathfrak{t}}{ds}\mathfrak{t} = 0 = \frac{D\mathfrak{n}_+}{ds}\mathfrak{n}_+ = a_{22}, \quad a_{21} = \mathfrak{t}\frac{D\mathfrak{n}_+}{ds} = -\frac{D\mathfrak{t}}{ds}\mathfrak{n}_+ = -a_{12}.$$

Für die Darstellung der Vektoren (48) mit Hilfe des *begleitenden Zweibeins* $(\mathfrak{t}, \mathfrak{n}_+)$, das aus dem *Tangentenvektor* $\mathfrak{t}$ und dem *Seitenvektor* $\mathfrak{n}_+$ besteht, benötigen wir im wesentlichen a_{12}, wobei

$$\begin{aligned}\frac{D\mathfrak{t}}{ds}\mathfrak{n}_+ &= \mathfrak{n}_+\frac{D\mathfrak{t}}{ds} = (\mathfrak{N}\times\mathfrak{t})\frac{D\mathfrak{t}}{ds}\\ &= (\mathfrak{N}\times P')\frac{DP'}{ds} = (\mathfrak{N}\times P')\left(P'' - \left(P'' - \frac{DP'}{ds}\right)\right)\\ &= (\mathfrak{N}\times P')\,P'' = k_g\end{aligned}$$

nach (30) gilt, weil $P'' - \frac{DP'}{ds} \parallel \mathfrak{N}$ ist. Zusammenfassend können wir die *absoluten Ableitungsgleichungen* notieren:

$$\frac{D\mathfrak{t}}{ds} = k_g \mathfrak{n}_+ , \qquad \frac{D\mathfrak{n}_+}{ds} = -k_g \mathfrak{t} ;$$

sie werden auch *Frenetsche Formeln der absoluten Theorie der Flächenkurven* genannt.

Aufgaben

1. Man zeige, daß alle von Parallelverschiebungen längs geschlossener Wege durch P_0 erzeugten Bewegungen der Tangentialebene in P_0 eine Gruppe bilden, die sogenannte *Holonomiegruppe*.

2. Man beweise, daß die Holonomiegruppe der Ebene und aller in die Ebene abwickelbarer Flächen nur aus der identischen Drehung besteht.

3.10. Abbildungen von Flächen

Die Darstellung der Erdoberfläche auf ebenen Karten zeigt uns die Notwendigkeit, Abbildungen einer Fläche auf andere zu studieren. Für den Anwender ist ein Bild, bei dem alle (Bogen-) Längen unverändert bleiben, besonders einfach zu handhaben; solche Abbildung setzt Abwickelbarkeit voraus. Selbst wenn wir noch die maßstäbliche Verkleinerung zulassen, können wir zwar die Erdoberfläche mit invarianten Längenverhältnissen auf einen Globus abbilden, aber nie in die Ebene (der Krümmung $K = 0$). Wir werden folglich für ebene Karten überprüfen, ob sich schwächere Forderungen wie Winkeltreue — man denke an einen festen Kurs bei der Seefahrt — oder Flächentreue realisieren lassen. Zunächst kommt es darauf an, daß wir diese Forderungen in der Sprache der Flächentheorie formulieren, um die bereits entwickelte Theorie zur Lösung der aufgeworfenen Probleme nutzen zu können.

Wir betrachten eine Abbildung α einer Fläche $P = P(u^1, u^2)$ in eine Fläche $\overline{P} = \overline{P}(\overline{u}^1, \overline{u}^2)$. Ist $\overline{P}(\overline{u}^1, \overline{u}^2)$ das Bild von $P(u^1, u^2)$, dann sind seine Parameter Funktionen von u^1 und u^2, d. h.

$$\overline{u}^1 = \overline{u}^1(u^1, u^2), \qquad \overline{u}^2 = \overline{u}^2(u^1, u^2); \tag{49}$$

um wenigstens im Kleinen eindeutige Umkehrbarkeit zu sichern, werden wir die Existenz einer von null verschiedenen Funktionaldeterminante voraussetzen. Dann ist

$$\overline{P}(u^1, u^2) := \overline{P}(\overline{u}^1(u^1, u^2), \overline{u}^2(u^1, u^2)) \tag{50}$$

eine Darstellung der Bildfläche mit $P(u^1, u^2)^\alpha = \overline{P}(u^1, u^2)$ für alle (u^1, u^2). Dabei gilt $\overline{P}_i = \overline{P}_{\bar{r}} \dfrac{\partial \overline{u}^r}{\partial u^i}$ und

$$\bar{g}_{ij} = \bar{g}_{\bar{r}\bar{s}} \frac{\partial \overline{u}^r}{\partial u^i} \frac{\partial \overline{u}^s}{\partial u^j}. \tag{50'}$$

Diese Formel werden wir im Anhang benutzen.

Beispiel

(3.17) *Netzentwurf von Sanson und Flamsteed.*[1]) Die Bilder der Längen- bzw. Breitenkreise der Kugel, der u^1- bzw. u^2-Linien (vgl. Beispiel (3.1)), werden durch

$$\overline{u}^1 = u^2 \sin \frac{u^1}{R}, \qquad \overline{u}^2 = \frac{\pi}{2} - \frac{u^1}{R}$$

dargestellt (Abb. 25). Folglich sind die Bilder der Meridiane Sinuslinien mit Nullstellen in den Bildern der Pole; die Breitenkreise gehen in Strecken über, die parallel zur $\overline{u}^1$-Achse verlaufen.

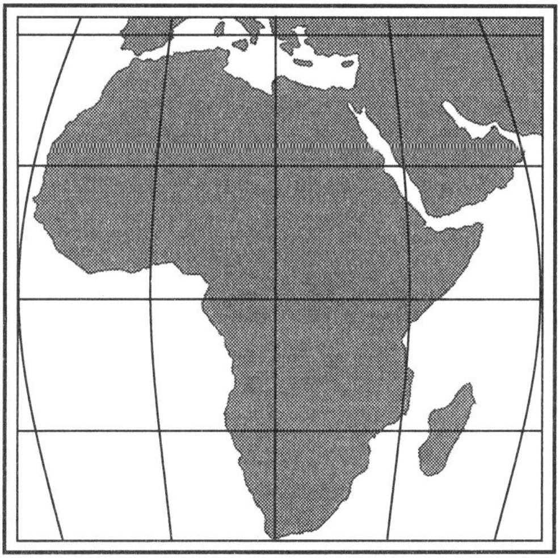

Abb. 25

---

[1]) Er wurde 1650 von Nikolaus Sanson (1600—1667) angegeben. John Flamsteed (1646—1719) war erster Direktor der Sternwarte Greenwich, die auf seinen Vorschlag hin gegründet wurde.

Im folgenden vergleichen wir die Länge eines Kurvenstückes mit der Gaußschen Parameterdarstellung $u^1 = u^1(t)$, $u^2 = u^2(t)$ mit der Länge des Bildes

$$\frac{\bar{s}}{s} = \frac{\int^t \sqrt{\bar{g}_{ij}\dot{u}^i\dot{u}^j}\,d\tau}{\int^t \sqrt{g_{ij}\dot{u}^i\dot{u}^j}\,d\tau}$$

bzw. die *Längenverzerrung* $\lambda = \frac{d\bar{s}}{ds}$ *in der Richtung* $(\dot{u}^1, \dot{u}^2)$. Sie hat eine besonders einfache Darstellung, wenn t natürlicher Parameter s der Originalkurve ist:

$$\lambda = \sqrt{\bar{g}_{ij}u^{i'}u^{j'}} \qquad \text{bzw.} \qquad \lambda^2 = \bar{g}_{ij}u^{i'}u^{j'}.$$

Wie im Zusammenhang mit der Bestimmung der Hauptkrümmungen — vgl. Abschnitt **2.7.** — können wir in einem festen Punkt $\lambda^2 = \lambda^2(\mathfrak{x})$ als Funktion der durch $\mathfrak{x}$ charakterisierten Richtung auffassen und nach deren Extremwerten, die (da λ stets positiv ist) gleichzeitig die Extremwerte von λ, die *Hauptverzerrungen,* sind. Mit den gleichen Überlegungen wie in Abschnitt **2.7.** mit $\bar{g}_{ij}$ statt L_{ij} erhalten wir im betrachteten Punkt:

a) *λ^2 ist genau dann konstant, wenn $(\bar{g}_{ij}) = \lambda^2(g_{ij})$ gilt.*

b) *Wenn λ^2 nicht konstant ist, gibt es genau zwei Richtungen extremaler Längenverzerrung, die Hauptverzerrungsrichtungen.*

c) *Die Hauptverzerrungsrichtungen stehen aufeinander senkrecht.*

d) *Die Extremwerte von $\lambda^2 = \lambda^2(\mathfrak{x})$ sind Lösungen der Gleichung*

$$\lambda^4 - \lambda^2\frac{1}{g}(g_{11}\bar{g}_{22} + g_{22}\bar{g}_{11} - 2g_{12}\bar{g}_{21}) + \frac{\bar{g}}{g} = 0.$$

e) *Gehören zu den orthogonalen Hauptverzerrungsrichtungen $\mathfrak{x}_1$ und $\mathfrak{x}_2$ ($\mathfrak{x}_1^2 = \mathfrak{x}_2^2 = 1$) die Hauptverzerrungen λ_1 bzw. λ_2 und gilt in der Tangentialebene des Originalpunktes $\mathfrak{x} = \cos\varphi\mathfrak{x}_1 + \sin\varphi\mathfrak{x}_2$, dann läßt sich die Längenverzerrung in der Richtung $\mathfrak{x}$ nach der Formel*

$$\lambda^2 = \cos^2\varphi\lambda_1^2 + \sin^2\varphi\lambda_2^2 \tag{51}$$

berechnen.[1])

---

[1]) Dieses Analogon zum Satz von EULER wurde 1881 von NICOLAS AUGUSTE TISSOT (1824—1904) gefunden. In einem umfassenden Werk wurden von ihm die Netzentwürfe geographischer Karten behandelt.

Für die Umkehrabbildung α^{-1}, die in einer Umgebung des betrachteten Punktes P existiert, ist $\bar{\lambda} = \frac{ds}{d\bar{s}} = \frac{1}{\lambda}$ die Längenverzerrung. Aus (51) folgt mit $x := \bar{\lambda} \cos \varphi$ und $y := \bar{\lambda} \sin \varphi$

$$1 = \frac{(\bar{\lambda} \cos \varphi)^2}{\bar{\lambda}_1^2} + \frac{(\bar{\lambda} \sin \varphi)^2}{\bar{\lambda}_2^2} = \frac{x^2}{\bar{\lambda}_1^2} + \frac{y^2}{\bar{\lambda}_2^2},$$

d. h., daß das Urbild des Einheitskreises $\bar{k}$ in der Tangentialebene von $\bar{P}$ in der Tangentialebene von P eine Ellipse ist, eine *Tissotsche Indikatrix* (Abb. 26a). Da analog zu (51)

$$\bar{\lambda}^2 = \cos^2 \bar{\varphi} \bar{\lambda}_1^2 + \sin^2 \bar{\varphi} \bar{\lambda}_2^2, \qquad \bar{\mathfrak{r}} = \cos \bar{\varphi} \bar{\mathfrak{r}}_1 + \sin \bar{\varphi} \bar{\mathfrak{r}}_2$$

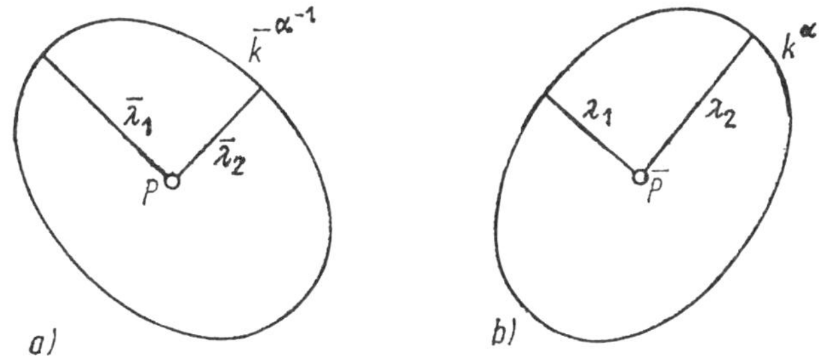

Abb. 26

gilt, gibt es in der Tangentialebene von $\bar{P}$ eine Ellipse mit den Halbachsen λ_1 und λ_2 als Tissotsche Indikatrix (Abb. 26b). Nach dem Vorbild der (Haupt-) Krümmungslinien können schließlich *Hauptverzerrungslinien* (*Tissotsche Hauptlinien*), deren Tangenten stets Hauptverzerrungsrichtungen sind, eingeführt werden.

Die Tissotschen Indikatrizen vermitteln sofort anschauliche Vorstellungen spezieller Abbildungen von Flächen $P = P(u^1, u^2)$ und $\bar{P} = \bar{P}(u^1, u^2)$ gemäß (50):

a) *Isometrische Abbildungen oder Abwicklungen.* Für alle (u^1, u^2) gilt

$$\bar{g}_{ij} = g_{ij}. \tag{52a}$$

Hier sind die Tissotschen Indikatrizen Einheitskreise.

Im wesentlichen isometrisch sind die

b) *Ähnlichkeitsabbildungen.* Bei ihnen werden alle Längen mit einem konstanten positiven Faktor c multipliziert, d. h.

$$\bar{g}_{ij} = c g_{ij}. \tag{52b}$$

Die Tissotsche Indikatrix in den Tangentialebenen der Bildfläche ist ein Kreis mit dem Radius c. Für $c = 1$ haben wir eine isometrische Abbildung, für $c \neq 1$ eine *eigentliche* Ähnlichkeitsabbildung.

c) *Winkeltreue oder konforme*[1]) *Abbildungen.* Die Winkeltreue ist nach (2.48) gleichbedeutend mit

$$\frac{g_{ij}\xi^i\eta^j}{\sqrt{g_{ij}\xi^i\xi^j}\sqrt{g_{ij}\eta^i\eta^j}} = \cos \sphericalangle (x, y) = \cos \sphericalangle (\bar{x}, \bar{y})$$

$$= \frac{\bar{g}_{ij}\xi^i\eta^j}{\sqrt{\bar{g}_{ij}\xi^i\xi^j}\sqrt{\bar{g}_{ij}\eta^i\eta^j}};$$

insbesondere ist die Orthogonalität invariant. Gilt $g_{12} = g_{21} = 0$, dann muß auch $\bar{g}_{12} = \bar{g}_{21} = 0$ sein; ist etwa $(1, 1) \perp (\eta^1, \eta^2) \neq 0$, dann gilt

$$g_{ij}\xi^i\eta^j = g_{11}\eta^1 + g_{22}\eta^2 = 0 = \bar{g}_{ij}\xi^i\eta^j$$
$$= \bar{g}_{11}\eta^1 + \bar{g}_{22}\eta^2,$$

d. h. $\bar{g}_{ij} = cg_{ij}$. Andernfalls sei $(1, 0) \perp (\eta^1, \eta^2)$; wegen

$$g_{11}\eta^1 + g_{12}\eta^2 = 0 = \bar{g}_{11}\eta^1 + \bar{g}_{12}\eta^2$$

gilt zunächst $\bar{g}_{1i} = c_1 g_{1i}$. Entsprechend erhalten wir noch $\bar{g}_{2j} = c_2 g_{2j}$ und mit $c_1 g_{12} = \bar{g}_{12} = \bar{g}_{21} = c_2 g_{21}$ noch $c_1 = c_2$. Aus der Invarianz der Orthogonalität ergibt sich in jedem Fall

$$\bar{g}_{ij} = c(u^1, u^2)\, g_{ij} \tag{52c}$$

mit $c(u^1, u^2) > 0$. Wie man leicht sieht, folgt umgekehrt aus (52c) die Winkeltreue, so daß (52c) für winkeltreue Abbildungen kennzeichnend ist. Die Tissotschen Indikatrizen in den Tangentialebenen der Bildfläche sind Kreise vom Radius $\sqrt{c(u^1, u^2)}$; dabei ist $c = c(u^1, u^2)$ nur im Fall der Ähnlichkeitsabbildung konstant. Die Winkeltreue ist für Seekarten ausschlaggebend.

d) *Inhaltstreue (oder flächentreue) Abbildungen.* Aus der Gleichheit von Flächeninhalten

$$\int_B\int \sqrt{g}\, du^1\, du^2 = \int_B\int \sqrt{\bar{g}}\, du^1\, du^2$$

für alle B folgt

$$\bar{g} = g \tag{52d}$$

[1]) Dieser Name wurde 1844 von Gauss eingeführt.

und umgekehrt. Tissotsche Indikatrix und Einheitskreis stimmen im Flächeninhalt überein; da eine Ellipse mit a, b als den Halbachsenlängen den Flächeninhalt πab hat, müssen die Hauptverzerrungen reziprok zueinander sein (Abb. 27).

Im wesentlichen inhaltstreu oder *flächentreu* sind Abbildungen, die der Gleichung

$$\bar{g} = c^2 g \tag{52e}$$

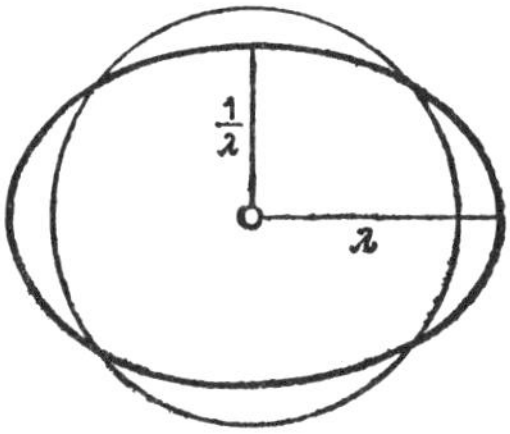

Abb. 27

mit einem konstanten Faktor $c^2 > 0$ genügen. Somit sind die Verhältnisse von Flächeninhalten invariant. Diese Eigenschaft wird überwiegend für Landkarten angestrebt.

Angesichts der Forderungen (52a—e) ist es naheliegend, Abbildungen mit

$$\bar{\Gamma}^h_{ij} = \Gamma^h_{ij} \tag{52f}$$

zu betrachten; sie werden *affin* genannt. Nach dem Satz 3.11b gehen dabei Geodätische in Geodätische über. Schließlich heißen Abbildungen, bei denen das

Bild einer Geodätischen geodätisch (52g)

ist, *geodätisch.*

Offenbar hat jede isometrische Abbildung auch die Eigenschaften b bis g, jede Ähnlichkeit die Eigenschaften c und e bis g. Wie man leicht sieht, folgt a aus b und d, b entsprechend aus c und e; f ergibt offensichtlich g und folgendermaßen e: Aus f folgt

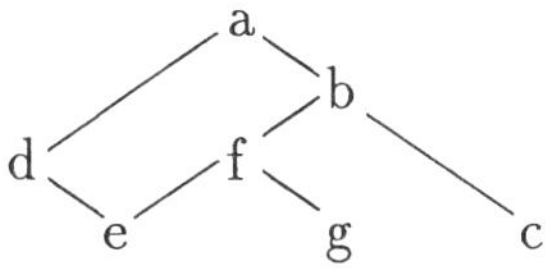

$$\bar{\Gamma}^i_{ij} = \Gamma^i_{ij} = \frac{g^{ik}}{2}(-g_{ij,k} + g_{jk,i} + g_{ki,j}) = \frac{g^{ik}}{2} g_{ki,j} = \tfrac{1}{2}(ln\ g)_{,j}\,,$$

kurz $(ln\ \bar{g})_{,j} = (ln\ g)_{,j}$ und folglich $(ln \frac{\bar{g}}{g})_{,j} = 0$ für alle j, d.h. e.

(Nach [12, S. 123] folgt noch b aus c und g sowie f aus e und g.)

Zusammenfassung: Vgl. den nebenstehenden Graphen.

Bezüglich der Implikation c $\wedge$ g $\Rightarrow$ b vergleiche man die schwächere Behauptung in der folgenden Aufgabe, bezüglich der Verträglichkeit von $\neg$ b, c, e und g wollen wir ohne Beweis nur bemerken, daß sie davon abhängt, ob die Flächen in die Ebene abwickelbar sind oder nicht.

Für die Darstellung der Erdoberfläche sind im wesentlichen isometrische und flächentreue Abbildungen (Globen bzw. politische oder statistische Landkarten) sowie die winkeltreuen Abbildungen (Seekarten) die häufigsten Sonderformen. Um eine Übersicht über alle möglichen flächen- bzw. winkeltreuen Abbildungen zu erhalten, können aus e bzw. c Differentialgleichungen für geeignete Parameterlinien aufgestellt und ihre Lösbarkeit diskutiert werden. Wir wollen uns damit begnügen, im Anhang die üblichen Netzentwürfe für Atlanten anzugeben und auf die Eigenschaften a bis g hin zu untersuchen.

Aufgabe

Man zeige, daß jede konforme und affine Abbildung im wesentlichen isometrisch ist.

Anleitung. Man berechne für eine konforme Abbildung die Christoffelsymbole, um nach (52f)

$$0 = \frac{g^{hr}}{2c}\left(-c_r g_{ij} + c_i g_{jr} + c_j g_{ri}\right)$$

$$= -\frac{g^{hr} c_r}{2c}\, g_{ij} + \frac{c_i \delta_j^h + c_j \delta_i^h}{2c}$$

zu erhalten. Für $h \neq i = j$ läßt sich die äquivalente Gleichung

$$\frac{\partial c}{\partial u^r} = c_r = 0$$

herleiten, nach der $c = c(u^1, u^2)$ konstant sein muß.

Anhang. Kartennetzentwürfe

Vor dem Zeitalter der Sputniks und Raumschiffe konnte die Gestalt der Erde nur auf der Grundlage von Messungen auf ihrer Oberfläche bestimmt werden. Die Justierung der Meßgeräte erfolgt mit Hilfe von Loten oder Flüssigkeitslibellen und damit letzten Endes mit Hilfe der Schwerkraft. Auf der ruhend gedachten Oberfläche der Weltmeere ist die Richtung eines physikalischen Lotes in jedem Punkt Flächennormale (= mathematisches

Lot), d. h., daß diese Oberfläche Teil einer Niveaufläche des Schwerepotentials ist, welche *Geoid* genannt wird. Das Geoid ist annähernd ein Rotationsellipsoid

$$P = (A \sin \vartheta \cos \varphi, A \sin \vartheta \sin \varphi, B \cos \vartheta),$$

das *mittlere Erdellipsoid*. Dabei gilt $(A - B) : A = 1{:}298{,}25$.

Die Abweichung von Geoid und mittlerem Erdellipsoid, die mitunter kartenmäßig festgehalten wird, liegt überall weit unter 100 m. Trotzdem spielt das Geoid bei großmaßstäbigen Vermessungen und für Berechnungen in der Raketentechnik eine wichtige Rolle, da seine Grundlage die Schwerkraft bildet, die von der Verteilung und Dichte der Massen abhängt.

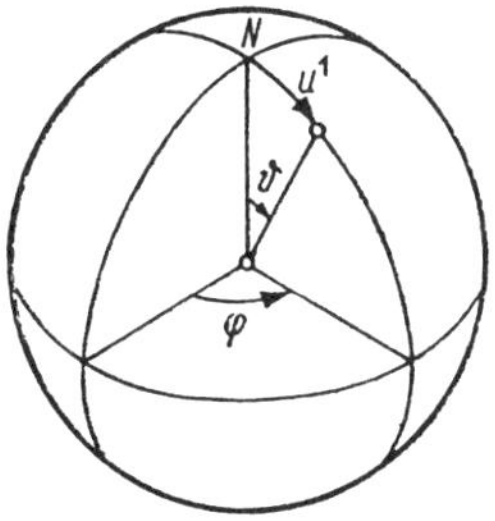

Abb. 28

Im folgenden werden wir wegen der (im Sinne unserer Zielstellung) geringen Abweichungen von Geoid und mittlerem Erdellipsoid beide durch eine Erdkugel mit dem Radius $R \approx 6370$ km ersetzen, obwohl $A - B$ rund 21,476 km beträgt.

Für die Parameterdarstellung einer Kugelfläche sind wir von Polarkoordinaten, von *Polabstand* ϑ und *Azimut* φ ausgegangen. Um auf den Meridianen den natürlichen Parameter zu erhalten, wurde $u^1 = R\vartheta$ und $u^2 = \varphi$ mit $0 < \vartheta < \pi$ und $-\pi \leqq \varphi \leqq \pi$ gesetzt (Abb. 28);

$$P(u^1, u^2) = (R \sin \vartheta \cos \varphi, R \sin \vartheta \sin \varphi, R \cos \vartheta)$$

ergibt nach Beispiel (3.1)

$$g_{11} = 1, \qquad g_{12} = g_{21} = 0, \qquad g_{22} = R^2 \sin^2 \vartheta.$$

Wenn wir bei den in der Kartographie üblichen Breiten- und Längenangaben „nördlich" bzw. „östlich" mit „+" und „südlich" bzw. „westlich" mit „−" identifizieren, dann ist $\frac{\pi}{2} - \vartheta$ die *Breite* und φ die *Länge*.

In der Kartographie wird das Gradnetz einer Kugel (oder eines an den Polen abgeplatteten Rotationsellipsoides) entweder auf eine Tangentialebene (Abb. 29 bis 32a) oder zunächst auf eine Drehkegel- bzw. -zylinderfläche abgebildet, deren Achse durch den Kugelmittelpunkt geht, um sie dann längs einer Mantellinie aufzuschneiden und in die Ebene abzuwickeln (vgl. etwa Abb. 35); somit haben wir am Kartenrand im allgemeinen keine Stetigkeit. Bei der Abbildung enthält jede Ebene durch den Berührungsradius g bzw. die Kegel- oder Zylinderachse g neben einem Großkreis auch dessen Bild; von den Bildern der Kleinkreise in den zu g senkrechten Ebenen wird verlangt, daß ihre Bilder konzentrische Kreise bzw. Geraden werden (vgl. z. B. Abb. 30 und 35). Einige mathematisch abgeleitete Netzentwürfe, die noch eine der eben beschriebenen Eigenschaften besitzen (z. B. konzentrische Kreise als Bilder der oben beschriebenen Kleinkreise, vgl. Abb. 32b und 33), werden in diesem Sprachgebrauch als „unechte" Azimutal-, Kegel- bzw. Zylinderentwürfe klassifiziert. In der Kartographie wird oft allgemein von „Projektionen" gesprochen, obwohl nur einige der Abbildungen Parallel- bzw. Zentralprojektionen sind. Ganz und gar verwerflich ist es, von „längentreuer Projektion" zu sprechen, wenn etwa nur die Meridiane längentreu abgebildet werden.

Im folgenden geben wir einige Beispiele, wobei wir statt $\bar{u}^1$, $\bar{u}^2$ hier x, y oder r, φ bei kartesischen bzw. Polarkoordinaten der Ebene schreiben.

a) *Orthographischer Entwurf*

Er entsteht wie in der darstellenden Geometrie bei senkrechter Parallelprojektion auf eine Tangentialebene, die hier auch *orthographische Projektion* genannt wird (Abb. 29). Man findet leicht, daß die Abbildung weder winkeltreu (52c) noch flächentreu (52e) ist. Da Großkreise, die nicht durch den Berührungspunkt von Kugel und Tangentialebene gehen, auf Ellipsen abgebildet werden, ist die senkrechte Parallelprojektion auch nicht geodätisch (52g). Somit besitzt sie keine der Eigenschaften a bis g (vgl. Abb. 30a).

b) *Gnomonischer Entwurf*

Er ist das Ergebnis der Zentralprojektion vom Kugelmittelpunkt auf eine Tangentialebene (Abb. 30b). Weil jeder Großkreis in eine Gerade projiziert wird, ist diese Abbildung geodätisch.

c) *Stereographischer Entwurf*

Ist P der Berührungspunkt von Kugel und Tangentialebene ε, so liefert die Zentralprojektion vom Gegenpol Q des Punktes P auf ε (*stereographische Projektion*) den stereographischen Entwurf als Bild des Gradnetzes (Abb. 31). Für die Polarkoordinaten erhalten wir (Abb. 32a)

$$r = 2R \tan \frac{\vartheta}{2} = 2R \tan \frac{u^1}{2R}$$

Abb. 29

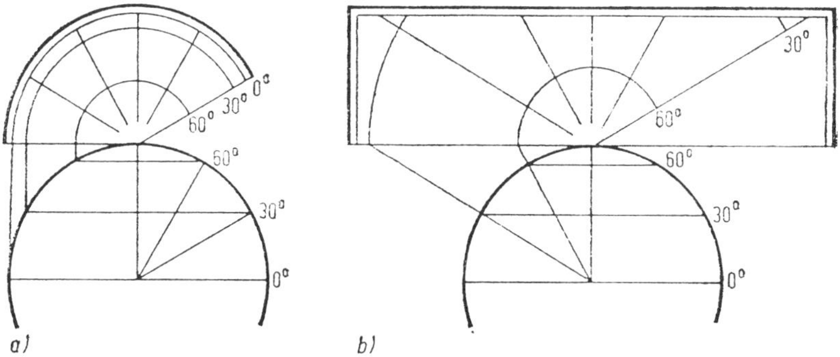

Abb. 30

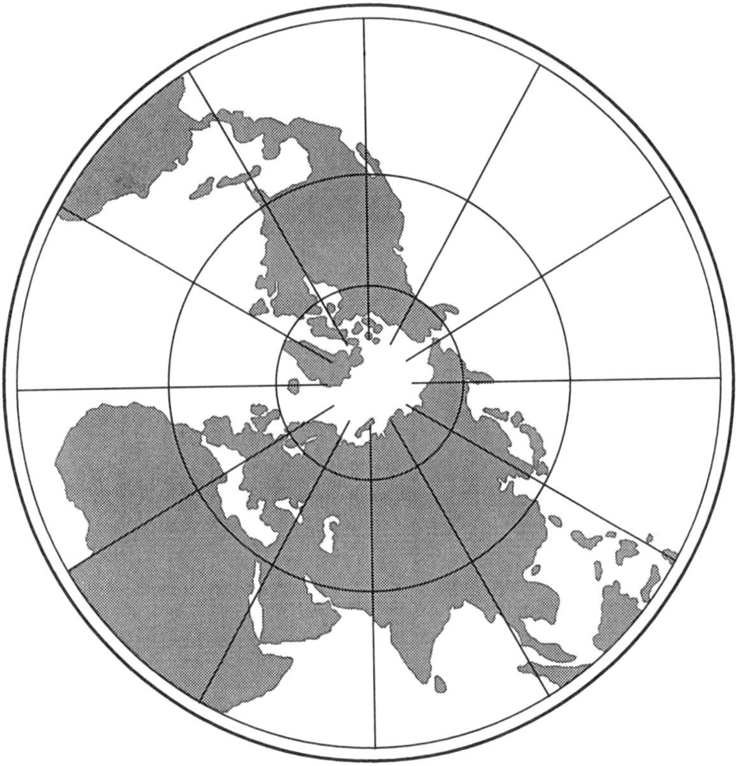

Abb. 31

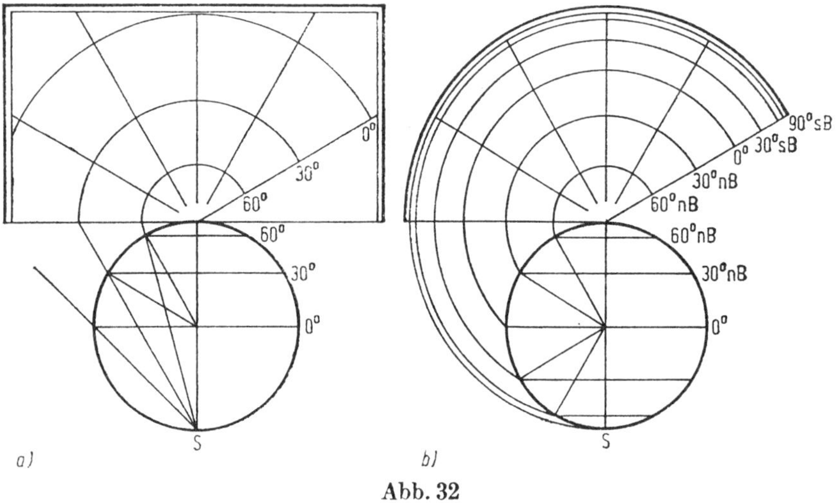

Abb. 32

neben $\bar{u}^2 = \varphi = u^2$. Aus den metrischen Fundamentalgrößen der Ebene in Polarkoordinaten (vgl. (**2.12´**))

$$\bar{g}_{11}(\bar{u}^1, \bar{u}^2) = 1, \qquad \bar{g}_{12}(\bar{u}^1, \bar{u}^2) = 0, \qquad \bar{g}_{22} = (\bar{u}^1, \bar{u}^2) = r^2$$

erhalten wir nach (50′)

$$\bar{g}_{11}(u^1, u^2) = \bar{g}_{11}(\bar{u}^1, \bar{u}^2)\left(\frac{\partial r}{\partial u^1}\right)^2 + 2\bar{g}_{12}(\bar{u}^1, \bar{u}^2)\frac{\partial r}{\partial u^1}\frac{\partial \varphi}{u^1} + \bar{g}_{22}(\bar{u}^1, \bar{u}^2)\left(\frac{\partial \varphi}{\partial u^1}\right)^2$$

$$= \frac{1}{\cos^4 \dfrac{u^1}{2R}},$$

$$\bar{g}_{12}(u^1, u^2) = \bar{g}_{11}(\bar{u}^1, \bar{u}^2)\,\frac{\partial r}{\partial u^1}\,\frac{\partial r}{\partial u^2} + \cdots + \bar{g}_{22}(\bar{u}^1, \bar{u}^2)\,\frac{\partial \varphi}{\partial u^1}\cdot\frac{\partial \varphi}{\partial u^2} = 0,$$

$$\bar{g}_{22}(u^1, u^2) = \bar{g}_{11}(\bar{u}^1, \bar{u}^2)\left(\frac{\partial r}{\partial u^2}\right)^2 + \cdots + \bar{g}_{22}(\bar{u}^1, \bar{u}^2)\left(\frac{\partial \varphi}{\partial u^2}\right)^2$$

$$= \left(2R \tan \frac{u^1}{2R}\right)^2,$$

so daß schließlich

$$\bar{g}_{22}(u^1, u^2) = \frac{1}{\cos^4 \dfrac{\vartheta}{2}}\left(4R^2 \sin^2 \frac{\vartheta}{2} \cos^2 \frac{\vartheta}{2}\right) = \frac{1}{\cos^4 \dfrac{\vartheta}{2}}\, R^2 \sin^2 \vartheta$$

folgt. Wir haben

$$\bar{g}_{ij}(u^1, u^2) = c(u^1, u^2)\, g_{ij}(u^1, u^2), \quad c(u^1, u^2) = \frac{1}{\cos^4 \dfrac{u^1}{2R}},$$

d. h., daß diese Abbildung winkeltreu ist.

Eine weitere Eigenschaft der stereographischen Projektion ist ihre Kreistreue: Das Bild eines Kreises der Kugelfläche ist wieder ein Kreis oder eine Gerade und umgekehrt. a) Wir betrachten einen Kreis k in der Kugelfläche und die Kegel- bzw. Zylinderfläche, die die Kugel in k berührt. Die Mantellinien stehen auf k senkrecht, ihre Bilder bilden ein Geradenbüschel, das wegen der Winkeltreue von $\bar{k}$ senkrecht durchsetzt wird; $\bar{k}$ ist folglich ein Kreis, wenn sich die Bilder der Mantellinien in einem Punkt $\overline{M}$ treffen, oder eine Gerade, wenn sie untereinander parallel sind. b) Die Umkehrung kann gezeigt werden, indem von einem Kreis oder einer Geraden der Tangentialebene drei Punkte und durch ihre Urbilder ein Kreis k betrachtet werden. Man begründe die Behauptung mit Hilfe von a).

d) *Lambertscher Azimutalentwurf*

JOHANN HEINRICH LAMBERT (1728—1777) befaßte sich während seiner 1765 beginnenden Tätigkeit an der Berliner Akademie u. a. mit Entwürfen mathematisch exakter Karten. Dabei gab er 1772 eine winkeltreue Verallgemeinerung der stereographischen Projektion, aber auch folgenden inhaltstreuen Azimutalentwurf an (Abb. 32b):

$$r = 2R \sin\frac{\vartheta}{2} = 2R \sin\frac{u^1}{2R}, \qquad \varphi = u^2,$$

bei dem die Kugeloberfläche ($F = 4\pi R^2$) auf einen Kreis vom Radius $2R$ abgebildet wird. Wegen

$$\bar{g}_{11}(u^1, u^2) = \cos^2\frac{u^1}{2R}, \qquad \bar{g}_{12}(u^1, u^2) = 0,$$

$$\bar{g}_{22}(u^1, u^2) = r^2 = 4R^2 \sin^2\frac{u^1}{2R}$$

erhalten wir mit

$$\bar{g} = 4R^2 \sin^2\frac{u^1}{2R} \cos^2\frac{u^1}{2R} = R^2 \left(2 \sin\frac{u^1}{2R} \cos\frac{u^1}{2R}\right)^2 = R^2 \sin^2\frac{u^1}{R} = g$$

die behauptete Inhaltstreue.

Die folgenden Entwürfe e) bis h) sind ebenfalls flächentreu:

e) *Bonnescher Entwurf*

Der Entwurf in Abb. 33 ist ein „unechter" Kegelentwurf. Er wurde schon um 150 u. Z. von KLAUDIOS PTOLEMAIOS (85—165) in Alexandria und 1514 von JOHANN WERNER (1468—1528) und JOHANN STAB (gest. 1522) benutzt, die Flächentreue hat RIGOBERT BONNE (1727—1795) erkannt und 1752 eine Abbildungsvorschrift angegeben, die in unserer Bezeichnungsweise folgendes Aussehen hat:

$$r = u^1 - u_0^1, \qquad \varphi = \frac{u^2 \sin\dfrac{u^1}{R}}{u^1 - u_0^1}.$$

Ihre Flächentreue erkennen wir folgendermaßen: Ist

$$A = \begin{pmatrix} 1 & 0 \\ 0 & r^2 \end{pmatrix} \quad \text{und} \quad B = \begin{pmatrix} \dfrac{\partial r}{\partial u^1} & \dfrac{\partial r}{\partial u^2} \\[2ex] \dfrac{\partial \varphi}{\partial u^1} & \dfrac{\partial \varphi}{\partial u^2} \end{pmatrix}$$

die Funktionalmatrix, dann gilt

$$\left(\bar{g}_{ij}(u^1, u^2)\right) = B^{\mathsf{T}} A B, \qquad \bar{g} = |A| \cdot |B|^2.$$

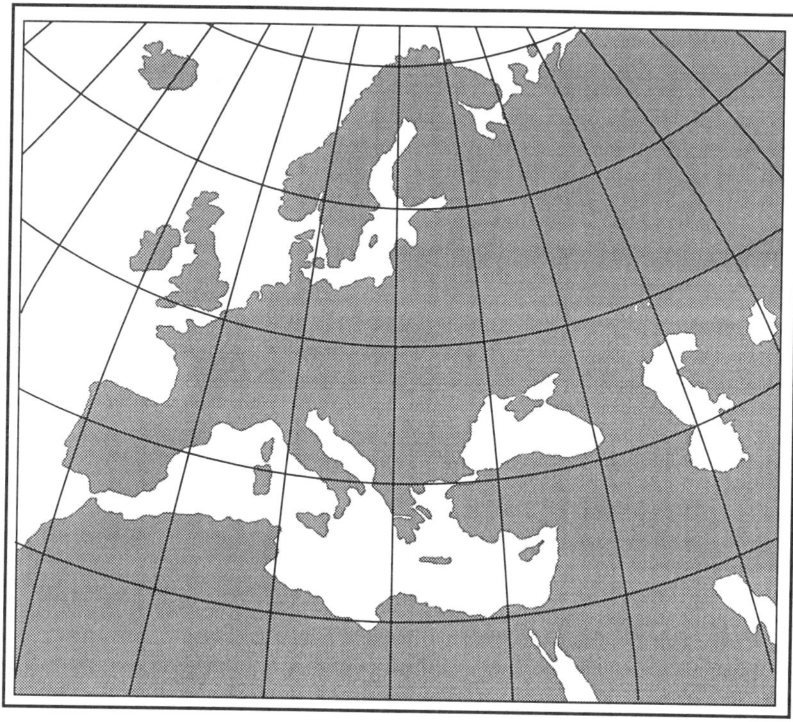

Abb. 33

Wegen $|B| = \frac{1}{r} \sin \frac{u^1}{R}$ haben wir schließlich

$$\bar{g} = r^2 \cdot \frac{1}{r^2} \sin^2 \frac{u^1}{R} = \sin^2 \frac{u^1}{R} = \frac{1}{R^2} g.$$

Auf Befehl Napoleons wurde die Generalstabskarte Frankreichs auf der Grundlage dieses Entwurfes ausgeführt; auch heute werden Karten noch verbreitet auf dieser Grundlage hergestellt. Wegen $r = u^1 - u_0^1$ sind die Bilder der Breitenkreise konzentrische Kreise der Karte.

f) *Entwurf von Sanson und Flamsteed*
Wegen der Abbildungsvorschrift

$$x = u^2 \sin \frac{u^1}{R}, \qquad y = \frac{\pi}{2} - \frac{u^1}{R}$$

erhalten wir die Funktionaldeterminante

$$\begin{vmatrix} \frac{u^2}{R}\cos\frac{u^1}{R} & -\frac{1}{R} \\ \sin\frac{u^1}{R} & 0 \end{vmatrix} = \frac{1}{R}\sin\frac{u^1}{R};$$

die **Flächentreue** ergibt sich wie folgt:

$$\bar{g} = \frac{1}{R^2}\sin^2\frac{u^1}{R} = \frac{1}{R^4}g.$$

g) *Mollweidescher Entwurf*

Soll die Halbkugel $-\frac{\pi}{2} \leqq u^2 \leqq \frac{\pi}{2}$ auf die Fläche des Kreises

$$x = \sqrt{2}R\cos t, \qquad y = \sqrt{2}R\sin t$$

und die ganze Oberfläche auf die Fläche der Ellipse mit den Halbachsen $a = 2\sqrt{2}R$, $b = \sqrt{2}R$ abgebildet werden, dann kann das nach KARL BRANDEN MOLLWEIDE (1774—1825, 1805) mit Hilfe der Abbildungsgleichungen

$$x = \frac{2\sqrt{2}}{\pi}Ru^2\cos t, \qquad y = \sqrt{2}\,R\sin t, \qquad \pi\cos\frac{u^1}{R} = 2t + \sin 2t$$

geschehen (Abb. 34a). Diese Abbildung ist wegen

$$\begin{aligned} \bar{g} &= |A|\,|B|^2 = |B|^2 \\ &= \begin{vmatrix} \frac{\partial x}{\partial u^1} & \frac{2\sqrt{2}}{\pi}R\cos t \\ \sqrt{2}\,R\cos t\frac{dt}{du^1} & 0 \end{vmatrix}^2 \\ &= \left(-\frac{4R^2}{\pi}\cos^2 t\,\frac{dt}{du^1}\right)^2 = \left(\frac{4R^2}{\pi}\cos^2 t\,\frac{\pi\sin\frac{u^1}{R}}{R(2+2\cos 2t)}\right)^2 \\ &= \left(R\sin\frac{u^1}{R}\cdot\frac{2\cos^2 t}{1+\cos 2t}\right)^2 = R^2\sin^2\frac{u^1}{R} = g \end{aligned}$$

inhaltstreu.

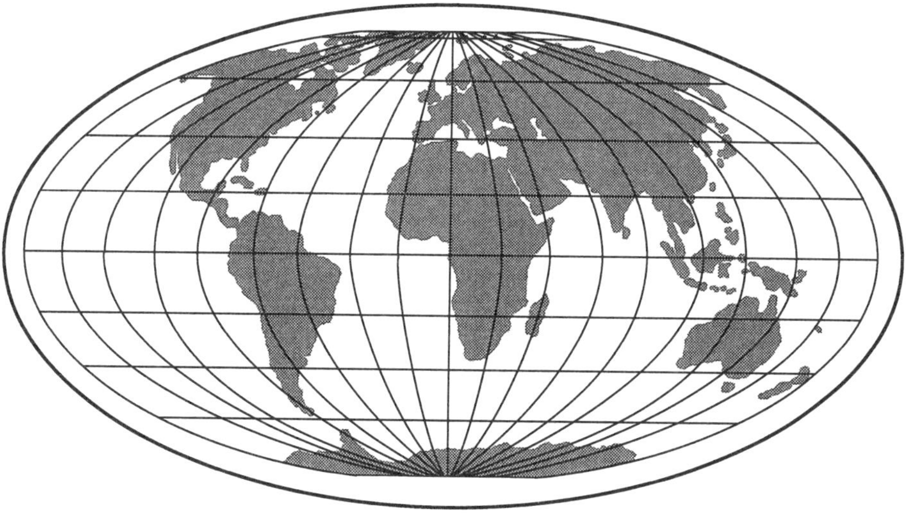

Abb. 34a

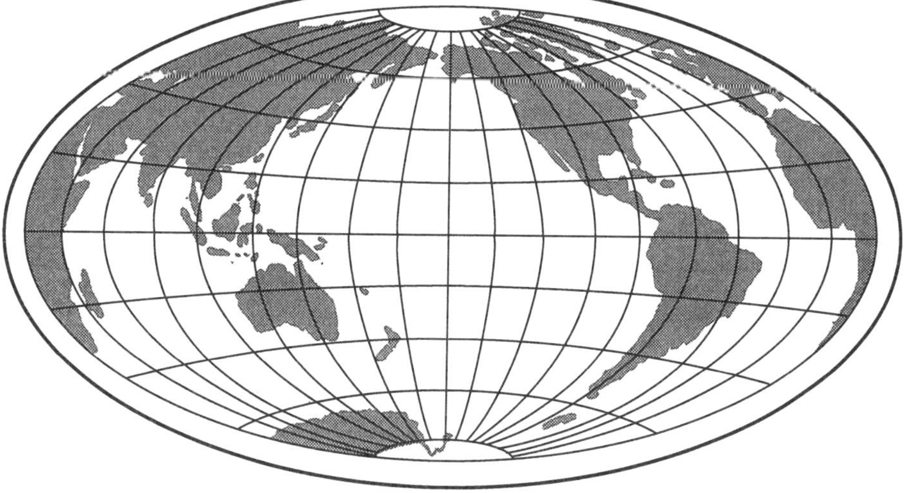

Abb. 34b

Der Mollweidesche Entwurf kann mit HAMMERS[1]) flächentreuen Planisphäre (Abb. 34b) verglichen werden: Wird ein Punkt $\bar{N}$ des Äquators als neuer Pol gewählt, so hat jeder Punkt der Kugel einen neuen Polabstand $\bar{\vartheta}$ bzw. Azimut $\bar{\varphi}$. Gemäß d) ergibt das in der Tangentialebene von $\bar{N}$

$$\bar{r} = 2R \sin\frac{\bar{\vartheta}}{2} \text{ bzw. } \bar{x} = 2R \sin\frac{\bar{\vartheta}}{2} \cos\bar{\varphi}, \quad \bar{y} = 2R \sin\frac{\bar{\vartheta}}{2} \sin\bar{\varphi}.$$

Die Modifikation dieses Lambertschen (äquatorialen) Azimutalentwurfes durch HAMMER besteht in der anschließenden Abbildung

$$(\bar{x}, \bar{y}) \mapsto (x, y) = (2\bar{x}, \bar{y}),$$

die noch flächentreu ist. Nach Sinus- und Kosinussatz der sphärischen Trigonometrie gilt dabei

$$\cos\bar{\vartheta} = \sin\frac{u^1}{R} \cos u^2, \qquad \cos\bar{\varphi} = \frac{\cos\frac{u^1}{R}}{\sin\vartheta}.$$

h) *Entwurf von Archimedes* (287—212 v. u. Z.) *und Lambert*

Legen wir um die Kugel eine Zylinderfläche derart, daß sie den Äquator enthält, und projizieren wir die Oberfläche der Kugel auf den Zylinder (Abb. 35a), dann gilt nach der Abwicklung in die Ebene

$$x = Ru^2, \qquad y = R\cos\frac{u^1}{R}.$$

Die Seitenlängen des Bildbereiches sind $2\pi R$ und $2R$ (Abb. 35b). Auch hier ergibt die Funktionaldeterminante

$$\begin{vmatrix} 0 & -\sin\frac{u^1}{R} \\ R & 0 \end{vmatrix} = R\sin\frac{u^1}{R}$$

wegen

$$\bar{g} = R^2 \sin^2\frac{u^1}{R} = g$$

sofort die Inhaltstreue. Dieser Entwurf ist in LAMBERTS *Beyträgen zum Gebrauche der Mathematik und deren Anwendung* (1765—1772) enthalten; in Ostwalds Klassiker der exakten Wissenschaften wurde u. a. der Teil

---

[1]) ERNST HAMMER (1858—1925).

Anmerkungen und Zusätze zur Entwerfung der Land- und Himmelscharten nachgedruckt.

Auch heute noch kann die von GERHARD KREMER (1512—1594) im Jahre 1569 veröffentlichte Weltkarte (Abb. 36) als faszinierendes Beispiel für den menschlichen Erfindergeist gelten. Ihre Abbildungsgleichungen gab 1645 HENRY BOND (1600—1678), ihre mathematische Fundierung erfolgte gar erst 1666 durch NIKOLAUS KAUFFMANN (lat. MERCATOR, 1620—1687) und 1695 durch EDMUND HALLEY (1656—1742). Da die lateinisierte Form von KREMER MERCATOR lautet, spricht man allgemein vom

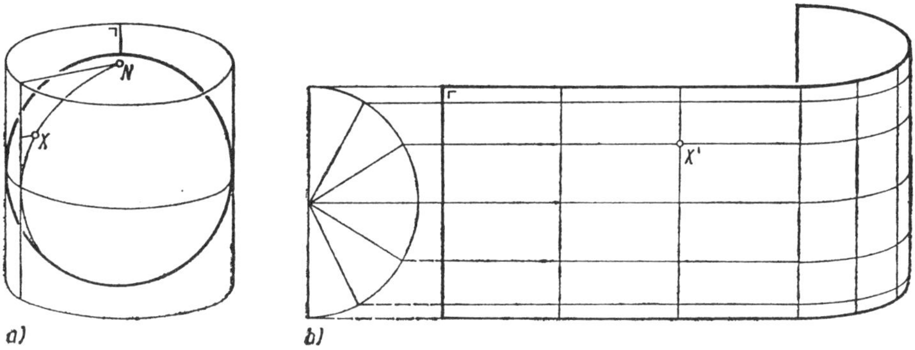

Abb. 35

i) *Mercatorentwurf*

Bei ihm hängen die kartesischen Koordinaten folgendermaßen von unseren Parametern u^1, u^2 der Kugel ab (Abb. 35):

$$x = Ru^2, \qquad y = R \ln \cot \frac{u^1}{2R}.$$

Offenbar ist das Bild der Kugelfläche ein Streifen der Breite $2\pi R$. Wie beim Entwurf von ARCHIMEDES und LAMBERT gehen Breiten- und Längenkreise in Parallelen zu den Koordinatenachsen über. Doch was hat diesen Entwurf so berühmt gemacht, warum ist er noch heute die Grundlage der Seekarten? Er ist, wie wir gleich nachweisen werden, winkeltreu; da die Bilder der Meridiane Parallelen zur y-Achse sind, folgt daraus: *Die Kugelloxodromen, die Kurven konstanten Kurses* (konstanter Winkel zwischen Meridian und Kurve) *sind gerade, d. h., sie können auf der Seekarte mit dem Lineal bestimmt werden.*

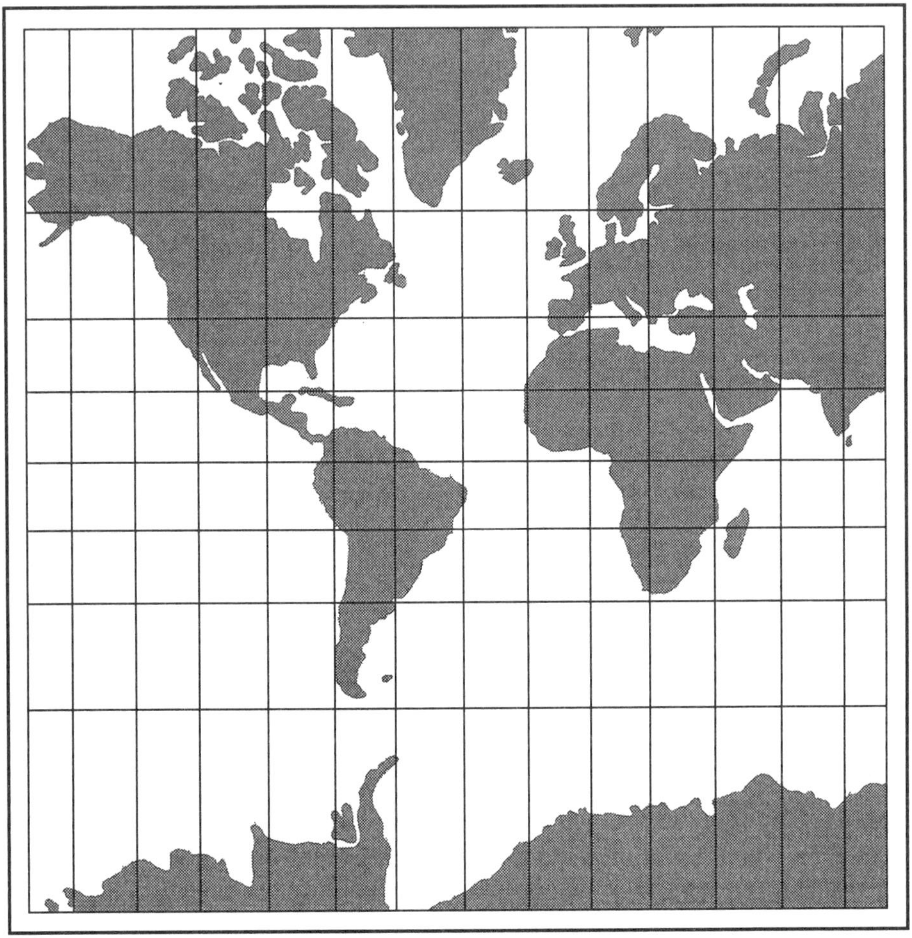

Abb. 36

Da diese für die Anwendung entscheidende Eigenschaft von der Winkeltreue abhängt, geben wir abschließend ihren Nachweis. Zunächst gilt

$$\frac{\partial x}{\partial u^1} = 0, \quad \frac{\partial x}{\partial u^2} = R,$$

$$\frac{\partial y}{\partial u^1} = \frac{R}{\cot \dfrac{u^1}{2R}} \cdot \frac{-1}{2R \sin^2 \dfrac{u^1}{2R}} = \frac{-1}{\sin \dfrac{u^1}{R}}, \qquad \frac{\partial y}{\partial u^2} = 0.$$

Somit können wir $\bar{g}_{ij}(u^1, u^2)$ nach (50′) berechnen:

$$\bar{g}_{11}(u^1, u^2) = 1 \cdot \left(\frac{-1}{\sin \frac{u^1}{R}}\right)^2 = \frac{1}{\sin^2 \frac{u^1}{R}},$$

$$\bar{g}_{12}(u^1, u^2) = 0 = \bar{g}_{21}(u^1, u^2),$$

$$\bar{g}_{22}(u^1, u^2) = 1 \cdot R^2 = R^2.$$

Folglich ergibt der Vergleich mit den metrischen Fundamentalgrößen der Kugel

$$\bar{g}_{ij} = \frac{g_{ij}}{\sin^2 \frac{u^1}{R}};$$

der Faktor $c = c(u^1, u^2)$ hängt hier nur vom Polabstand und damit nur von der geographischen Breite ab.

Bemerkung. Mercatorkarten wurden auch von Pedro Nuñez Salaciense (1502—1578) schon vor 1559 hergestellt.

Aufgabe

Man bestätige die Inhaltstreue des Mollweideschen Entwurfes.

Anleitung. Aus $f(u^1, t) := \pi \cos \frac{u^1}{R} - 2t - \sin 2t$ läßt sich

$$\frac{dt}{du^1} = -\frac{f_{u^1}}{f_t}$$

ermitteln.

4. Einführung in die Riemannsche Geometrie

Bernhard Riemann (1826 in Breselenz/Hannover geb., 1866 in Selasca/Lago Maggiore gest.) hat, von der Flächentheorie ausgehend, im Beisein von Gauss in seiner Habilitationsvorlesung „Über die Hypothesen, welche der Geometrie zugrunde liegen" wesentliche Gedanken seiner Theorie dargelegt. Da bei uns bisher die Grundzüge der Flächentheorie vorliegen, befinden wir uns bezüglich des Verständnisses der Riemannschen Geometrie in einer ähnlichen Situation wie die Zuhörer von 1854. Seither wurde die Theorie inhaltlich ausgebaut und methodisch aufbereitet. Davon werden wir im folgenden profitieren.

4.1. Differenzierbare Mannigfaltigkeiten

Das vorige Kapitel hat gelehrt, daß zweidimensionale Geometrie nicht denknotwendig ebene euklidische Geometrie sein muß. Ein wesentlicher Aspekt war dort die Möglichkeit, „zweidimensional zu koordinatisieren", d. h. die Angabe einer zulässigen Darstellung $P = P(u^1, u^2)$ mit Hilfe von zwei Parametern. Der andere wesentliche Aspekt bestand in der Berechnung von Längen mit Hilfe der metrischen Fundamentalgrößen $g_{ik} = g_{ik}(u^1, u^2)$.

Zunächst geht es uns um die Verallgemeinerung des ersten Aspektes. Wenn wir den Raum koordinatisieren wollen, müssen wir zwangsläufig eine stillschweigende Voraussetzung des vorigen Kapitels aufgeben, nämlich die Voraussetzung, alle Flächen als Teilmengen des Anschauungsraumes aufzufassen. Doch welche Eigenschaften besaß dort die Menge der Punkte, die eine sinnvolle Formulierung des Begriffes der zulässigen Parameterdarstellung gestatten? Um eine Antwort auf diese Frage zu finden, erinnern wir uns: Eine Parameterdarstellung ist eine Abbildung in die Menge der Punkte, die selbst stetig ist und stetige Ableitungen besitzt. Die Stetigkeit einer Abbildung in die Menge der Punkte wird überprüfbar, wenn wir für jeden Punkt die Menge seiner Umgebungen kennen. Wir werden den Begriff der Umgebung in einer Punktmenge als Grundbegriff verwenden; um einfache Grenzwertaussagen herleiten zu können, formulieren wir zwei Axiome:

Definition. Gegeben sei ein Paar $(\mathfrak{P}, \mathfrak{U})$, wobei $\mathfrak{P}$ eine Menge und $\mathfrak{U}$ eine Menge von Teilmengen von $\mathfrak{P}$ ist. Wir nennen $P \in \mathfrak{P}$ *Punkt*, $U \in \mathfrak{U}$

(*offene*) *Umgebung* und $(\mathfrak{P}, \mathfrak{U})$ einen *Hausdorffschen Raum*[1]) genau dann, wenn es

(1) für alle $P \in \mathfrak{P}$ und $U, U' \in \mathfrak{U}$ mit $P \in U, U'$ ein Element $V \in \mathfrak{U}$ mit $P \in V \subseteqq U, U'$,

(2) zu jedem $P \in \mathfrak{P}$ ein $U \in \mathfrak{U}$ mit $P \in U$ und zu je zwei Elementen $P, Q \in \mathfrak{P}$ Elemente $U, V \in \mathfrak{U}$ mit $P \in U, Q \in V$ und $U \cap V = \emptyset$[2])

gibt. Statt $P \in U \in \mathfrak{U}$ schreiben wir auch kurz U_P oder $U(P)$ und nennen U_P eine *Umgebung von P*.

Im Hausdorffschen Raum läßt sich *Konvergenz* erklären: *P_n strebt gegen P*, kurz $P_n \to P$, genau dann, wenn jede Umgebung von P fast alle P_n ($n \in \mathbf{N}$) enthält. Zur Rechtfertigung der Schreibweise

$$P = \lim_{n \to \infty} P_n$$

beweisen wir, daß unter der Voraussetzung $P_n \to P$ für keinen von P verschiedenen Punkt Q ebenfalls $P_n \to Q$ gelten kann: Nach T_2 gibt es disjunkte Umgebungen U_P und U_Q. Wegen $P_n \to P$ enthält U_P fast alle P_n und folglich U_Q nur endlich viele P_n, d. h., P_n strebt nicht gegen Q.

In einem Hausdorffschen Raum heißt eine Punktmenge M genau dann *offen*, wenn jeder Punkt aus M eine in M enthaltene Umgebung besitzt. Offenbar ist jede Umgebung U offen, denn für alle $P \in U$ gilt $P \in U \subseteqq U$. Die Menge $\mathfrak{O}$ aller offenen Mengen eines Hausdorffschen Raumes nennen wir dessen *Topologie*.[3]) Gemäß der obigen Bemerkung gilt $\mathfrak{U} \subseteqq \mathfrak{O}$.

---

[1]) Nach Felix Hausdorff (1868—1942), von dem das Werk „Grundzüge der Mengenlehre" (1914) besonders genannt sei.

[2]) Der erste Teil von (2) wird nur dann benötigt, wenn $\mathfrak{P}$ höchstens einen Punkt besitzt, der zweite Teil von (2) wird *Hausdorffsches Trennungsaxiom* genannt und mit T_2 bezeichnet.

[3]) Aus (1) und (2_1) gewinnen wir ohne T_2 folgende Eigenschaften von $\mathfrak{O}$:

1. $\emptyset, \mathfrak{P} \in \mathfrak{O}$, 2. $M, N \in \mathfrak{O} \Rightarrow M \cap N \in \mathfrak{O}$, 3. $\mathfrak{M} \subseteqq \mathfrak{O} \Rightarrow \bigcup \mathfrak{M} \in \mathfrak{O}$.

Beweis. Offensichtlich ist $\emptyset$ offen, während das für $\mathfrak{P}$ nach (2_1) zutrifft. Sind M und N offen und gilt $P \in M \cap N$, dann existieren Umgebungen U und V mit $P \in U \subseteqq M$ und $P \in V \subseteqq N$; da es nach (1) eine Umgebung W mit $P \in W \subseteqq U, V$ gibt, muß $P \in W \subseteqq U \cap V \subseteqq M \cap N$ gelten und $M \cap N$ offen sein. Ist schließlich $\mathfrak{M} \subseteqq \mathfrak{O}$ und $P \in \bigcup \mathfrak{M}$, dann finden wir ein Element $M \in \mathfrak{M}$ mit $P \in M$ und wegen $M \in \mathfrak{O}$ eine Umgebung U mit $P \in U \subseteqq M \subseteqq \bigcup \mathfrak{M}$, d. h. $\bigcup \mathfrak{M} \in \mathfrak{O}$, w.z.b.w.

Jedes Paar $(\mathfrak{P}, \mathfrak{O})$, bei dem $\mathfrak{O}$ die Eigenschaften 1. bis 3. besitzt, heißt *topologischer Raum*.

Beispiel

(4.1) Es sei $\mathfrak{P} = E^2$ die Menge der Punkte (x, y) der (*reellen*) *euklidischen Koordinatenebene*. Wie allgemein üblich sei für $\varrho > 0$

$$U_\varrho(x_0, y_0) = \{(x, y) : (x - x_0)^2 + (y - y_0)^2 < \varrho^2\}$$

eine *ϱ-Umgebung* von (x_0, y_0). Ist $\mathfrak{U}$ die Menge aller ϱ-Umgebungen $(0 < \varrho < \infty)$, dann ist $(\mathfrak{P}, \mathfrak{U})$ offenbar ein Hausdorffscher Raum.

Andererseits können für $\sigma, \tau > 0$ *Rechtecksumgebungen*

$$U_{\sigma,\tau}(x_0, y_0) = \{(x, y) : -\sigma < x - x_0 < \sigma, -\tau < y - y_0 < \tau\}$$

sowie die Menge $\tilde{\mathfrak{U}}$ aller Rechtecksumgebungen betrachtet werden. Wie man leicht sieht, ist auch $(\mathfrak{P}, \tilde{\mathfrak{U}})$ ein Hausdorffscher Raum. Schließlich

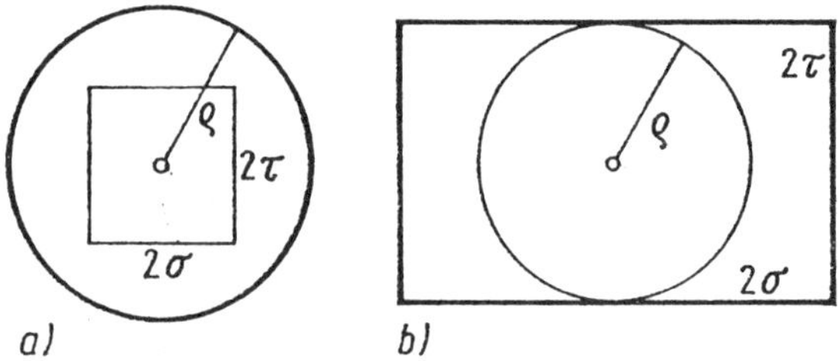

Abb. 37

können wir feststellen, daß $(\mathfrak{P}, \mathfrak{U})$ und $(\mathfrak{P}, \tilde{\mathfrak{U}})$ ein und dieselbe Topologie besitzen: a) Ist M bezüglich $(\mathfrak{P}, \mathfrak{U})$ offen und $(x_0, y_0) \in M$, dann gibt es eine reelle Zahl $\varrho > 0$ mit $U_\varrho(x_0, y_0) \subseteqq M$. Wir wählen $\sigma = \tau = \frac{\varrho}{2}$ und erhalten für $(x, y) \in U_{\sigma,\tau}(x_0, y_0)$ (vgl. Abb. 37a)

$$(x - x_0)^2 < \sigma^2, \qquad (y - y_0)^2 < \tau^2$$

und somit

$$(x - x_0)^2 + (y - y_0)^2 < \varrho^2,$$

d. h. $U_{\sigma,\tau}(x_0, y_0) \subseteqq U_\varrho(x_0, y_0) \subseteqq M$. Folglich ist M auch bezüglich $(\mathfrak{P}, \tilde{\mathfrak{U}})$ offen. b) Ist umgekehrt $\tilde{M}$ bezüglich $(\mathfrak{P}, \tilde{\mathfrak{U}})$ offen und $(x_0, y_0) \in \tilde{M}$, dann existieren positive reelle Zahlen σ, τ mit $U_{\sigma,\tau}(x_0, y_0) \subseteqq \tilde{M}$. Für $\varrho := \min(\sigma, \tau)$ und $(x, y) \in U_\varrho(x_0, y_0)$ gilt (Abb. 37b)

$$(x - x_0)^2 + (y - y_0)^2 < \varrho^2;$$

daraus folgt $(x - x_0)^2, (y - y_0)^2 < \varrho^2$ und schließlich

$$(x - x_0)^2 < \sigma^2, \qquad (y - y_0)^2 < \tau^2,$$

d. h. $U_\varrho(x_0, y_0) \subseteqq U_{\sigma,\tau}(x_0, y_0) \subseteqq \tilde{M}$. Damit ist $\tilde{M}$ bezüglich $(\mathfrak{P}, \mathfrak{U})$ offen, weil $(x_0, y_0) \in \tilde{M}$ beliebig gewählt war, w. z. b. w.

Für Stetigkeitsbetrachtungen in der (reellen) euklidischen Koordinatenebene sind $\mathfrak{U}$ und $\tilde{\mathfrak{U}}$ als gleichwertig anzusehen.

Satz 4.1. *Es sei* $(\mathfrak{P}, \mathfrak{U})$ *ein Hausdorffscher Raum,* $M \subseteqq \mathfrak{P}$ *und* $\mathfrak{U}_M = \{X \cap M : X \in \mathfrak{U}\}$. *Dann gilt:*

a) $(M, \mathfrak{U}_M)$ *ist ein Hausdorffscher Raum.*

b) $X \subseteqq M$ *ist bezüglich* $(M, \mathfrak{U}_M)$ *genau dann offen, wenn es eine bezüglich* $(\mathfrak{P}, \mathfrak{U})$ *offene Menge* Y *mit* $X = Y \cap M$ *gibt.*

Zusatz. *Wenn* M *eine offene Teilmenge von* $\mathfrak{P}$ *ist, dann gilt*

$$\mathfrak{O}_M = \{X \subseteqq M : X \in \mathfrak{O}\}.$$

Beweis. a) Es sei $P \in U, V \in \mathfrak{U}_M$. Dann gibt es Umgebungen $U', V', W \in \mathfrak{U}$ mit $U = U' \cap M$, $V = V' \cap M$ und $P \in W \subseteqq U', V'$. Wegen $P \in W \cap M \subseteqq (U' \cap M) \cap (V' \cap M) = U \cap V$ gilt (1) für $(M, \mathfrak{U}_M)$. Offensichtlich ist (2_1) erfüllt. Zu zwei Punkten $P, Q \in M$ existieren disjunkte Umgebungen $U_P, U_Q \in \mathfrak{U}$. Dann sind $U_P \cap M$ und $U_Q \cap M$ aus $\mathfrak{U}_M$ disjunkt, und es gilt $P \in U_P \cap M$ und $Q \in U_Q \cap M$. Somit gilt auch (2_2) für $(M, \mathfrak{U}_M)$.

b) Es sei Y bezüglich $(\mathfrak{P}, \mathfrak{U})$ offen und $P \in X = Y \cap M$. Es gibt eine Umgebung $U_P \subseteqq Y$. Folglich gilt $P \in U_P \cap M \subseteqq X$. Da P beliebiges Element aus X war, ist X bezüglich $(M, \mathfrak{U}_M)$ offen. Nun sei umgekehrt X bezüglich $(M, \mathfrak{U}_M)$ offen. Von jedem Punkt $P \in X$ gibt es eine Umgebung $U_P \in \mathfrak{U}$ mit $U_P \cap M \subseteqq X$. Dann ist $Y := \bigcup_{P \in X} U_P$ bezüglich (P, U) offen, und es gilt

$$Y \cap M = \bigcup_{P \in X} U_P \cap M = \bigcup_{P \in X} (U_P \cap M) = X.$$

Zum Beweis des Zusatzes sei M bezüglich $(\mathfrak{P}, \mathfrak{U})$ offen. Nach b) gilt $X \in \mathfrak{O}_M$ genau dann, wenn es eine bezüglich $(\mathfrak{P}, \mathfrak{U})$ offene Menge Y mit $X = Y \cap M$ gibt; dabei gilt $X = Y \cap M \in \mathfrak{O}$, w. z. b. w.

Wir fragen nun nach einem Kriterium dafür, daß bei einer Abbildung f eines Hausdorffschen Raumes in einen Hausdorffschen Raum die Konvergenz erhalten bleibt: Es sei $P_n \to P$. Um $f(P_n) \to f(P)$ zu erhalten, betrachten wir eine Umgebung U' von $f(P)$. Wäre nun $f^{-1}(U')$ offen, dann gäbe es eine Umgebung U_P, für die $P_n \in U_P \subseteqq f^{-1}(U')$ und damit $f(P_n) \in U'$ für fast alle P_n gälte. Wir erklären deshalb:

Definition. Eine Abbildung f eines Hausdorffschen Raumes $\mathfrak{P}$ in einen Hausdorffschen Raum $\mathfrak{P}'$ heißt *stetig* genau dann, wenn das Urbild jeder Umgebung und damit auch jeder offenen Menge offen ist. Eine eineindeutige Abbildung f von $\mathfrak{P}$ auf $\mathfrak{P}'$ wird *topologisch* oder ein *Homöomorphismus* genannt genau dann, wenn f und f^{-1} stetig sind.

Der Begriff der topologischen Abbildung ist von großer Allgemeinheit. Beispielsweise kann jede einfach zusammenhängende Menge der euklidischen Ebene homöomorph auf das Innere des Einheitskreises abgebildet werden (Abb. 38). Mit diesem Begriff wird die angestrebte Koordinatisierung beschrieben.

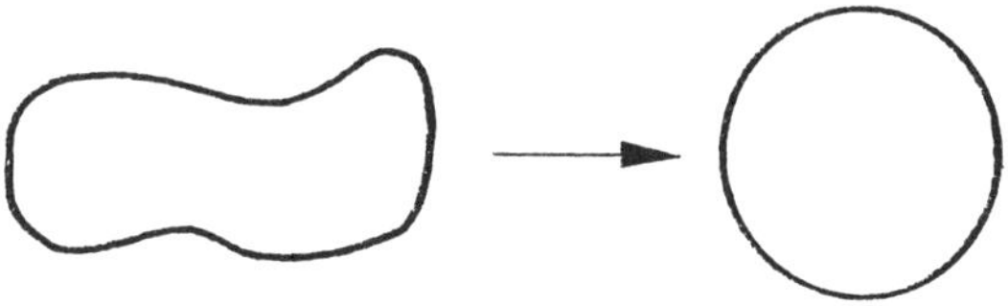

Abb. 38

Wie schon das Beispiel der Kugel lehrt, gibt es keine zulässige Parameterdarstellung der gesamten Oberfläche. Wenn wir eine zulässige Parameterdarstellung „Karte“ nennen, dann gelingt aber eine vollständige Beschreibung durch ein System von Karten, einen „Atlas“ (Abb. 39). Die Verallgemeinerung des Flächenbegriffes auf höhere Dimensionen muß auch diesem Aspekt noch Rechnung tragen. Für einen Hausdorffschen Raum mit einem System von Parameterdarstellungen gibt es folgende

Definition. Eine *n-dimensionale Mannigfaltigkeit der Klasse* C^k $(k = 0, \ldots, \infty)$ ist ein Hausdorffscher Raum $(\mathfrak{P}, \mathfrak{U})$ mit einem *Atlas* $(\{f_M\}_{M \in \mathfrak{M} \subseteqq \mathfrak{O}}$ folgender Eigenschaften:

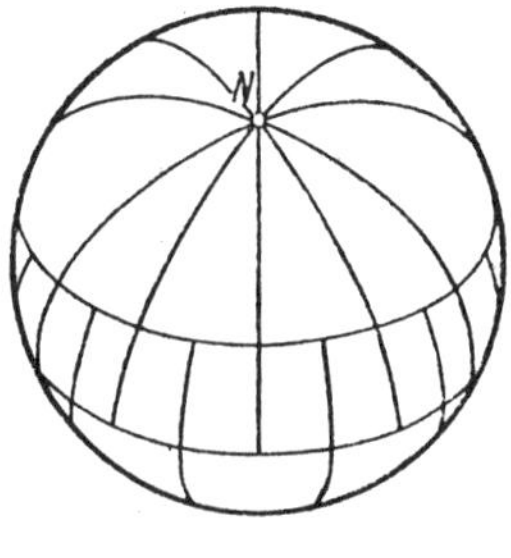

Abb. 39

1. $\bigcup_{M \in \mathfrak{M}} M = \mathfrak{P}$, d. h., $\mathfrak{M}$ ist eine Überdeckung von $\mathfrak{P}$.

2. Vermöge f_M wird M topologisch auf eine offene Menge des n-dimensionalen euklidischen Raumes E^n abgebildet.

3. Gilt $P \in M$, $N \in \mathfrak{M}$, so gibt es eine Umgebung U von P derart, daß (Abb. 40)

$$\varphi = f_N f_M^{-1}|_{f_M(U)}$$

eine *reguläre* Koordinatentransformation der Klasse C^k beschreibt, d. h., für $X \in U$ mit

$$f_M(X) = (u^1, \ldots, u^n), \qquad f_N(X) = (\overline{u}^1, \ldots, \overline{u}^n)$$

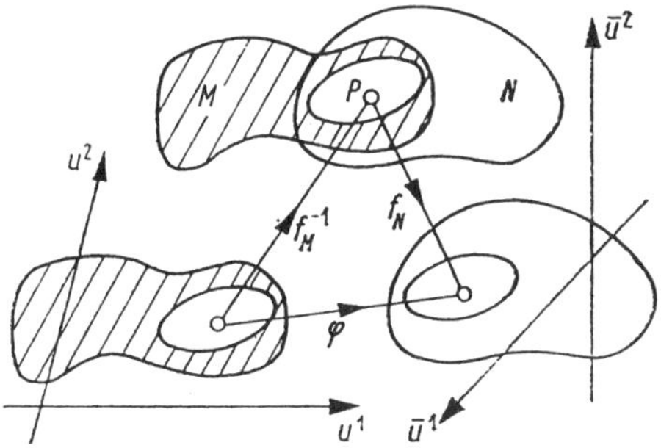

Abb. 40

sind die Koordinatenfunktionen von φ

$$\overline{u}^i = \overline{u}^i(u^1, \ldots, u^n)$$

k-mal stetig differenzierbar[1]), und die Funktionaldeterminante

$$\begin{vmatrix} \dfrac{\partial \overline{u}^1}{\partial u^1} & \cdots & \dfrac{\partial \overline{u}^1}{\partial u^n} \\ \vdots & & \vdots \\ \dfrac{\partial \overline{u}^n}{\partial u^1} & \cdots & \dfrac{\partial \overline{u}^n}{\partial u^n} \end{vmatrix}$$

verschwindet nicht.

---

[1]) Falls alle Funktionen $\overline{u}^i = \overline{u}^i(u^1, \ldots, u^n)$ *analytisch*, d.h. in Potenzreihen entwickelbar sind, schreibt man C^ω.

Dagegen soll $k = 0$ lediglich ihre Eineindeutigkeit und Stetigkeit bedeuten.

4. Eine beliebige Karte g ist genau dann *zulässig*, wenn für jeden Punkt P des Definitionsbereiches von g wenigstens eine Karte f_M und eine Umgebung $U_P \subseteqq M$ derart existieren, daß $g f_M^{-1}|_{f_M(U_P)}$ eine reguläre Koordinatentransformation der Klasse C^k ist.[1])

Für $k > 0$ heißt die Mannigfaltigkeit *differenzierbar.*

Die n-Dimensionalität wird durch den Zusammenhang mit dem n-dimensionalen euklidischen Raum gewährleistet, die Klasse C^k findet in Eigenschaft 3 und vor allem in Eigenschaft 4 ihren Ausdruck. (Wenn der Atlas nur eine Karte enthält, läuft Eigenschaft 3 leer!) Wir werden zwei Atlanten als *gleichwertig* ansehen, wenn die Karten des einen jeweils zulässig bezüglich des anderen sind. Will man sich von der Zufälligkeit der Beschreibung einer differenzierbaren Mannigfaltigkeit freimachen, so kann man den *maximalen Atlas*, die Menge aller zulässigen Karten betrachten; das ist aber im allgemeinen nicht nötig. Bemerkenswert ist, daß aus jedem maximalen Atlas einer differenzierbaren Mannigfaltigkeit der Klasse C^k ein Atlas der Klasse C^∞ ausgewählt werden kann (H. Whitney, Ann. of Math. 37 (1936)). Dagegen gibt es (topologische) Mannigfaltigkeiten der Klasse C^0, die keinen differenzierbaren Atlas gestatten (M. Kervaire, Comm. Math. Helv. 34 (1960)). Schließlich sei bemerkt, daß eine Mannigfaltigkeit ungleichwertige Atlanten besitzen kann (J. Milnor, Ann. of Math. 64 (1956)).

Aufgaben

1. Man beweise, daß in E^2 alle ϱ-Umgebungen des Ursprungs O die Axiome (1) und (2_1) erfüllen, aber nicht $T_2 = (2_2)$. (Neben $\emptyset$ und E^2 sind dann nur noch diese Umgebungen offene Mengen.)

2. Man zeige, daß a) $E^1 = \mathbf{R}$ und $\{y \in \mathbf{R}: y > 0\}$, b) $(0, \pi)$ und $\mathbf{R}$ vermöge $y = e^x$ bzw. $y = \cot x$ homöomorph sind.

3. In E^{n+1} ist $S_R^n := \{X \in E^{n+1}: |v(OX)| = R\}$, die *$n$-Sphäre um O mit dem Radius R*, nach dem Satz 4.1a ein Hausdorffscher Raum. Die *stereographische Projektion* vom *Nordpol* $N = (0, \ldots, 0, R)$ bzw. vom *Südpol* $S = (0, \ldots, 0, -R)$ der Punkte $(x_1, \ldots, x_{n+1}) \in S_R^n$ in den E^n vermöge

$$\bar{x}^i := \frac{Rx_i}{R - x_{n+1}} \qquad \text{bzw.} \qquad \tilde{x}^i := \frac{Rx_i}{R + x_{n+1}}$$

(vgl. Abb. 41) mit den Definitionsbereichen

$$M := S_R^n \setminus \{N\} \qquad \text{bzw.} \qquad N := S_R^n \setminus \{S\}$$

bilden einen C^∞-Atlas.

[1]) Für einige Aussagen, die die Mannigfaltigkeit als Ganzes betreffen, für die Riemannsche Geometrie im Großen, werden wir später noch die Verbindbarkeit zweier Punkte durch einen Weg benötigen, den *bogenweisen Zusammenhang.*

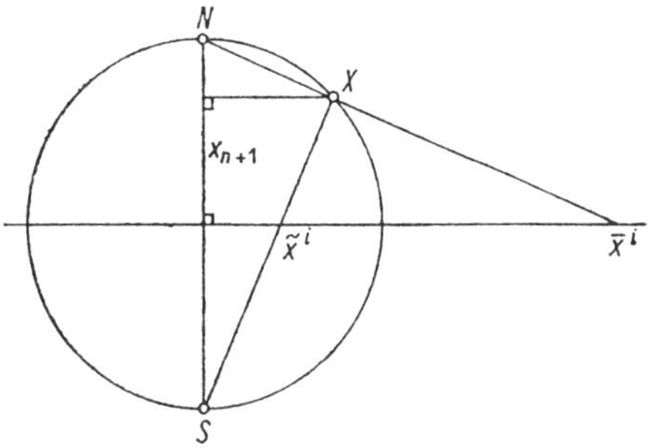

Abb. 41

Anleitung. Es gilt

$$f_N f_M^{-1}((x_1, \ldots, x_n)) = \frac{R - x_{n+1}}{R + x_{n+1}} (x_1, \ldots, x_n)$$

und

$$f_M f_N^{-1}((x_1, \ldots, x_n)) = \frac{R + x_{n+1}}{R - x_{n+1}} (x_1, \ldots, x_n).$$

4.2. Tangentialräume

In jedem Punkt P einer n-dimensionalen differenzierbaren Mannigfaltigkeit der Klasse C^k kann ein n-dimensionaler *Tangentialraum* $T(P)$ eingeführt werden. Der Nachweis dieser Tatsache liefert zugleich eine Einordnung der Tangentialebene und absoluten Differentiation in die innere Geometrie einer Fläche. In den folgenden Abschnitten werden nur die wesentlichen Ergebnisse der folgenden Konstruktion benötigt, wie sie zu Beginn des Abschnittes 4.4. zusammengestellt werden.

Der Grundbaustein ist der Begriff der *Parameterdarstellung einer Kurve*[1]) *der Mannigfaltigkeit* **M** als einer stetigen Abbildung einer euklidischen Strecke in die Menge der Punkte der Mannigfaltigkeit **M**

$$P = P(t), \qquad t \in (a, b). \tag{53}$$

[1]) Wie in der Kurventheorie des Anschauungsraumes führen Parametertransformationen — beispielsweise $t = c \cdot \tau$ — zu einer neuen Parameterdarstellung derselben *Kurve*, die am bequemsten als Äquivalenzklasse in der Menge aller zulässigen Parameterdarstellungen (Existenz von Tangentenvektoren ungleich dem Nullvektor für alle t) definiert wird. Die Äquivalenzrelation bestehe genau dann, wenn eine (noch zu präzisierende) zulässige Parametertransformation existiert.

Wir nennen (53) *h-mal stetig differenzierbar* ($1 \leqq h \leqq k$), wenn für alle t eine Karte f_M mit $P(t) \in M$ existiert, so daß $\overline{P} = f_M(P(t))$ an der Stelle t wenigstens h-mal stetig differenzierbar ist. Diese Definition hängt nicht von der speziellen Karte f_M ab, denn gibt es noch eine Karte f_N mit $P(t) \in N$, dann ist

$$\overline{P} = f_N(P(t)) = (f_N f_M^{-1})\, f_M(P(t)) \tag{54}$$

nach der Kettenregel an der Stelle t ebenfalls h-mal stetig differenzierbar.

Im folgenden betrachten wir nur stetig differenzierbare Parameterdarstellungen von Kurven. Unter dieser Voraussetzung *besitzen* $P = P(t)$ *und* $P = Q(u)$ *in* $P(t_0) = P_0 = Q(u_0)$ *denselben Tangentenvektor* per definitionem genau dann, wenn es eine Karte f_M mit $P_0 \in M$ und

$$\frac{d}{dt} f_M(P(t))\Big|_{t=t_0} = \frac{d}{du} f_M(Q(u))\Big|_{u=u_0} \tag{55}$$

gibt. Damit ist eine R e l a t i o n definiert, mit deren Hilfe „Tangentenvektoren" erklärt werden sollen; solch Situation liegt z. B. vor, wenn zunächst die Relation „gleichlang" gebraucht und später erst „Länge" definiert wird; dabei weist der Name der Relation ebenfalls schon auf den Namen der Äquivalenzklasse hin.

Die oben definierte Relation ist von der speziellen Karte unabhängig, denn gilt für f_N ebenfalls $P_0 \in N$, dann erhalten wir

$$\frac{d}{dt} f_N(P(t))\Big|_{t=t_0} = \frac{d}{du} f_N(Q(u))\Big|_{u=u_0}$$

nach (54) und (55). Aus (55) lesen wir noch ab, daß „in P_0 denselben Tangentenvektor besitzen" eine Äquivalenzrelation ist. *Der zu* $P = P(t)$ *in* P_0 *gehörige Tangentenvektor* $\mathfrak{t}_{P_0}^{P(t)}$ ist die Menge aller Parameterdarstellungen $P = Q(u)$, für die es einen Parameter u_0 mit $Q(u_0) = P_0$ und (55) gibt. Wir können (55) noch durch die Feststellung umformulieren, daß nach obiger Definition zwei Parameterdarstellungen genau dann in $P_0 \in P$ denselben Tangentenvektor besitzen, wenn ihre Bilder bezüglich einer Karte denselben Tangentenvektor in E^n haben.

Nunmehr strukturieren wir die Menge der Tangentenvektoren, indem wir eine Addition und die Vervielfachung mit reellen Zahlen einführen: Um $\mathfrak{t}_{P_0}^{P(t)}$ mit $c \in R$ zu vervielfachen, setzen wir $t = cu$ in (53) ein und erhalten

$$\frac{d}{du} f_M(P(cu)) = \frac{d}{dt} f_M(P(t)) \cdot \frac{dt}{du} = c\, \frac{d}{dt} f_M(P(t));$$

deshalb setzen wir

$$c\mathfrak{t}_{P_0}^{P(t)} := \mathfrak{t}_{P_0}^{P(cu)}. \tag{56}$$

Unter der Voraussetzung $P(u_0) = P_0 = Q(v_0)$ können wir $\mathfrak{t}_{P_0}^{P(u)} + \mathfrak{t}_{P_0}^{Q(v)}$ als die Menge derjenigen Parameterdarstellungen $P = S(t)$ mit $S(t_0) = P_0$ und

$$\frac{d}{dt} f_M(S(t))\Big|_{t=t_0} = \mathfrak{s} := \frac{d}{du} f_M(P(u))\Big|_{u=u_0} + \frac{d}{dv} f_M(Q(v))\Big|_{v=v_0}$$

definieren; diese Menge ist nicht leer, denn sie enthält beispielsweise $P = f_M^{-1}(\overline{P}_0 + t\mathfrak{s})$ mit $\overline{P}_0 := f_M P_0$, das Urbild des in $f_M(M)$ gelegenen Teils der Geraden der Richtung $\mathfrak{s}$ durch $\overline{P}_0$.

Wenn durch $\overline{P}_0$ die Achsen eines Koordinatensystems gelegt werden, dann erzeugen ihre Urbilder bezüglich der Karte f_M eine Basis für alle Tangentenvektoren in P_0. Wie man leicht sieht, bilden sie einen n-dimensionalen Vektorraum, den *Tangentialraum* $T(P_0)$.

Aufgabe

Man gebe zwei Parameterdarstellungen durch einen Punkt $P_0 \in S_R^2$ an, die denselben Tangentenvektor besitzen, und veranschauliche (55) in einer Skizze.

4.3. Tensoralgebra

In diesem Abschnitt werden weitere Begriffe für den Aufbau der Riemannschen Geometrie bereitgestellt. Dazu gehen wir lediglich von einem reellen n-dimensionalen Vektorraum V aus. Wir können feststellen, daß V stets ein weiterer n-dimensionaler Vektorraum zugeordnet werden kann, nämlich sein „dualer Vektorraum". Zunächst erklären wir dessen Elemente:

Definition. Eine Funktion $l: V \to \mathbf{R}$ mit den Eigenschaften[1])

$$l(x + y) = l(x) + l(y) \quad \text{(Additivität)},$$

$$l(cx) = cl(x) \quad \text{(Homogenität)}$$

heißt *lineares Funktional* oder *Linearform* über V.

---

[1]) Beide Eigenschaften werden auch unter *Linearität* zusammengefaßt.

Beispiel

(4.2) Es sei $\mathfrak{V}$ der Vektorraum des Anschauungsraumes und $\mathfrak{a} \in \mathfrak{V}$. Die Funktion $l_\mathfrak{a}: \mathfrak{V} \to \mathbf{R}$ mit $l_\mathfrak{a}(\mathfrak{x}) = \mathfrak{a}\mathfrak{x}$ (Skalarprodukt) hat die Eigenschaften

$$l_\mathfrak{a}(\mathfrak{x} + \mathfrak{y}) = \mathfrak{a}(\mathfrak{x} + \mathfrak{y}) = \mathfrak{a}\mathfrak{x} + \mathfrak{a}\mathfrak{y} = l_\mathfrak{a}(\mathfrak{x}) + l_\mathfrak{a}(\mathfrak{y}),$$

$$l_\mathfrak{a}(c\mathfrak{x}) = \mathfrak{a}(c\mathfrak{x}) = c(\mathfrak{a}\mathfrak{x}) = c l_\mathfrak{a}(\mathfrak{x}),$$

d. h. die Eigenschaften eines linearen Funktionals.

Für lineare Funktionale über V lassen sich leicht eine Addition und eine Vervielfachung mit reellen Zahlen einführen: Wir setzen für Linearformen l und m sowie reelle Zahlen c

$$\begin{aligned} (l + m)(x) &:= l(x) + m(x), \\ (cl)(x) &:= cl(x). \end{aligned} \tag{57}$$

Im Beispiel (4.2) läuft die Addition und Vervielfachung der linearen Funktionale auf die Addition und Vervielfachung von Vektoren hinaus: Es gilt

$$l_\mathfrak{a} + l_\mathfrak{b} = l_{\mathfrak{a}+\mathfrak{b}}, \qquad c l_\mathfrak{a} = l_{c\mathfrak{a}}$$

wegen

$$(l_\mathfrak{a} + l_\mathfrak{b})(\mathfrak{x}) = l_\mathfrak{a}(\mathfrak{x}) + l_\mathfrak{b}(\mathfrak{x}) = \mathfrak{a}\mathfrak{x} + \mathfrak{b}\mathfrak{x} = (\mathfrak{a} + \mathfrak{b})\,\mathfrak{x} = l_{\mathfrak{a}+\mathfrak{b}}(\mathfrak{x})$$

und entsprechend

$$(c l_\mathfrak{a})(\mathfrak{x}) = c l_\mathfrak{a}(\mathfrak{x}) = c \cdot \mathfrak{a}\mathfrak{x} = c\mathfrak{a} \cdot \mathfrak{x} = l_{c\mathfrak{a}}(\mathfrak{x})$$

für alle $\mathfrak{x} \in \mathfrak{V}$. Die Struktur der Linearformen $l_\mathfrak{a}$ ist isomorph dem Vektorraum $\mathfrak{V}$, insbesondere selbst ein Vektorraum. Diese Fakten lassen sich auf die Struktur der linearen Funktionale über einem beliebigen n-dimensionalen Vektorraum V verallgemeinern:

Satz 4.2. *Die linearen Funktionale über V bilden mit der durch* (57) *erklärten Addition und Vervielfachung selbst einen n-dimensionalen Vektorraum, den zu V dualen Vektorraum V^*.*

Beweis. Wie man leicht sieht, sind $l + m$ und cl Linearformen. Um Assoziativität, Kommutativität und Umkehrbarkeit der Addition zu zeigen, betrachten wir beliebige Linearformen l und m. Es gilt

$$(l + m)(x) = l(x) + m(x) = m(x) + l(x) = (m + l)(x)$$

für alle $x \in V$, d. h. $l + m = m + l$.

Analog wird die Assoziativität bewiesen (vgl. Aufgabe 1).

Offenbar ist $o\colon V \to \mathbf{R}$ vermöge $o(x) = 0$ für alle $x \in V$ eine Linearform; wegen

$$(o + l)(x) = o(x) + l(x) = l(x)$$

für alle $x \in V$, d. h. $o + l = l$, ist o Nullelement.

Außerdem ist $-l\colon V \to \mathbf{R}$ $\big(-l(x) := -\big(l(x)\big)\big)$ eine Linearform: $-l(x + y) = -\big(l(x + y)\big) = -\big(l(x) + l(y)\big) = (-l)(x) + (-l)(y)$; $-l(cx) = -\big(l(cx)\big) = -\big(cl(x)\big) = c\big(-l(x)\big)$. Hier gilt

$$(-l + l)(x) = -l(x) + l(x) = 0 = o(x)$$

für alle $x \in V$, d. h., daß $-l$ zu l entgegengesetzt ist.

Es ist genauso leicht, die Eigenschaften der Vervielfachung

$$\begin{aligned} 1 \cdot l &= l, \\ (ab)\, l &= a(bl), \\ (a + b)\, l &= al + bl, \\ a(l + m) &= al + am \end{aligned} \tag{58}$$

für beliebige reelle Zahlen a und b zu beweisen.

Um für V^* eine Basis anzugeben, betrachten wir eine Basis $a_1, \ldots, a_n$ von V und setzen

$$a^i(x) = a^i(x^1 a_1 + \cdots + x^n a_n) := x^i; \tag{59}$$

a^i beschreibt folglich die *Projektion von V auf die i-te Koordinatenachse.* Speziell gilt

$$a^i(a_k) = \delta^i_k = \begin{cases} 1, & i = k, \\ 0, & i \neq k. \end{cases} \tag{60}$$

Mit Hilfe der n Projektionen $a^1, \ldots, a^n$, die offensichtlich linear sind, kann jedes lineare Funktional l über V eindeutig dargestellt werden: Es sei $l_i := l(a_i)$. Dann gilt

$$l = l_1 a^1 + \cdots + l_n a^n$$

wegen

$$l(x) = l(x^i a_i) = x^i l(a_i) = l_i a^i(x) = (l_i a^i)(x)$$

für alle $x \in V$; damit ist die Darstellbarkeit gezeigt. Um ihre Eindeutigkeit zu erhalten, gehen wir von

$$l_1 a^1 + \cdots + l_n a^n = l = \tilde{l}_1 a^1 + \cdots + \tilde{l}_n a^n$$

aus. Diese Gleichung muß speziell beim Einsetzen der Basisvektoren $a_1, \ldots, a_n$ von V gelten, nach (60) muß die Gleichung

$$l_i = (l_1 a^1 + \cdots + l_n a^n)(a_i) = (\tilde{l}_1 a^1 + \cdots + \tilde{l}_n a^n)(a_i) = \tilde{l}_i$$

bestehen, w. z. b. w.

Die Elemente von V^* werden auch *kovariante* Vektoren genannt; die Elemente von V sind dann *kontravariante* Vektoren.

Wegen $l(x) = x^1 l(a_1) + \cdots + x^n l(a_n) = x^1 l_1 + \cdots + x^n l_n$ gibt es — vgl. Beispiel (4.2) — folgenden

Darstellungssatz für lineare Funktionale. *Ist $a_1, \ldots, a_n$ eine Basis von V, dann existiert zu jedem linearen Funktional l ein n-Tupel $(l_1, \ldots, l_n)$ mit*

$$l(x) = l_i x^i. \tag{61}$$

Umgekehrt definiert jedes n-Tupel $(l_1, \ldots, l_n)$ über (61) *ein lineares Funktional l; dabei gehören zu $l + m$ und cl die Tupel $(l_1 + m_1, \ldots, l_n + m_n)$ bzw. $(cl_1, \ldots, cl_n)$.*

Der Beweis der Umkehrung beruht lediglich auf dem Rechnen mit reellen Zahlen: Additivität und Homogenität gelten infolge von

$$l_1(x^1 + y^1) + \cdots + l_n(x^n + y^n) = (l_1 x^1 + \cdots + l_n x^n) + (l_1 y^1 + \cdots + l_n y^n),$$

$$l_1(cx^1) + \cdots + l_n(cx^n) = c(l_1 x^1 + \cdots + l_n x^n).$$

Außerdem haben wir

$$(l + m)(x) = l_i x^i + m_i x^i = (l_i + m_i)\, x^i,$$

$$(cl)(x) = c(l_i x^i) = (cl_i)\, x^i,$$

w. z. b. w.

Der Darstellungssatz zeigt uns den engen Zusammenhang zwischen dem Skalarprodukt im E_n und den Linearformen. Das Skalarprodukt besitzt aber noch eine andere Verallgemeinerung:

Definition. Eine Funktion $b\colon V \times V \to \mathbf{R}$, für die

$$b_a\colon V \to \mathbf{R} \qquad \big(b_a(y) := b(a, y)\big),$$

$$b_c\colon V \to \mathbf{R} \qquad \big(b_c(x) := b(x, c)\big)$$

Linearformen sind, heißt *Bilinearform über* $V \times V$. Eine Bilinearform ist genau dann *symmetrisch* (*schiefsymmetrisch*), wenn

$$b(x, y) = b(y, x) \qquad \big(b(x, y) = -b(y, x)\big)$$

für alle $x, y \in V$ gilt.

Entsprechend werden *Bilinearformen über* $V \times V^*$ *und* $V^* \times V^*$ definiert. Bezüglich einer Basis $a_1, \ldots, a_n$ ist eine Linearform l nach (61) bereits durch die n Werte $l_i = l(a_i)$, $i = 1, \ldots, n$, völlig bestimmt. Bezüglich einer Bilinearform b gilt nach der Einsteinschen Summenkonvention mit $x = x^i a_i$ und $y = y^i a_i$

$$b(x, y) = x^i b(a_i, y) = x^i b(a_i, a_j)\, y^j,$$

d. h., daß b mit den n^2 Werten $b_{ij} := b(a_i, a_j)$ bereits vollständig bekannt ist. Da umgekehrt Matrizen (b_{ij}) additiv und homogen sind und einen n^2-dimensionalen Vektorraum bilden, haben wir folgende Aussagen:

Darstellungssatz für Bilinearformen. *Bezüglich einer Basis von* V (*und der dualen von* V^*) *gibt es zu jeder Bilinearform* b *über* $V \times V$, $V \times V^*$ *oder* $V^* \times V^*$ *eine* n*-reihige quadratische Matrix* (b_{ij}), (b^i_j) *bzw.* (b^{ij}) *mit*

$$b(x, y) = x^i b_{ij} y^j \qquad (62_1)$$

bzw. den analogen Darstellungen

$$b(x, l) = x^j b^i_j l_i, \qquad b(l, m) = l_i b^{ij} m_j, \qquad (62_{2.3})$$

wobei x^i, y^j *bzw.* l_i, m_i *die Koordinaten der kontravarianten Vektoren* x, y *bzw. der kovarianten Vektoren* l, m *bezeichnen. Umgekehrt bestimmt jede* n*-reihige quadratische Matrix sowohl gemäß* (62_1) *als auch gemäß* (62_2) *und* (62_3) *eine Bilinearform.*

Folgerung. *Die Bilinearformen über* $V \times V$, $V \times V^*$ *bzw.* $V^* \times V^*$ *bilden einen* n^2*-dimensionalen Vektorraum.*

Beispiele

(4.3) Im Anschauungsraum ist das *Skalarprodukt* eine Bilinearform. Bezüglich einer orthonormierten Basis $e_1, \ldots, e_n$ ist die Matrix (b_{ij}) wegen

$$b_{ij} = e_i e_j = \delta_{ij}$$

die Einheitsmatrix, so daß sich (62_1) auf $x^1 y^1 + x^2 y^2 + x^3 y^3$ reduziert. Diese Bilinearform ist symmetrisch.

(4.4) Im Anschauungsraum ist das *äußere Produkt* $\mathfrak{x} \wedge \mathfrak{y}$, bezüglich einer Basis durch die Matrix

$$(x^i y^j - y^i x^j) = \begin{pmatrix} 0 & x^1y^2 - y^1x^2 & x^1y^3 - y^1x^3 \\ x^2y^1 - y^2x^1 & 0 & x^2y^3 - y^2x^3 \\ x^3y^1 - y^3x^1 & x^3y^2 - y^3x^2 & 0 \end{pmatrix}$$

definiert, eine (schiefsymmetrische) Bilinearform über $V^* \times V^*$. Bei einer orthonormierten Basis besteht ein Zusammenhang zum Vektorprodukt $\mathfrak{x} \times \mathfrak{y} = (v_1, v_2, v_3)$, nämlich

$$(x^i y^j - y^i x^j) = \begin{pmatrix} 0 & v_3 & -v_2 \\ -v_3 & 0 & v_1 \\ v_2 & -v_1 & 0 \end{pmatrix}.$$

Trotzdem besteht ein Unterschied: Die Darstellungen erweisen sich beim Übergang zu einer anderen Basis nur dann als gleichwertig, wenn beide Basen ein und dieselbe Orientierung bestimmen.

(4.5) Sind l und m zwei Linearformen über einem beliebigen Vektorraum V, dann ist ihr *Produkt*

$$b\colon V \times V \to \mathbf{R} \qquad \big(b(x, y) := l(x) \cdot m(y)\big)$$

eine Bilinearform über $V \times V$, denn aus $l, m \in V^*$ folgt $b_a = l(a)\, m = cm \in V^*$ und $b_b = m(b)\, l = cl \in V^*$.

Alle bisher behandelten Begriffe lassen sich einem Begriff unterordnen, ohne den sich viele physikalische Sachverhalte nicht formulieren lassen, dem Begriff des Tensors. Im Rahmen der Flächentheorie sind uns z. B. die Fundamentalgrößen g_{ij} bzw. L_{ij} als Tensoren begegnet, ohne daß wir allerdings die abstrakte Beschreibung gesucht hatten:

Definition. Eine *Multilinearform über* $V_1 \times \cdots \times V_m$ ist eine Funktion $f\colon V_1 \times \cdots \times V_m \to \mathbf{R}$, bei der für feste Vektoren $x_1, \ldots, x_{i-1}, x_{i+1}, \ldots, x_m$ die m Funktionen

$$f_i\colon V_i \to \mathbf{R} \qquad \big(f_i(x) := f(x_1, \ldots, x_{i-1}, x, x_{i+1}, \ldots, x_m)\big)$$

Linearformen sind. Ein *Tensor der Stufe* (r, s) oder ein (r, s)-*Tensor* t *über* V ist entweder

a) eine reelle Zahl für $r = s = 0$

oder

b) eine Multilinearform über $V_1 \times \cdots \times V_{r+s}$ mit $V_i = V$ für $i = 1, \ldots, r$ und $V_i = V^*$ für $i = r+1, \ldots, r+s$.

Die (1,0)-Tensoren sind Linearformen; die Bilinearformen ergeben (2,0)-, (1,1)- bzw. (0,2)-Tensoren. Obwohl wir später meist nur solche Tensoren niedriger Stufe betrachten werden, haben wir Tensoren beliebiger Stufe definiert, zumal die Ausführbarkeit gewisser Operationen einen unbegrenzten Vorrat an Tensoren erfordert.

Tensoren gleicher Stufe können in Verallgemeinerung von (57) *addiert* und *vervielfacht* werden; z. B. ist

$$(t + u)(x, y, z; l, m) := t(x, y, z; l, m) + u(x, y, z; l, m),$$

$$(ct)(x, y, z; l, m) := ct(x, y, z; l, m).$$

Tensoren beliebiger Stufen können in Verallgemeinerung des Beispiels (4.5) *multipliziert* werden; beispielsweise ist für (2,1)-Tensoren v und (1,1)-Tensoren w

$$(vw)(x, y, z; l, m) := v(x, y; l) \cdot w(z, m).$$ [1]

Die Tensoren ein und derselben Stufe bilden jeweils einen Vektorraum; die Multiplikation von Tensoren ist assoziativ, distributiv und kommutativ.

Ist t ein (r, s)-Tensor, $a_1, \ldots, a_n$ eine Basis von V und $a^1, \ldots, a^n$ die dazu duale Basis von V^*, dann läßt sich t mit Hilfe der Werte für die Basisvektoren

$$t_{i_1 \ldots i_r}^{j_1 \ldots j_s} := t(a_{i_1}, \ldots, a_{i_r}; a^{j_1}, \ldots, a^{j_s}) \tag{63}$$

darstellen.[2] *Umgekehrt definieren n^{r+s} Zahlen $t_{i_1 \ldots i_r}^{j_1 \ldots j_s}$ stets einen Tensor der Stufe (r, s).*[3]

Dieser *Darstellungssatz* umfaßt die entsprechenden Sätze für lineare Funktionale und Bilinearformen. Offenbar bestimmen die Koordinaten eines kontravarianten Vektors $x \in V$ einen (0,1)-Tensor.

---

[1]) Diese Multiplikation darf nicht mit der Multiplikation von Matrizen verwechselt werden.

[2]) Die Komponenten $t_{i_1 \ldots i_r}^{j_1 \ldots j_s}$ ändern sich im allgemeinen beim Übergang zu einer anderen Basis; dabei sind die Transformationsgleichungen (67) zu beachten.

[3]) Irrtümer können entstehen, wenn ein System von n^{r+s} Zahlen schon ein gewisses Transformationsverhalten besitzt, das von (67) abweicht und auf das nicht verzichtet werden kann (vgl. (73) in Abschnitt 4.4.); dann sind besondere Überlegungen erforderlich.

Bezüglich einer Basis kann jedem (r, s)-Tensor mit $r, s \geqq 1$ folgendermaßen ein $(r-1, s-1)$-Tensor durch *Verjüngung* zugeordnet werden:

$$t^{j_1\dots j_{\sigma-1}j_{\sigma+1}\dots j_s}_{i_1\dots i_{\varrho-1}i_{\varrho+1}\dots i_r} := \sum_{k=1}^{n} t^{j_1\dots j_{\sigma-1}kj_{\sigma+1}\dots j_s}_{i_1\dots i_{\varrho-1}kj_{\varrho+1}\dots i_r}.$$

Der Nachteil dieser Definition besteht in ihrem Bezug zu einer Basis. Es erweist sich aber, daß es gleichgültig ist, ob wir erst verjüngen und dann eine Koordinatentransformation durchführen oder erst transformieren und dann verjüngen:

$$\bar{t}^{j_1\dots j_{\sigma-1}j_{\sigma+1}\dots j_s}_{i_1\dots i_{\varrho-1}i_{\varrho+1}\dots i_r} = \sum_{k=1}^{n} \bar{t}^{j_1\dots j_{\sigma-1}kj_{\sigma+1}\dots j_s}_{i_1\dots i_{\varrho-1}ki_{\varrho+1}\dots i_r}. \tag{64}$$

Bevor wir (64) beweisen, bemerken wir, daß der folgende Sonderfall einer Verjüngung

$$\sum_{k=1}^{n} u^{h_1\dots h_q}_{g_1\dots g_{\pi-1}kg_{\pi+1}\dots g_p} v^{j_1\dots j_{\sigma-1}kj_{\sigma+1}\dots j_s}_{i_1\dots i_r}$$

$$= \sum_{k=1}^{n} v^{j_1\dots j_{\sigma-1}kj_{\sigma+1}\dots j_s}_{i_1\dots i_r} u^{h_1\dots h_q}_{g_1\dots g_{\pi-1}kg_{\pi+1}\dots g_p}$$

Überschiebung genannt wird; für Bilinearformen handelt es sich hierbei um Matrizenmultiplikation.

Dem Beweis von (64) stellen wir einige Bemerkungen über Koordinatentransformationen voran: Sind $a_1, \dots, a_n$ und $\bar{a}_1, \dots, \bar{a}_n$ zwei Basen von V mit ihren Dualen $a^1, \dots, a^n$ bzw. $\bar{a}^1, \dots, \bar{a}^n$, dann gibt es Koeffizienten a^j_i und $\tilde{a}^j_i$ mit

$$\bar{a}_i = a^j_i a_j, \qquad \bar{a}^j = \tilde{a}^j_i a^i.$$

Die Matrizen (a^j_i) und $(\tilde{a}^j_i)$ sind zueinander invers, denn es gilt nach (60)

$$\delta^j_i = \bar{a}^j(\bar{a}_i) = \tilde{a}^j_\varrho a^\varrho(a^\sigma_i a_\sigma) = a^\sigma_i \tilde{a}^j_\varrho \delta^\varrho_\sigma = a^\sigma_i \tilde{a}^j_\sigma. \tag{65}$$

Für die Koordinaten eines Vektors $x = x^i a_i = \bar{x}^i \bar{a}_i \in V$ bzw. einer Linearform $l = l_i a^i = \bar{l}^i \bar{a}_i \in V^*$ folgt aus

$$x^i a_i = x = \bar{x}^\varrho \bar{a}_\varrho = a^i_\varrho \bar{x}^\varrho a_i$$

bzw. entsprechend aus

$$l_i a^i = l = \bar{l}_\varrho \bar{a}^\varrho = \tilde{a}^\varrho_i \bar{l}_\varrho a^i$$

wegen der Eindeutigkeit der Darstellung von x bzw. l bezüglich der Basis bzw. ihrer Dualen $x^i = a^i_\varrho \bar{x}^\varrho$, $l_i = \tilde{a}^\varrho_i \bar{l}_\varrho$ oder, da $(\tilde{a}^j_i) = (a^j_i)^{-1}$ besteht,

$$\bar{x}^j = \tilde{a}^j_i x^i, \qquad \bar{l}_j = a^i_j l_i. \tag{66}$$

Hieraus ergeben sich die Transformationsgleichungen für einen (r,s)-Tensor t, weil für jedes $(r+s)$-Tupel der Wert von t von der Basis unabhängig sein muß:

$$\bar{t}^{j_1\ldots j_s}_{i_1\ldots i_r} = t^{\sigma_1\ldots\sigma_s}_{\varrho_1\ldots\varrho_r}\, a^{\varrho_1}_{i_1} \cdots a^{\varrho_r}_{i_r}\, \bar{a}^{j_1}_{\sigma_1} \cdots \bar{a}^{j_s}_{\sigma_s}. \tag{67}$$

Nunmehr ist die Gültigkeit von (64) offensichtlich.

Aufgaben

1. Man beweise die Assoziativität der Addition von Linearformen und etwa die Regel (58_4).
2. Man zeige, daß die Projektionen (59) linear sind.
3. Im Anschauungsraum betrachten wir neben der orthonormierten Basis $\mathfrak{i}, \mathfrak{j}, \mathfrak{k}$ noch die Basis $\bar{\mathfrak{a}}_1 = (1, 0, 1)$, $\bar{\mathfrak{a}}_2 = (-1, 1, 1)$ und $\bar{\mathfrak{a}}_3 = (0, 0, -1)$. Man gebe a) die Matrizen (a^i_j) und $(\bar{a}^i_j)$, b) $\bar{t}_{ij}$ für das Skalarprodukt t mit Hilfe von $\bar{t}_{ij} = \bar{\mathfrak{a}}_i\bar{\mathfrak{a}}_j$ und gemäß (67) an.

4.4. Tensoranalysis

Wir knüpfen hier an den Schluß von Abschnitt 4.2. an, denn für die Riemannsche Geometrie benötigen wir die Anwendung der Tensorrechnung auf die Tangentialräume $T(P)$. Dabei werden wir uns der Koordinatendarstellungen bedienen, und zwar der Koordinatendarstellungen bezüglich *ausgezeichneter Basen*: Zunächst besitzt E^n die ausgezeichnete Basis der Vektoren

$$(0, \ldots, 0, \overset{k}{1}, 0, \ldots, 0).$$

Bezüglich einer Karte f_M hatten wir in $T(P_0)$ eine Basis eingeführt, indem wir durch das Bild $\bar{P}_0$ von P_0 Parallelen zu den Koordinatenachsen gelegt und dann ihre Urbilder betrachtet hatten. Im Zusammenhang mit der Definition von Addition und Vervielfachung im Tangentialraum $T(P_0)$ bedeutet diese Festlegung, daß *ein beliebiger Vektor aus $T(P_0)$ und der ihm zugeordnete Vektor in E^n ein und dieselbe Koordinatendarstellung besitzen, nämlich*

$$(\dot{u}^1, \ldots, \dot{u}^n), \tag{68}$$

wenn die Bilder bei f_M die Koordinaten $(u^1, \ldots, u^n)$ haben. Eine zulässige Koordinatentransformation

$$\bar{u}^i = \bar{u}^i(u^1, \ldots, u^n) \tag{69}$$

ergibt zwangsläufig

$$\dot{\bar{u}}^i = \frac{\partial \bar{u}^i}{\partial u^j} \dot{u}^j, \tag{70}$$

oder — mit den Bezeichnungen von (66) —

$$\bar{a}^i_j = \frac{\partial \bar{u}^i}{\partial u^j}, \qquad a^i_j = \frac{\partial u^i}{\partial \bar{u}^j}, \tag{66'}$$

d. h., daß beim Übergang von einer ausgezeichneten Basis zu einer anderen nur die (zueinander inversen) *Funktionalmatrizen* (66′) zu beachten sind (vgl. auch den Anhang zu Abschnitt 2.4.).

Die Ableitung der Koordinatenfunktionen führte zu den Koordinaten der Vektoren von $T(P_0)$. Aus der Kurven- und Flächentheorie wissen wir bereits, daß in der Differentialgeometrie höhere Ableitungen nach den Parametern gebraucht werden. Bei differenzierbaren Mannigfaltigkeiten entsprechen den zwei Flächenparametern nunmehr n Variable; außerdem haben wir darauf zu achten, daß den zu erklärenden Ableitungen eine vom Koordinatensystem unabhängige Bedeutung zukommen muß. Wir gehen schrittweise vor:

1. Gegeben sei eine (*skalarwertige*) *Funktion*

$$f = f(u^1, \ldots, u^n) = \bar{f}(\bar{u}^1, \ldots, \bar{u}^n), \tag{71}$$

für deren partielle Ableitungen nach der Kettenregel

$$f_{,j} = \bar{f}_{,i} \frac{\partial \bar{u}^i}{\partial u^j}$$

gilt. Nach (66′) können wir sagen, daß dem n-Tupel

$$(f_{,1}, \ldots, f_{,n}) \tag{72}$$

eine vom Koordinatensystem unabhängige Bedeutung zukommt, daß die partielle Ableitung dem Skalarfeld (71) das Gradientenfeld (72) zuordnet. Da (72) die Koordinatendarstellung eines Feldes von Linearformen (= kovarianten Vektoren) ist, nennt man den Übergang von (71) zu (72) *kovariante Ableitung*.

2. Gegeben sei ein *kontravariantes Vektorfeld*

$$x^i = x^i(u^1, \ldots, u^n).$$

Aus $\overline{x}^i = \tilde{a}^i_j x^j$ erhalten wir nach (66′) und der Produktregel

$$\overline{x}^i_{,k} = \frac{\partial \overline{u}^i}{\partial u^j} x^j_{,r} \frac{\partial u^r}{\partial \overline{u}^k} + \frac{\partial^2 \overline{u}^i}{\partial u^j \partial u^r} \frac{\partial u^r}{\partial \overline{u}^k} \cdot x^j; \tag{73}$$

diese partiellen Ableitungen transformieren sich leider nicht wie ein (1,1)-Tensorfeld, da der zweite Summand der rechten Seiten im allgemeinen nicht verschwindet. Der partiellen Ableitung kommt also keine invariante Bedeutung zu. Dieses Resultat konnten wir jedoch nach den Ergebnissen des Abschnittes 3.3. erwarten: Die Ableitung einer Schar von Vektoren in den jeweiligen Tangentialebenen ergibt nicht automatisch Vektoren der Tangentialebene; mit Hilfe der Christoffelsymbole konnten wir jedoch in (15′) eine Differentiation im Rahmen der inneren Geometrie einer Fläche angeben. Wir machen für eine *kovariante Ableitung* den Ansatz

$$x^i_{;k} = x^i_{,k} + \Lambda^i_{jk}(u^1, \ldots, u^n) \cdot x^j. \tag{74}$$

Zunächst können wir feststellen, daß (74) folgende Regel ergibt:

$$(ax^i + by^i)_{;k} = a \cdot x^i_{;k} + b \cdot y^i_{;k}.$$

Andererseits ist der Faktor Λ^i_{jk} im Korrekturglied von der Karte f_M abhängig; bezüglich einer anderen Karte wird ein Faktor $\overline{\Lambda}^i_{jk}(\overline{u}^1, \ldots, \overline{u}^n)$ zu verwenden sein. Der Formel (74) kommt eine vom gewählten Koordinatensystem unabhängige Bedeutung zu, wenn sich die $x^i_{;k}$ als Koordinaten eines (1,1)-Tensors erweisen:

$$\overline{x}^i_{;k} = \tilde{a}^i_r x^r_{;s} a^s_k. \tag{75}$$

Daraus ergibt sich für die Faktoren $\overline{\Lambda}^i_{jk}$ nach (73)

$$\begin{aligned} \overline{\Lambda}^i_{rk} \tilde{a}^r_s x^s &= \overline{\Lambda}^i_{rk} \overline{x}^r = \overline{x}^i_{;k} - \overline{x}^i_{,k} \\ &= \tilde{a}^i_r x^r_{;t} a^t_k - \tilde{a}^i_r x^r_{,t} a^t_k - \frac{\partial^2 \overline{u}^i}{\partial u^r \partial u^t} a^t_k x^r \\ &= \tilde{a}^i_r \Lambda^r_{st} a^t_k x^s - \frac{\partial^2 \overline{u}^i}{\partial u^s \partial u^t} a^t_k x^s \end{aligned}$$

für alle kontravariante Vektorkoordinaten x^s, d. h.

$$\overline{\Lambda}^i_{rk} \tilde{a}^r_s = \tilde{a}^i_r \Lambda^r_{st} a^t_k - \frac{\partial^2 \overline{u}^i}{\partial u^s \partial u^t} a^t_k.$$

Indem wir beide Seiten der Gleichung mit a^s_j multiplizieren und addieren, erhalten wir wegen $\tilde{a}^r_s a^s_j = \delta^r_j$ schließlich

$$\overline{\Lambda}^i_{jk} = \tilde{a}^i_r \Lambda^r_{st} a^s_j a^t_k - \frac{\partial^2 \overline{u}^i}{\partial u^s \, \partial u^t} a^s_j a^t_k . \tag{76}$$

Es genügt also, bezüglich einer Karte geeignete Λ^i_{jk} zu besitzen; denn gemäß (76) lassen sich dann stets $\overline{\Lambda}^i_{jk}$ berechnen, so daß (75) erfüllt ist. Die notwendige Überprüfung überlassen wir dem Leser als Aufgabe.

Beispiel

(4.6) In der inneren Geometrie einer Fläche kann $\Lambda^i_{jk} := \Gamma^i_{jk}$ gesetzt werden (vgl. Aufgabe 1). Ist ein Vektorfeld $v^i = v^i\big(u^1(t), u^2(t)\big)$ längs einer Kurve $u^i = u^i(t)$ gegeben (vgl. Abschnitt 3.3.), dann kann die absolute Ableitung längs der Kurve nach (15′) in der Form

$$\frac{D\big(v\big(u^j(t)\big)\big)}{dt} = \left(\frac{\partial v^i}{\partial u^k} + \Gamma^i_{jk} v^j\right) \dot{u}^k P_i = v^i_{;k} \dot{u}^k P_i$$

oder in Koordinatenschreibweise

$$\frac{Dv^i}{dt} = v^i_{;k} \dot{u}^k$$

notiert werden. Die Bedingung (46) für die Parallelverschiebung vereinfacht sich zu

$$v^i_{;k} \dot{u}^k = 0,$$

und $\dot{u}^i_{;k} \dot{u}^k = 0$ kennzeichnet eine Geodätische.

Die kovariante Ableitbarkeit kontravarianter Vektorfelder hängt von der Existenz geeigneter $\Lambda^i_{jk}(u^1, \ldots, u^n)$ ab; im allgemeinen sind diese Faktoren nicht eindeutig.

Die Mühsal im Zusammenhang mit der Definition einer kovarianten Ableitung eines kontravarianten Vektorfeldes braucht keine Furcht vor der Definition der kovarianten Ableitung beliebiger Tensorfelder aufkommen zu lassen. Wie wir sogleich sehen werden, können solche Ableitungen mit Hilfe geeigneter Λ^i_{jk} entsprechend (74) gebildet werden.

3. Gegeben sei ein *kovariantes Vektorfeld*

$$l_i = l_i(u^1, \ldots, u^n) . \tag{77}$$

Wir betrachten noch ein beliebiges kontravariantes Vektorfeld x^i. Wir erhalten eine kovariante Ableitung von (77), indem wir die Gültigkeit der

Produktregel postulieren: Aus

$$(l_i x^i)_{;k} = [l_{i;k} x^i + l_i x^i_{;k} =]\ l_{i;k} x^i + l_i(x^i_{.k} + \Lambda^i_{jk} x^j)$$

folgt nach Subtraktion der Gleichung

$$(l_i x^i)_{;k} = \left[(l_i x^i)_{.k} =\right] l_{i.k} x^i + l_i x^i{}_{.k}$$

zunächst $0 = l_{j;k} x^j - l_{j.k} x^j + l_i \Lambda^i_{jk} x^j$ für alle x^j, d. h.

$$l_{j;k} = l_{j.k} - \Lambda^i_{jk} l_i. \qquad (74')$$

4. Gegeben sei ein (r, s)-*Tensorfeld*

$$t^{j_1 \ldots j_s}_{i_1 \ldots i_r} = t^{j_1 \ldots j_s}_{i_1 \ldots i_r}(u^1, \ldots, u^n).$$

In Verallgemeinerung des Vorgehens im Schritt 3 ergibt sich

$$t^{j_1 \ldots j_s}_{i_1 \ldots i_r;k} = t^{j_1 \ldots j_s}_{i_1 \ldots i_r,k} + \sum \Lambda^{j_\sigma}_{jk} t^{j_1 \ldots j_{\sigma-1} j j_{\sigma+1} \ldots j_s}_{i_1 \ldots i_r}$$
$$- \sum \Lambda^i_{i_\varrho k} t^{j_1 \ldots j_s}_{i_1 \ldots i_{\varrho-1} i i_{\varrho+1} \ldots i_r}, \qquad (78)$$

wodurch nach (76) ein $(r, s+1)$-Tensor bestimmt ist. Die leichte, aber aufwendige Durchrechnung in bezug auf das Transformationsverhalten wollen wir uns ersparen.

Da die *kovariante Ableitung* (78) wieder einen Tensor ergibt, können wir genau so oft kovariant ableiten, wie $t^{j_1 \ldots j_s}_{i_1 \ldots i_r}$ partiell differenziert werden kann.

Aufgaben

1. Wenn ein Tensor bezüglich einer Karte konstante Glieder hat, braucht die kovariante Ableitung nicht zu verschwinden. Man zeige jedoch

$$\delta^i_{j;k} = 0.$$

($\delta_{ij;k}$ und $\delta^{ij}_{;k}$ verschwinden im allgemeinen nicht!)

2. Man bestimme die *kovariante Ableitung eines* $(1, 1)$-*Tensorfeldes* bezüglich $\Lambda^i_{jk} = \Lambda^i_{jk}(u^1, \ldots, u^n)$.

Anleitung. Ist $b^i_j = b^i_j(u^1, \ldots, u^n)$ gegeben, dann wende man auf $l_i b^i_j x^j$ die Produktregel an (vgl. den Punkt 3 zur Bestimmung der kovarianten Ableitung eines kovarianten Vektorfeldes).

3. Man zeige, daß die Christoffelsymbole Γ^i_{jk} das Transformationsverhalten (76) besitzen.

Anleitung. Wegen $P_r = \overline{P}_j \dfrac{\partial \bar{u}^j}{\partial u^r}$ gilt

$$P_{st} = \overline{P}_{jk} \frac{\partial \bar{u}^j}{\partial u^s} \frac{\partial \bar{u}^k}{\partial u^t} + \overline{P}_i \frac{\partial^2 \bar{u}^i}{\partial u^s \, \partial u^t}.$$

Man benutze jetzt die Ableitungsgleichungen von GAUSS, beachte $P_r = a^i_r \overline{P}_i$ und vergleiche die Koeffizienten von $\overline{P}_i$.

4.5. Affin zusammenhängende Räume

Wie wir in den Abschnitten 4.2. und 4.4. gesehen haben, sichert eine differenzierbare Mannigfaltigkeit der Klasse C^k die Existenz der Tangentialräume $T(P)$, aber für $k > 1$ nicht ohne weiteres höhere Ableitungen. Dazu benötigen wir ein Feld $\Lambda^i_{jk} = \Lambda^i_{jk}(u^1, \ldots, u^n)$ für jede Karte, das das Transformationsverhalten (76) besitzt. In diesem Abschnitt sei nun eine bogenweise zusammenhängende, n-dimensionale differenzierbare Mannigfaltigkeit der Klasse C^k zusammen mit einem Feld

$$\Lambda^i_{jk} = \Lambda^i_{jk}(u^1, \ldots, u^n) = \Lambda^i_{kj}\,^{1)} \tag{79}$$

für jede Karte, kurz: ein *affin zusammenhängender Raum* gegeben. Solche Räume besitzen bereits bemerkenswerte geometrische Eigenschaften. Zunächst wollen wir jedoch die Bedeutung der Symmetrie in den unteren Indizes von Λ^i_{jk} für die Bildung kovarianter Ableitungen herausstellen. Dabei stoßen wir, die stetige Differenzierbarkeit von Λ^i_{jk} vorausgesetzt, zu einer invarianten Größe in Form eines Tensors für jeden Punkt: Die kovarianten Ableitungen eines beliebigen Tensorfeldes sind durch $f_{;k} := f_{,k}$ für Skalarfelder, durch (74) und durch die Forderung nach der Gültigkeit der Produktregel vollständig bestimmt. Wegen der Linearität der Korrekturglieder haben wir die Additivität

$$(t^{j_1 \ldots j_s}_{i_1 \ldots i_r} + u^{j_1 \ldots j_s}_{i_1 \ldots i_r})_{;k} = t^{j_1 \ldots j_s}_{i_1 \ldots i_r;k} + u^{j_1 \ldots j_s}_{i_1 \ldots i_r;k}.$$

Welche Regeln bestehen neben Additivität und Produktregel? Kann die Differentiationsreihenfolge vertauscht werden? Für kontravariante Vektorfelder gilt

$$\begin{aligned} x^i_{;j;k} &= x^i_{;j,k} + \Lambda^i_{rk} x^r_{;j} - \Lambda^s_{jk} x^i_{;s} \\ &= x^i_{,j,k} + \Lambda^i_{rj,k} x^r + \Lambda^i_{rj} x^r_{,k} \\ &\quad + \Lambda^i_{rk} x^r_{,j} + \Lambda^i_{rk} \Lambda^r_{sj} x^s - \Lambda^s_{jk} x^i_{,s} - \Lambda^s_{jk} \Lambda^i_{ts} x^t \end{aligned}$$

---

[1]) Die Symmetrie in den unteren Indizes hat invariante Bedeutung, denn nach (76) bleibt diese Eigenschaft bei Koordinatentransformationen erhalten.

und entsprechend

$$x^i_{;k;j} = x^i_{,k,j} + \Lambda^i_{rk,j}x^r + \Lambda^i_{rk}x^r_{,j}$$
$$+ \Lambda^i_{rj}x^r_{,k} + \Lambda^i_{rj}\Lambda^r_{sk}x^s - \Lambda^s_{kj}x^i_{,s} - \Lambda^s_{kj}\Lambda^i_{ts}x^t.$$

Auf Grund der Symmetrieeigenschaft $\Lambda^i_{jk} = \Lambda^i_{kj}$ erhalten wir somit

$$x^i_{;j;k} - x^i_{;k;j} = (\Lambda^i_{sj,k} - \Lambda^i_{sk,j} + \Lambda^i_{rk}\Lambda^r_{sj} - \Lambda^i_{rj}\Lambda^r_{sk})\, x^s.$$

Indem wir den Klammerausdruck mit (16″) vergleichen, führen wir für ihn die Abkürzung R^i_{sjk} ein. Die rechte Seite bestimmt als Differenz der entsprechenden Glieder zweier Tensoren selbst einen Tensor. Das ergibt

$$\bar{R}^i_{sjk} = \tilde{a}^i_r R^r_{tuv} a^t_s a^u_j a^v_k$$

wegen

$$\bar{R}^i_{sjk}\bar{x}^s = \bar{R}^i_{sjk}\tilde{a}^s_\varrho x^\varrho = \tilde{a}^i_r R^r_{\varrho uv} x^\varrho a^u_j a^v_k.$$

R^i_{sjk} bestimmt einen Tensor, den *Krümmungstensor* im betrachteten Punkt. Wie wir nach (19) vor dem Theorema egregium wissen, verschwindet R^i_{sjk} im allgemeinen nicht, sondern steht für $n = 2$ in einem engen Zusammenhang zur Gaußschen Krümmung der Fläche. Die Bedeutung des Krümmungstensors wird in Abschnitt 4.8. bei beliebiger Dimension noch ausführlich diskutiert.

Neben diesem formalen Zugang zum Krümmungstensor kann auch ein geometrischer angegeben werden. Wir erinnern daran, daß die Holonomiegruppen in Punkten einer Kugel und eines Möbiusschen Bandes charakteristische Unterschiede aufweisen (vgl. Beispiel (3.13)); für Zylinderflächen bestehen die Holonomiegruppen in jedem Punkt nur aus der identischen Abbildung. Wir wollen im folgenden den für diese Aussagen grundlegenden Begriff der Parallelverschiebung längs eines Weges aus Abschnitt 3.9. verallgemeinern. Es sei

$$u^i = u^i(t) \tag{80}$$

ein glatter Weg. Wir nennen Vektoren mit den Koordinaten $x^i = x^i(t)$ längs (80) *parallel verschoben* genau dann, wenn

$$\frac{Dx^i(t)}{dt} := x^i_{;k}\dot{u}^k = \frac{dx^i}{dt} + \Lambda^i_{jk}x^j\dot{u}^k$$

für alle t verschwindet. Es ist möglich, jeden Vektor x^i_0 aus $T(P_0)$ mit $P_0 := P\big(u^1(t_0), \ldots, u^n(t_0)\big)$ längs (80) parallel zu verschieben, indem das

Differentialgleichungssystem

$$\frac{D(x^i(t))}{dt} = 0$$

mit den Anfangsbedingungen $x^i(t_0) = x_0^i$ gelöst wird. Insgesamt ergibt das eine vom Weg (80) abhängige Abbildung $\alpha(t)\colon T(P_0) \to T(P(t))$, die wegen

$$\frac{D(ax^i(t) + by^i(t))}{dt} = (ax^i + by^i)_{;k}\dot{u}^k = ax^i_{;k}\dot{u}^k + by^i_{;k}\dot{u}^k = a\frac{Dx^i}{dt} + b\frac{Dy^i}{dt}$$

linear ist. Deshalb können wir sagen, daß Λ längs beliebiger Wege einen „linearen Zusammenhang" zwischen den für jeden Punkt definierten Tangentialräumen herstellt.[1])

Besonders interessant ist die Menge der Abbildungen eines Tangentialraumes $T(P_0)$ auf sich, die im Ergebnis der Parallelverschiebung von $T(P_0)$ längs geschlossener, stückweise glatter Wege durch P_0 entstehen (Abb. 43, aber auch Abb. 23 und 24). Offenbar ergibt die Nacheinanderausführung und die Umkehrung solcher Abbildungen wieder eine Abbildung derselben Art, so daß eine Abbildungsgruppe, die *Holonomiegruppe* in P_0, vorliegt. Für affin zusammenhängende Räume sind die Holonomiegruppen, wie man leicht sieht, vom speziellen Punkt in dem Sinne unabhängig, daß sie isomorph sind (Abb. 42a, b); sie stellen ein Charakteristikum des Raumes dar.

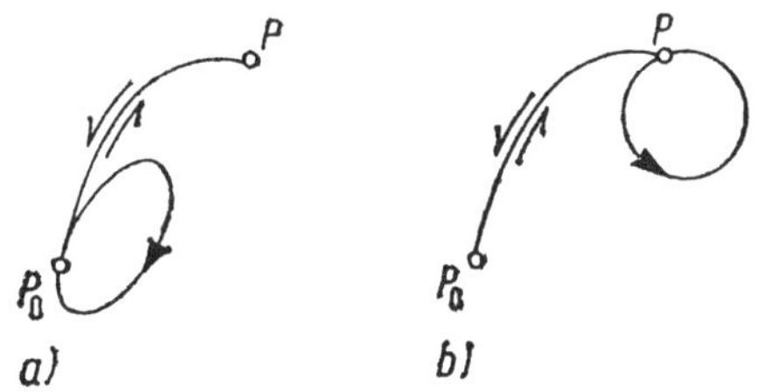

Abb. 42

Wir untersuchen nun wie D. Laugwitz geschlossene Wege, die Urbilder von Parallelogrammen im E^n sind: Unter der Voraussetzung, daß a, b in

[1]) Wird in (79) auf die Symmetrie in den unteren Indizes verzichtet, dann liegt statt eines affin zusammenhängenden Raumes nur ein *linear* zusammenhängender Raum vor. Dann ist neben dem Krümmungs- noch der sogenannte Torsionstensor zu beachten. Von diesen Begriffen ausgehend, führt die Spezialisierung (79) zu einem *symmetrischen* linearen oder *torsionsfreien* Zusammenhang.

E^n linear unabhängig sind und o. B. d. A. $P_0 = P(0, \ldots, 0)$ gilt, sei (Abb. 43)

$$u^i_\varepsilon(t) = \begin{cases} \varepsilon t a^i, & 0 \leqq t \leqq 1, \\ \varepsilon\big(a^i + (t-1)\, b^i\big), & 1 \leqq t \leqq 2, \\ \varepsilon\big(a^i + b^i - (t-2)\, a^i\big), & 2 \leqq t \leqq 3, \\ \varepsilon\big(1 - (t-3)\big)\, b^i, & 3 \leqq t \leqq 4. \end{cases} \tag{80'}$$

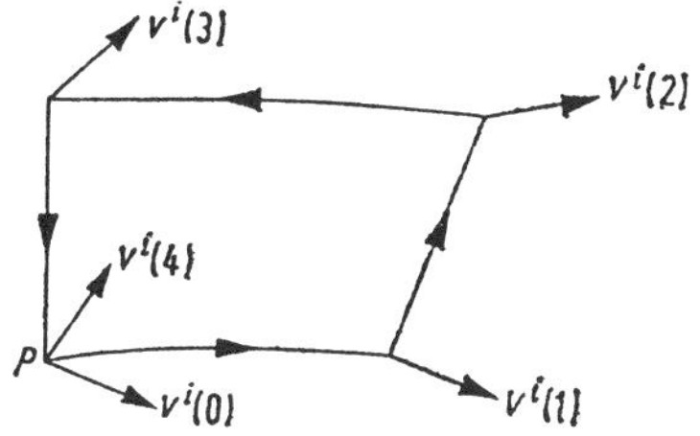

Abb. 43

Da wir für Λ^i_{jk} eine Taylorentwicklung nutzen wollen, setzen wir Λ^i_{jk} als zweimal stetig differenzierbar und o. B. d. A. $\Lambda^i_{jk}(0, \ldots, 0) = 0$[1]) voraus. Dann gilt

$$\Lambda^i_{jk}\big(u^1(t), \ldots, u^n(t)\big) = \Lambda^i_{jk,l}(0, \ldots, 0)\, u^l(t) + R^i_{jk} \tag{80a}$$

mit einem Restglied R^i_{jk}.

Wir verschieben einen beliebigen Vektor x^i_0 längs des Weges (80') und erhalten $x^i = x^i(t)$. In jedem der vier t-Intervalle betrachten wir eine Taylorentwicklung vom Anfangspunkt aus:

$$x^i(t_j + h) = x^i(t_j) + \dot{x}^i(t_j^+)\, h + \frac{1}{2}\, \ddot{x}^i(t_j^+)\, h^2 + \cdots$$

mit $t_j = 0, 1, 2, 3$ und $0 \leqq h \leqq 1$. Für $h = 1$ gilt insbesondere

$$x^i(t_j + 1) = x^i(t_j) + \dot{x}^i(t_j^+) + \frac{1}{2}\, \ddot{x}^i(t_j^+) + \cdots. \tag{80b}$$

---

[1]) Das ist wegen der Symmetrie in den unteren Indizes möglich: Aus $\bar{\Lambda}^i_{jk} = \bar{\Lambda}^i_{kj}$ folgt mit der Koordinatentransformation $u^i := \bar{u}^i + \frac{1}{2}\, \bar{\Lambda}^i_{jk}(0, \ldots, 0)\, \bar{u}^j \bar{u}^k$, deren Funktionaldeterminante wegen

$$a^i_j = \frac{\partial u^i}{\partial \bar{u}^j} = \delta^i_j + \bar{\Lambda}^i_{jk}(0, \ldots, 0)\, \bar{u}^k$$

in P_0 sogar 1 und somit in einer Umgebung U_{P_0} gewiß von null verschieden ist,

$$\frac{\partial^2 u^i}{\partial \bar{u}^j\, \partial \bar{u}^k} = \bar{\Lambda}^i_{jk}(0, \ldots, 0).$$

Das ergibt $\Lambda^i_{jk}(0, \ldots, 0) = 0$ nach (76), w. z. b. w.

Da es sich um eine Schar paralleler Vektoren handelt, muß in jedem der vier t-Intervalle nach (80a)

$$\dot{x}^i = -\Lambda^i_{jk} x^j \dot{u}^k = -\Lambda^i_{jk,l}(0, \ldots, 0)\, x^j \dot{u}^k u^l + \cdots, \tag{80c}$$

$$\ddot{x}^i = -\Lambda^i_{jk,l} x^j \dot{u}^k \dot{u}^l + \Lambda^i_{jk} \Lambda^j_{rs} x^r \dot{u}^s \dot{u}^k + \ldots \tag{80d}$$

gelten, insbesondere

$$\begin{aligned} &\dot{x}^i(0^+) = 0, \quad \dot{x}^i(1^+) = -\varepsilon^2 \Lambda^i_{jk,l}(0, \ldots, 0)\, x^j(1)\, b^k a^l + \varepsilon^3(\ldots), \\ &\dot{x}^i(2^+) = \varepsilon^2 \Lambda^i_{jk,l}(0, \ldots, 0)\, x^j(2)\, a^k(a^l + b^l) + \varepsilon^3(\ldots), \\ &\dot{x}^i(3^+) = \varepsilon^2 \Lambda^i_{jk,l}(0, \ldots, 0)\, x^j(3)\, b^k b^l + \varepsilon^3(\ldots) \end{aligned} \tag{80e}$$

sowie entsprechend

$$\begin{aligned} \ddot{x}^i(0^+) &= -\varepsilon^2 \Lambda^i_{jk,l} x^j(0)\, a^k a^l + \varepsilon^3(\ldots), \\ \ddot{x}^i(1^+) &= -\varepsilon^2 \Lambda^i_{jk,l} x^j(1)\, b^k b^l + \varepsilon^3(\ldots), \\ \ddot{x}^i(2^+) &= -\varepsilon^2 \Lambda^i_{jk,l} x^j(2)\, a^k a^l + \varepsilon^3(\ldots), \\ \ddot{x}^i(3^+) &= -\varepsilon^2 \Lambda^i_{jk,l} x^j(3)\, b^k b^l + \varepsilon^3(\ldots). \end{aligned} \tag{80f}$$

Da wir Glieder mit ε^3 vernachlässigen wollen, können wir nach (80b, c, d) in (80e, f) den Vektor $x^i(t_j)$ durch x^i_0 ersetzen, speziell erhalten wir dann $\ddot{x}^i(2^+) = \ddot{x}^i(0^+) + \varepsilon^3(\ldots)$ und $\ddot{x}^i(3^+) = \ddot{x}^i(1^+) + \varepsilon^3(\ldots)$. Wir interessieren uns abschließend für die Differenz $x^i(4) - x^i_0$. Nach (80b) gilt

$$\begin{aligned} x^i(4) - x^i_0 &\approx x^i(3) + \dot{x}^i(3^+) + \frac{1}{2}\, \ddot{x}^i(3^+) - x^i_0 \\ &\approx x^i(2) + \dot{x}^i(3^+) + \dot{x}^i(2^+) + \frac{1}{2}\left(\ddot{x}^i(3^+) + \ddot{x}^i(2^+)\right) - x^i_0 \\ &\quad \ldots\ldots\ldots\ldots\ldots\ldots\ldots\ldots \\ &\approx \dot{x}^i(3^+) + \dot{x}^i(2^+) + \dot{x}^i(1^+) + \ddot{x}^i(1^+) + \ddot{x}^i(0^+) \\ &\approx \varepsilon^2(\Lambda^i_{jk,l} x^j_0 a^k b^l - \Lambda^i_{jk,l} x^j_0 b^k a^l) \\ &\approx \varepsilon^2(\Lambda^i_{jk,l} - \Lambda^i_{jl,k})\, x^j_0 a^k b^l = \varepsilon^2 R^i_{jkl} x^j_0 a^k b^l. \end{aligned}$$

Die Gleichung $x^i(4) = x^i_0 + \varepsilon^2 R^i_{jkl}(0, \ldots, 0)\, x^j_0 a^k b^l + \varepsilon^3(\ldots)$ zeigt, daß die Änderung von x^i_0 für hinreichend kleine ε im wesentlichen durch den

Krümmungstensor bestimmt wird; sie kann auch in der Form

$$\alpha^i_j \approx \delta^i_j + \varepsilon^2 R^i_{jkl} a^k b^l$$

geschrieben werden.

Aufgaben

1. Man berechne für ein kovariantes Vektorfeld $l_i = l_i(u^1, \ldots, u^n)$ die Differenz $l_{i;j;k} - l_{i;k;j}$.
2. Man zeige, daß $R^i_{jkl} = 0$ in U_{P_0} genau dann gilt, wenn die Holonomiegruppe für in U_{P_0} verlaufende Wege nur aus der Identität besteht.

4.6. Riemannsche Räume

Zu Beginn des Abschnittes 4.1. hatten wir für die innere Geometrie einer Fläche zwei wesentliche Aspekte hervorgehoben: Angabe einer zulässigen Parameterdarstellung und Berechnung von Längen. Während ersteres seine Verallgemeinerung in affin zusammenhängenden Räumen findet, ist die Längenmessung nach wie vor noch offen. Da zu einer Metrik in einer differenzierbaren Mannigfaltigkeit stets ein wohlbestimmter affiner Zusammenhang gehört, erklären wir

Definition. Ein *Riemannscher Raum* ist eine bogenweise zusammenhängende, n-dimensionale differenzierbare Mannigfaltigkeit der Klasse C^k mit einem *symmetrischen* (*Maß-*) *Tensorfeld*, das bezüglich einer Karte durch

$$g_{ik} = g_{ik}(u^1, \ldots, u^n)$$

gegeben sei. Die *Länge einer durch* $u^i = u^i(t)$, $t_0 \leqq t \leqq t_1$, *dargestellten Kurve* ist per definitionem

$$s = s(t_1) - s(t_0) := \int_{t_0}^{t_1} \sqrt{g_{ik}\dot{u}^i\dot{u}^k}\, d\tau .$$

Die Länge ist eine (nicht negative) reelle Zahl, wenn $g_{ik}x^i x^k > 0$ für alle Vektoren ungleich dem Nullvektor gilt, wenn g_{ik} eine *positiv definite quadratische Form* bestimmt. Will man jedoch die Raum-Zeit der Relativitätstheorie von A. EINSTEIN studieren, dann sind nicht reelle Längen zuzulassen. Außerdem werden wir noch geeignete Differenzierbarkeitsvoraussetzungen festlegen.

Neben der Längenmessung von Kurven besitzen wir sogleich eine Metrik in den Tangentialräumen. Im Fall der positiven Definitheit werden alle Tangentialräume euklidische E^n, und wir haben

$$|x| = \sqrt{g_{ik}x^i x^k},$$

$$\cos \sphericalangle (x, y) = \frac{g_{ik}x^i y^k}{\sqrt{g_{ik}x^i x^k}\sqrt{g_{ik}y^i y^k}};$$

natürlich können wir auch in der gewohnten Art und Weise Winkel zwischen zwei Kurven in einem Schnittpunkt berechnen. Falls keine positive Definitheit vorliegt, sind *pseudoeuklidische Räume* zu betrachten; hierauf gehen wir im Rahmen dieser Einführung nicht weiter ein.

Wir wenden uns nun der kovarianten Ableitung von Tensorfeldern in Riemannschen Räumen zu. Nach Abschnitt 4.4. benötigen wir dazu einen linearen Zusammenhang. Wir setzen das Tensorfeld $g_{ik} = g_{ik}(u^1, \ldots, u^n)$ als stetig differenzierbar voraus und setzen wie in (14)

$$\Gamma^h_{ij} := \frac{g^{hk}}{2}(-g_{ij,k} + g_{jk,i} + g_{ki,j}). \tag{81}$$

Zunächst überlegen wir uns, daß (81) einen affinen Zusammenhang ergibt: Gemäß (67) gilt

$$\bar{g}_{ij} = g_{rs}a^r_i a^s_j, \qquad \bar{g}^{ij} = g^{rs}\bar{a}^i_r \bar{a}^j_s; \tag{82}$$

hiernach besitzen die Γ^h_{ij} folgendes Transformationsverhalten:

$$\begin{aligned}
\bar{\Gamma}^h_{ij} &= \frac{\bar{g}^{hk}}{2}(-\bar{g}_{ij,k} + \bar{g}_{jk,i} + \bar{g}_{ki,j}) \\
&= \bar{a}^h_\varrho \bar{a}^k_\sigma \frac{g^{\varrho\sigma}}{2}\Bigg(-g_{rs,t}a^r_i a^s_j a^t_k - g_{rs}\frac{\partial^2 u^r}{\partial \bar{u}^i\,\partial \bar{u}^k}a^s_j - g_{rs}a^r_i\frac{\partial^2 u^s}{\partial \bar{u}^j\,\partial \bar{u}^k} \\
&\qquad + g_{rs,t}a^r_j a^s_k a^t_i + g_{rs}\frac{\partial^2 u^r}{\partial \bar{u}^j\,\partial \bar{u}^i}a^s_k + g_{rs}a^r_j\frac{\partial^2 u^s}{\partial \bar{u}^k\,\partial \bar{u}^i} \\
&\qquad + g_{rs,t}a^r_k a^s_i a^t_j + g_{rs}\frac{\partial^2 u^r}{\partial \bar{u}^k\,\partial \bar{u}^j}a^s_i + g_{rs}a^r_k\frac{\partial^2 u^s}{\partial \bar{u}^i\,\partial \bar{u}^j}\Bigg) \\
&= \bar{a}^h_\varrho \Gamma^\varrho_{\sigma\tau}a^\sigma_i a^\tau_j + \bar{a}^h_\varrho \frac{\partial^2 u^\varrho}{\partial \bar{u}^i\,\partial \bar{u}^j} \\
&= \bar{a}^h_\varrho \Gamma^\varrho_{\sigma\tau}a^\sigma_i a^\tau_j - \frac{\partial^2 \bar{u}^h}{\partial u^r\,\partial u^s}a^r_i a^s_j;
\end{aligned}$$

denn aus $\bar{a}^h_r a^r_i = \delta^h_i$ folgt bei der partiellen Ableitung nach $\bar{u}^j$

$$\frac{\partial^2 \bar{u}^h}{\partial u^r \, \partial u^s} \frac{\partial u^s}{\partial \bar{u}^j} a^r_i + \bar{a}^h_r \frac{\partial^2 u^r}{\partial \bar{u}^i \, \partial \bar{u}^j} = 0$$

und

$$\bar{a}^h_\varrho \frac{\partial^2 u^\varrho}{\partial \bar{u}^i \, \partial \bar{u}^j} = - \frac{\partial^2 \bar{u}^h}{\partial u^r \, \partial u^s} a^r_i a^s_j .$$

Damit erfüllen die Γ^h_{ij} die Bedingung (76); sie erzeugen wegen $\Gamma^h_{ij} = \Gamma^h_{ji}$ einen affinen Zusammenhang, w. z. b. w.

Die Parallelverschiebung längs beliebiger Wege $u^i = u^i(t)$, die mittels Γ erklärt wird, hat die bemerkenswerte Eigenschaft, daß sie die Länge der Vektoren erhält, daß sie folglich die Tangentialräume $T(P_0)$ und $T(P)$ bezüglich der Punkte P_0 und P des Weges isometrisch aufeinander abbildet.

Beweis. Es sei

$$\frac{Dx^i(t)}{dt} = x^i_{;k} \dot{u}^k = 0 = y^i_{;k} \dot{u}^k = \frac{Dy^i(t)}{dt} . \tag{83}$$

Wir bilden die Ableitung

$$\frac{d}{dt} g_{ij}(u^1, \ldots, u^n) \, x^i y^j = g_{ij,k} x^i y^j \dot{u}^k + g_{ij} \dot{x}^i y^j + g_{ij} x^i \dot{y}^j ;$$

wegen (83) läßt sich die rechte Seite umformen:

$$g_{ij,k} x^i y^j \dot{u}^k + g_{ij}(-\Gamma^i_{rs} x^r \dot{u}^s) \, y^j + g_{ij} x^i (-\Gamma^j_{rs} y^r \dot{u}^s)$$
$$= (g_{ij,k} - g_{tj} \Gamma^t_{ik} - g_{it} \Gamma^t_{jk}) \, x^i y^j \dot{u}^k .$$

Die letzte Klammer verschwindet nach (81), so daß wir

$$\frac{d}{dt} g_{ij} x^i y^j = 0 \tag{84}$$

erhalten. Aus (84) folgt für $x^i = y^i$ die Konstanz der Längen und danach die Konstanz der Winkelgrößen, w. z. b. w.

Nennen wir einen affinen Zusammenhang Λ^h_{ij} mit der Metrik des Riemannschen Raumes *verträglich* genau dann, wenn die zugehörigen Parallelverschiebungen Isometrien sind, dann können wir das obige Resultat noch verschärfen: Die Γ^h_{ij} bestimmen den einzigen mit der Metrik verträglichen affinen Zusammenhang.

Beweis. Wir betrachten die kovariante Ableitung bezüglich $\Lambda^h_{ij} = \Lambda^h_{ji}$. Wegen der Metrikinvarianz der Parallelverschiebung gilt für beliebige kontravariante Vektorfelder und Wege

$$0 = \frac{D}{dt}(g_{ij}x^i y^j) = g_{ij;k}x^i y^j \dot{u}^k = (g_{ij,k} - g_{rj}\Lambda^r_{ik} - g_{ir}\Lambda^r_{jk})\, x^i y^j \dot{u}^k,$$

d. h. dann sogar

$$g_{ij,k} - g_{rj}\Lambda^r_{ik} - g_{ir}\Lambda^r_{jk} = 0. \tag{85}$$

Durch Umbenennung erhalten wir noch

$$g_{jk,i} - g_{rk}\Lambda^r_{ji} - g_{jr}\Lambda^r_{ki} = 0,$$

$$g_{ki,j} - g_{ri}\Lambda^r_{kj} - g_{kr}\Lambda^r_{ij} = 0;$$

indem wir (85) von der Summe dieser Gleichungen subtrahieren, bekommen wir

$$-g_{ij,k} + g_{jk,i} + g_{ki,j} = 2g_{kr}\Lambda^r_{ij}$$

und hieraus

$$\Lambda^h_{ij} = \frac{g^{hk}}{2}(-g_{ij,k} + g_{jk,i} + g_{ki,j}) = \Gamma^h_{ij}$$

in allen Punkten einer Karte, w. z. b. w.

Zusammenfassend können wir feststellen, daß die Geometrie des Riemannschen Raumes die zu Beginn des Kapitels gesuchte Verallgemeinerung der inneren Geometrie einer Fläche darstellt: In ihr ist die n-dimensionale Koordinatisierung und die Gewährleistung der Längenberechnung gelungen. Insbesondere gilt der

Hauptsatz. *Jeder Riemannsche Raum hat bei stetig differenzierbaren g_{ij} genau einen mit der Metrik verträglichen affinen Zusammenhang, nämlich den durch die Christoffelsymbole bestimmten.*

Die Formel (85) für die Christoffelsymbole

$$g_{ij;k} = g_{ij,k} - g_{rj}\Gamma^r_{ik} - g_{ir}\Gamma^r_{jk} = 0 \tag{85'}$$

ist auch als Lemma von Ricci[1]) bekannt.

Aufgaben

1. Welche Besonderheit besitzt die Holonomiegruppe eines Riemannschen Raumes?
2. Wie läßt sich E^n als Riemannscher Raum auffassen?

---

[1]) Gregorio Ricci-Curbastro (1853–1925).

3. Die n-Sphäre um O mit dem Radius R ist ein Riemannscher Raum, wenn g_{ij} mit Hilfe der Metrik des E^{n+1} bestimmt wird (vgl. (103) und (104)).

4.7. Kurventheorie in Riemannschen Räumen

In einem Riemannschen Raum sei $u^i = u^i(s)$ Parameterdarstellung einer Kurve, wobei wir $(m + 1)$-mal stetige Differenzierbarkeit und $g_{ij}u^{i\prime}u^{j\prime} = 1$, d. h. Bogenlänge als Parameter voraussetzen. Wir definieren

$$x^i_{(1)} := \frac{du^i}{ds}, \qquad x^i_{(2)} := \frac{Dx^i_{(1)}}{ds}, \ldots, x^i_{(m)} := \frac{Dx^i_{(m-1)}}{ds}; \tag{86}$$

die Indizes in Klammern beziehen sich dabei nicht auf das Koordinatensystem, sondern stellen eine Numerierung der Vektoren $x_{(\mu)}$ dar.

Im Kapitel 1 wurden mit Hilfe der Ableitungen einer Darstellung einer Kurve die Frenetschen Formeln entwickelt. Doch welche Eigenschaften besitzen hier die Vektoren $x_{(1)}, \ldots, x_{(m)}$? Da s die Bogenlänge ist, muß $x_{(1)}$ ein Einheitsvektor sein:

$$g_{ij}x^i_{(1)}x^j_{(1)} = g_{ij}u^{i\prime}u^{j\prime} = 1. \tag{87}$$

Aus (87) erhalten wir durch Differentiation nach s unter Berücksichtigung des Lemmas von Ricci, d. h. von (85′),

$$\begin{aligned} 0 &= \frac{d}{ds}(g_{ij}u^{i\prime}u^{j\prime}) = g_{ij,k}u^{i\prime}u^{j\prime}u^{k\prime} + g_{ij}u^{i\prime\prime}u^{j\prime} + g_{ij}u^{i\prime}u^{j\prime\prime} \\ &= g_{ij,k}x^i_{(1)}x^j_{(1)}x^k_{(1)} + g_{ij}(x^i_{(2)} - \Gamma^i_{rs}x^r_{(1)}x^s_{(1)})\, x^j_{(1)} \\ &\quad + g_{ij}x^i_{(1)}(x^j_{(2)} - \Gamma^j_{rs}x^r_{(1)}x^s_{(1)}) \\ &= (g_{ij,k} - g_{\varrho j}\Gamma^\varrho_{ik} - g_{i\sigma}\Gamma^\sigma_{jk})\, x^i_{(1)}x^j_{(1)}x^k_{(1)} + 2g_{ij}x^i_{(2)}x^j_{(1)} \\ &= g_{ij;k}x^i_{(1)}x^j_{(1)}x^k_{(1)} + 2g_{ij}x^i_{(2)}x^j_{(1)} = 2g_{ij}x^i_{(2)}x^j_{(1)}. \end{aligned}$$

Das bedeutet

$$x_{(1)} \perp x_{(2)}.$$

Wie in der Kurventheorie nennen wir $k_{(1)} := |x_{(2)}|$ die *erste Krümmung* der Kurve und unterscheiden

Fall 1: $k_{(1)} = 0$ in einem Intervall. Wegen

$$0 = x^i_{(2)} = \frac{Dx^i_{(1)}}{ds} = \frac{Du^{i'}}{ds} = u^{i''} + \Gamma^i_{rs} u^{r'} u^{s'}$$

werden wir — vgl. den Satz 3.11b — das Kurvenstück *geodätisch* nennen.

Fall 2: $k_{(1)} \neq 0$. Dann führen wir

$$e_1 := x_{(1)}, \qquad e_2 := k^{-1}_{(1)} x_{(2)}$$

ein und nennen e_1 *Tangenten-* und e_2 *Hauptnormalenvektor*. Allerdings reichen e_1 und e_2 für $n > 3$ noch nicht zur Definition eines *begleitenden n-Beines* aus. Das gelingt in dem Sonderfall, daß $m = n$ ist und $x_{(1)}, \ldots, x_{(n)}$ linear unabhängig sind: Wir definieren $e_{(\nu)}$ nach dem Schmidtschen[1]) Orthogonalisierungsverfahren, so daß $e_{(1)}, \ldots, e_{(n)}$ paarweise senkrechte Einheitsvektoren sind und $e_{(\nu)}$ Linearkombination von $x_{(1)}, \ldots, x_{(\nu)}$ ist. In Koordinatendarstellung bedeutet das

$$g_{ij} e^i_{(r)} e^j_{(s)} = \delta_{rs}, \tag{88}$$

$$e^i_{(\nu)} = \sum_{r=1}^{\nu} b^{ir} x^i_{(r)}. \tag{89}$$

Indem wir eine Verallgemeinerung der Frenetschen Formeln suchen, bilden wir

$$\frac{De^i_{(r)}}{ds} = \sum_{s=1}^{n} a_{rs} e^i_{(s)}. \tag{90}$$

Welche Eigenschaften besitzt die Koeffizientenmatrix (a_{rs})? Aus (88) erhalten wir nach dem Lemma von Ricci und (90)

$$0 = g_{ij} \frac{De^i_{(r)}}{ds} e^j_{(s)} + g_{ij} e^i_{(r)} \frac{De^j_{(s)}}{ds} = a_{rs} + a_{sr}$$

oder gleichwertig damit $a_{sr} = -a_{rs}$, d. h., daß die Koeffizientenmatrix schiefsymmetrisch ist, insbesondere in der Hauptdiagonale nur Nullen enthält. Nach (89) und (86) kann $\frac{De_{(r)}}{ds}$ als Linearkombination von $x_{(1)}, \ldots, x_{(r+1)}$ auch nur Linearkombination von $e_{(1)}, \ldots, e_{(r+1)}$ sein, d. h. nach

[1]) Erhard Schmidt (1876—1959).

(90) $a_{rs} = 0$ für $s > r + 1$. Zusammen mit der Schiefsymmetrie ergibt das folgende Gestalt der Matrix (a_{rs}):

$$\begin{pmatrix} 0 & a_{12} & 0 & \cdots & 0 \\ -a_{12} & 0 & a_{23} & \ddots & \vdots \\ 0 & -a_{23} & 0 & \ddots & 0 \\ \vdots & \ddots & \ddots & \ddots & a_{n-1,n} \\ 0 & \cdots & 0 & -a_{n-1,n} & 0 \end{pmatrix}.$$

Dabei ist $k_{(1)} = a_{12}$; setzen wir noch $k_{(\nu)} := a_{\nu,\nu+1}$, dann erhalten wir nach (90) die *verallgemeinerten Frenetschen Formeln* für die absoluten Ableitungen der Vektoren des *begleitenden n-Beines* $e_{(1)}, \ldots, e_{(n)}$

$$\frac{De^i_{(1)}}{ds} = k_{(1)} e^i_{(2)},$$

$$\frac{De^i_{(2)}}{ds} = -k_{(1)} e^i_{(1)} + k_{(2)} e^i_{(3)},$$

$$\cdots\cdots\cdots\cdots\cdots\cdots$$

$$\frac{De^i_{(\nu)}}{ds} = -k_{(\nu-1)} e^i_{(\nu-1)} + k_\nu e^i_{(\nu+1)}, \tag{91}$$

$$\cdots\cdots\cdots\cdots\cdots\cdots$$

$$\frac{De^i_{(n)}}{ds} = -k_{(n-1)} e^i_{(n-1)}.$$

Die *ν-ten Krümmungen* $k_\nu = g_{ij} \dfrac{De^i_{(\nu)}}{ds} e^j_{(\nu+1)}$ sind als Überschiebungen von Tensoren selbst (0, 0)-Tensoren, also invariant.

Im Fall des dreidimensionalen euklidischen Raumes wird $\Gamma^h_{ij} = 0$ und folglich

$$\frac{De^i_{(\nu)}}{ds} = \frac{de^i_{(\nu)}}{ds};$$

wir erhalten die Frenetschen Formeln der Kurventheorie. Im Fall einer Fläche, d. h. $n = 2$, wird $k_{(1)}$ gerade der Betrag der tangentialen Komponente von $(u^{i'}P_i)'$, d. h. von $k_g\mathfrak{e}$; somit ist $k_{(1)}$ bis aufs Vorzeichen die geodätische Krümmung k_g.

Abschließend bemerken wir ohne Beweis, daß $k_{(1)}, \ldots, k_{(n-1)}$ ein vollständiges Invariantensystem der Kurve bilden (W. Blaschke, Math. Z. 6 (1920)); im Fall $k_{(\mu)} \neq 0$ für $\mu = 1, \ldots, m-1$, $k_{(m)} = 0$ und $m < n$ existieren nur ein „begleitendes m-Bein" $e_{(1)}, \ldots, e_{(m)}$ und m verallgemeinerte Frenetsche Formeln.

Aufgaben

1. Falls nur $x_{(1)}, \ldots, x_{(n-1)}$ linear unabhängig sind, kann dennoch lokal ein begleitendes n-Bein erklärt werden.

2. Im E^n mit kartesischen Koordinaten sei $k_{(1)} = \frac{1}{R}$ und $k_{(m)} = 0$ für $m > 1$. Man zeige, daß die gesuchte Kurve ein Kreis im E^n ist.

   Anleitung. Es gilt $\frac{D}{ds} = \frac{d}{ds}$. Aus den verallgemeinerten Frenetschen Formeln

$$e^{i'}_{(1)} = \frac{1}{R} e^i_{(2)}, \qquad e^{i'}_{(2)} = -\frac{1}{R} e^i_{(1)}$$

   erhält man $e^i_{(2)} = R e^{i'}_{(1)}$ und folglich

$$e^{i'}_{(2)} = R e^{i''}_{(1)} = -\frac{1}{R} e^i_{(1)}.$$

   Bezüglich der Lösung der Differentialgleichung

$$e^{i''}_{(1)} = -\frac{1}{R^2} e^i_{(1)},$$

   vgl. Beispiel (3.7), wobei die Integrationskonstanten dadurch eingeschränkt werden, daß $e_{(1)}, e_{(2)}$ paarweise senkrechte Einheitsvektoren sind. Schließlich ist $e^i_{(1)} = u^{i'}$ zu beachten.

4.8. Krümmung eines Riemannschen Raumes

Um für einen Riemannschen Raum einen ersten Krümmungsbegriff zu gewinnen, erinnern wir daran, daß mit Hilfe der Christoffelsymbole ein affiner Zusammenhang gegeben ist. Damit besitzen wir das Feld der *Krümmungstensoren*

$$R^s_{ijk} = R^s_{ijk}(u^1, \ldots, u^n) = \Gamma^s_{ij,k} - \Gamma^s_{ik,j} + \Gamma^r_{ij}\Gamma^s_{rk} - \Gamma^r_{ik}\Gamma^s_{rj}\,. \qquad (92)$$

Wie jedem Tensor kommt (92) eine invariante Bedeutung zu, jedoch dürfte (92) als Krümmungsbegriff noch recht inhaltsarm sein, da wir R^s_{ijk} als Abkürzung eingeführt haben und lediglich über (19), nämlich

$$K = \frac{g_{2s}}{g} R^s_{112},$$

im Fall eines sehr speziellen Riemannschen Raumes, einer Fläche im Anschauungsraum, eine schwache Ahnung von seiner Bedeutung für Krümmungseigenschaften eines beliebigen Riemannschen Raumes besitzen können. Ich gehe sicher nicht fehl in der Annahme, daß jeder, für den Tensoren Neuland darstellen, ohnehin zu invarianten Skalaren wie etwa der Gaußschen Krümmung K mehr Vertrauen hat als zu den invarianten Tensoren. Um zu Skalaren zu gelangen, brauchen wir nur die Funktionswerte eines Tensors für gewisse ko- und kontravariante Vektoren zu bestimmen; um dabei nur kontravariante Vektoren, Elemente des Tangentialraumes $T(P)$ im betrachteten Punkt P, berücksichtigen zu müssen, gehen wir — wiederum durch (19), nämlich $g_{2s}R^s_{112}$, angeregt — vom „gemischten" Krümmungstensor R^s_{ijk} zum *kovarianten Krümmungstensor*

$$R_{hijk} = R_{hijk}(u^1, \ldots, u^n) := g_{hs}R^s_{ijk} \tag{93}$$

über. Als Überschiebung von Tensoren erhalten wir tatsächlich in jedem Punkt einen Tensor.

Für spätere Überlegungen erarbeiten wir uns einige Eigenschaften des kovarianten Krümmungstensors. Um neben (93) eine weitere Darstellung von R_{hijk} zu gewinnen, setzen wir (92) in (93) ein und berücksichtigen (81)

$$\begin{aligned}
R_{hijk} &= g_{hs}(\Gamma^s_{ij,k} - \Gamma^s_{ik,j} + \Gamma^s_{rk}\Gamma^r_{ij} - \Gamma^s_{rj}\Gamma^r_{ik}) \\
&= g_{hs}\left(\frac{g^{s\sigma}_{,k}}{2}(-g_{ij,\sigma} + g_{j\sigma,i} + g_{\sigma i,j}) + \frac{g^{s\sigma}}{2}(-g_{ij,\sigma,k} + g_{j\sigma,i,k} + g_{\sigma i,j,k})\right) \\
&\quad - g_{hs}\left(\frac{g^{s\sigma}_{,j}}{2}(-g_{ik,\sigma} + g_{k\sigma,i} + g_{\sigma i,k}) + \frac{g^{s\sigma}}{2}(-g_{ik,\sigma,j} + g_{k\sigma,i,j} + g_{\sigma i,k,j})\right) \\
&\quad + g_{hs}(\Gamma^s_{rk}\Gamma^r_{ij} - \Gamma^s_{rj}\Gamma^r_{ik}).
\end{aligned}$$

Zur Vereinfachung der rechten Seite bemerken wir $g_{hs}g^{s\sigma} = \delta^\sigma_h$ sowie $0 = \delta^\sigma_{h,\tau} = g_{hs,\tau}g^{s\sigma} + g_{hs}g^{s\sigma}_{,\tau}$, d. h. $g_{hs}g^{s\sigma}_{,\tau} = -g_{hs,\tau}g^{s\sigma}$. Unter Berücksichtigung dieser Gleichungen, der Vertauschbarkeit der Differentiationsreihenfolge und des Lemmas (85') von Ricci gilt

$$R_{hijk} = -g_{hs,k}\Gamma^s_{ij} + \frac{1}{2}(-g_{ij,h,k} + g_{jh,i,k} + g_{hi,j,k})$$

$$+ g_{hs,j}\Gamma^s_{ik} - \frac{1}{2}(-g_{ik,h,j} + g_{kh,i,j} + g_{hi,k,j})$$

$$+ g_{hs}(\Gamma^s_{rk}\Gamma^r_{ij} - \Gamma^s_{rj}\Gamma^r_{ik})$$

$$= \frac{1}{2}(g_{hj,i,k} - g_{ij,h,k} + g_{ik,h,j} - g_{hk,i,j})$$

$$+ g_{hs}(\Gamma^s_{rk}\Gamma^r_{ij} - \Gamma^s_{rj}\Gamma^r_{ik}) - (g_{rs}\Gamma^r_{hk}\Gamma^s_{ij} + g_{hr}\Gamma^r_{sk}\Gamma^s_{ij})$$

$$+ (g_{rs}\Gamma^r_{hj}\Gamma^s_{ik} + g_{hr}\Gamma^r_{sj}\Gamma^s_{ik})$$

$$= \frac{1}{2}(g_{hj,i,k} - g_{ij,h,k} + g_{ik,h,j} - g_{hk,i,j})$$

$$+ g_{rs}(\Gamma^r_{hj}\Gamma^s_{ik} - \Gamma^r_{hk}\Gamma^s_{ij}). \tag{94}$$

Aus der Darstellung (94) lesen wir folgende Eigenschaften des kovarianten Krümmungstensors ab (vgl. Aufgabe 4):

$$R_{hijk} = -R_{ihjk} = -R_{hikj} = R_{kjih}, \tag{95_1}$$

$$R_{hijk} + R_{hjki} + R_{hkij} = 0. \tag{95_2}$$

Nach (95_1) verschwinden von den n^4 Komponenten des Tensors eine große Anzahl, viele unterscheiden sich nur im Vorzeichen.

Beispiel

(4.7) *Kovarianter Krümmungstensor in einem Punkt einer Fläche des Anschauungsraumes.* Nach (19) gilt $K = g^{-1}L = g^{-1}R_{2112}$, also $R_{2112} = L$. Über die $2^4 = 16$ Komponenten R_{hijk} können nach (95) folgende Aussagen gemacht werden:

a) $R_{11jk} = R_{22jk} = 0$ wegen $R_{hijk} = -R_{ihjk}$, d. h., acht Komponenten verschwinden,

b) $R_{hi11} = R_{hi22} = 0$ wegen $R_{hijk} = -R_{hikj}$, d. h., weitere vier Komponenten verschwinden,

c) $R_{2112} = L = R_{1221}$ wegen $R_{hijk} = R_{jkhi}$,

d) $R_{1212} = -L = R_{2121}$ nach c) wegen $R_{hijk} = -R_{ihjk} = -R_{kjhi}$.

Die Regeln (95) haben aber auch interessante Folgerungen bei der Anwendung des Tensors auf Vektoren des Tangentialraumes

$$R(x, x, y, z) = R_{hijk} x^h x^i y^j z^k;$$

wenn wir j und k festlassen, dann gilt

$$R_{hijk} x^h x^i = R_{11jk} x^1 x^1 + R_{12jk} x^1 x^2 + R_{21jk} x^2 x^1 + R_{22jk} x^2 x^2$$

$$= R_{12jk} x^1 x^2 - R_{12jk} x^2 x^1 = 0,$$

d. h.

$$R(x, x, y, z) = 0. \tag{95'}$$

Ganz analog ergibt sich

$$R(x, y, z, z) = 0. \tag{95''}$$

Diese Folgerungen aus (95_1), die sich sofort auf den n-dimensionalen Fall übertragen lassen, werden wir auch bald ausnutzen.

Bevor wir zu dem angekündigten Übergang vom kovarianten Krümmungstensor zu Skalaren durch Belegung mit Vektoren aus $T(P)$ kommen, wollen wir (19) unter speziellen Voraussetzungen umdeuten: Wenn im betrachteten Punkt der Fläche P_1 und P_2 zueinander senkrechte Einheitsvektoren sind, dann gilt $g_{11} = g_{22} = 1$, $g_{12} = g_{21} = 0$, $g = 1$ und

$$R(P_2, P_1, P_1, P_2) = R_{2112} \cdot 1 \cdot 1 \cdot 1 \cdot 1 = R_{2112} = K.$$

Sind nun a und b zwei aufeinander senkrecht stehende Einheitsvektoren des Tangentialraumes $T(P)$ in einem Punkt P eines beliebigen Riemannschen Raumes, dann setzen wir

$$K(a, b) := R(b, a, a, b) = R_{hijk} b^h a^i a^j b^k. \tag{96}$$

Es gilt nun der bemerkenswerte

Satz 4.3. *$K(a, b)$ hängt nur von der durch a, b bestimmten Ebene ab, d. h., es gilt*

$$K(a, b) = K(\bar{a}, \bar{b}),$$

wenn $\bar{a}$, $\bar{b}$ zueinander senkrechte, von a, b abhängige Einheitsvektoren sind.

Beweis. Es sei $\bar{a} = \alpha a + \beta b$ und $\bar{b} = \gamma a + \delta b$. Da es sich um zueinander senkrechte Einheitsvektoren handelt, gilt

$$1 = g_{ij} \bar{a}^i \bar{a}^j = \alpha^2 g_{ij} a^i a^j + 2\alpha\beta g_{ij} a^i b^j + \beta^2 g_{ij} b^i b^j = \alpha^2 + \beta^2,$$

$$0 = g_{ij} \bar{a}^i \bar{b}^j = \alpha\gamma + \beta\delta \quad \text{und} \quad 1 = g_{ij} \bar{b}^i \bar{b}^j = \gamma^2 + \delta^2.$$

Daraus folgt $(\gamma, \delta) = (\beta, -\alpha)$ oder $(\gamma, \delta) = -(\beta, -\alpha)$; wegen $R(\bar{b}, \bar{a}, \bar{a}, \bar{b}) = R(-\bar{b}, \bar{a}, \bar{a}, -\bar{b})$ nach (96) dürfen wir o. B. d. A. $(\gamma, \delta) = (\beta, -\alpha)$ voraussetzen. Dann gilt nach (95)

$$
\begin{aligned}
K(\bar{a}, \bar{b}) &= R_{hijk}\bar{b}^h\bar{a}^i\bar{a}^j\bar{b}^k = R_{hijk}(\beta a^h - \alpha b^h)(\alpha a^i + \beta b^i)\,\bar{a}^j\bar{b}^k \\
&= \beta^2 R_{hijk}a^h b^i \bar{a}^j\bar{b}^k - \alpha^2 R_{hijk}b^h a^i\bar{a}^j\bar{b}^k \\
&= -\beta^2 R_{ihjk}b^i a^h\bar{a}^j\bar{b}^k - \alpha^2 R_{hijk}b^h a^i\bar{a}^j\bar{b}^k \\
&= -R_{hijk}b^h a^i\bar{a}^j\bar{b}^k .
\end{aligned}
$$

Entsprechend ergibt sich

$$-R_{hijk}b^h a^i\bar{a}^j\bar{b}^k = R_{hijk}b^h a^i a^j b^k = K(a, b),$$

w. z. b. w.

Die Größe $K(a, b)$ wird *Riemannsche Krümmung* oder *Schnittkrümmung* genannt; sie kann nämlich als Gaußsche Krümmung einer Fläche gedeutet werden, für die a und b in P die Tangentialebene aufspannen. So kann man sich einen Eindruck von der durch R_{hijk} repräsentierten Krümmung in P über Schnittkrümmungen verschaffen, wie wir uns die Gaußsche Krümmung in einem Flächenpunkt über die Krümmung von Flächenkurven erarbeitet hatten.

Bei einer gegebenen orthonormierten Basis gibt es $\dfrac{n(n-1)}{2}$ Schnittkrümmungen bezüglich der Koordinatenebenen. Trotzdem können nach (95) die n^4 Komponenten des kovarianten Krümmungstensors mit Hilfe dieser Schnittkrümmungen und der Schnittkrümmungen bezüglich gewisser Symmetrieebenen von Koordinatenebenen bestimmt werden: Es sei $e_{(1)}, \ldots, e_{(n)}$ orthonormierte Basis und $R_{hijk} = R(e_{(h)}, e_{(i)}, e_{(j)}, e_{(k)})$. Nach (95′) und (95″) gilt

$$R_{iijk} = R_{hijj} = 0. \tag{95*}$$

Falls bei R_{hijk} nicht nur voneinander verschiedene Indizes vorhanden sind, brauchen wir nach (95*) und (95_1) nur noch den Fall $h = k \neq i, j$ zu betrachten; für $i = j$ ergibt sich $K_{hi} := K(e_{(h)}, e_{(i)})$, für $i \neq j$ wegen $e_{(h)} \perp e_{(i)} + e_{(j)}$, $g(e_{(i)} + e_{(j)}, e_{(i)} + e_{(j)}) = 2$ und

$$R(e_{(h)}, e_{(i)} + e_{(j)}, e_{(i)} + e_{(j)}, e_{(h)}) = R_{hiih} + R_{hijh} + R_{hjih} + R_{hjjh}$$

nach (95_1)

$$R_{hijh} = K\left(e_h, \frac{e_{(i)} + e_{(j)}}{\sqrt{2}}\right) - \frac{1}{2}(K_{hi} + K_{hj}) = R_{ihhj}. \tag{95**}$$

Falls R_{hijk} nur paarweise verschiedene Indizes besitzt, betrachten wir zunächst

$$R(e_{(h)}, e_{(i)} + e_{(j)}, e_{(i)} + e_{(j)}, e_{(k)}) = R_{hiik} + R_{hijk} + R_{hjik} + R_{hjjk},$$

$$R(e_{(h)}, e_{(i)} + e_{(k)}, e_{(j)}, e_{(i)} + e_{(k)}) = R_{hiji} + R_{hijk} + R_{hkji} + R_{hkjk}$$

$$0 = R_{hijk} + R_{hikj}.$$

Nach Addition dieser Gleichungen erhalten wir unter Berücksichtigung von (95_1) und (95_2)

$$\begin{aligned} 3R_{hijk} = 2\Bigg(R\left(e_{(h)}, \frac{e_{(i)} + e_{(j)}}{\sqrt{2}}, \frac{e_{(i)} + e_{(j)}}{\sqrt{2}}, e_{(k)}\right) \\ - R\left(e_h, \frac{e_{(i)} + e_{(k)}}{\sqrt{2}}, \frac{e_{(i)} + e_{(k)}}{\sqrt{2}}, e_{(j)}\right)\Bigg) \\ - R_{hiik} - R_{hjjk} + R_{hiij} + R_{hkkj}. \end{aligned} \tag{95***}$$

Nun ist es nicht mehr schwer, R_{hijk} mit Hilfe von Schnittkrümmungen bezüglich der Vektoren $e_{(\alpha)}$ und $\dfrac{e_{(\beta)} + e_{(\gamma)}}{\sqrt{2}}, \beta \neq \gamma$, darzustellen (vgl. (95**)), w. z. b. w.

Die Riemannsche Krümmung $K(a, b)$ ist im allgemeinen vom betrachteten Punkt und der von a, b aufgespannten Ebene abhängig. Um einen Krümmungsbegriff zu erhalten, der nur von $u^1, \ldots, u^n$ abhängt, können verschiedene Wege eingeschlagen werden. Es liegt nahe, wie in der Flächentheorie gewisse Mittelbildungen ins Auge zu fassen; diesen Weg werden wir weiter unten beschreiten. Ein anderer Weg nutzt die Mittel der Tensoralgebra aus: Durch Verjüngung von R^i_{ijk} erhalten wir in Form von

$$R_{ij} := R^s_{ijs} \tag{97}$$

den *Ricci-Tensor* und dann durch Überschiebung und Verjüngung

$$R := g^{ij} R_{ij}, \tag{98}$$

die *skalare Krümmung* im betrachteten Punkt, früher meist Krümmungsskalar genannt. Im folgenden sollen beide Bildungen, die als Tensoren Invarianten sind, mit Hilfe von $K(a, b)$ gedeutet werden.

Ein n-Bein $e_{(1)}, \ldots, e_{(n)}$ in $T(P)$ gibt Anlaß, das arithmetische Mittel der Riemannschen Krümmungen $K_{rs} = K(e_{(r)}, e_{(s)})$ für die $n - 1$ Koordinatenebenen durch die r-te Achse des n-Beins zu betrachten:

$$K_r := \frac{1}{n-1} \sum_{s=1}^{n} K_{rs}; \tag{99}$$

dabei bezeichnet $K_{rr} := R_{hijk} e^h_{(r)} e^i_{(r)} e^j_{(r)} e^k_{(r)} = 0$.

Satz 4.4. *Das arithmetische Mittel* (99) *ist von* $e_{(1)}, \ldots, e_{(r-1)}, e_{(r+1)}, \ldots, e_{(r)}$ *unabhängig, d. h., es gilt*

$$K_r = \frac{1}{n-1} \sum_{s=1}^{n} K(e_{(r)}, \bar{e}_{(s)}),$$

wenn $\bar{e}_{(1)}, \ldots, \bar{e}_{(n)}$ *ein n-Bein mit* $\bar{e}_{(r)} = e_{(r)}$ *ist.*

Zusatz. *Es gilt* $K_r = \dfrac{1}{n-1} R_{ij} e^i_{(r)} e^j_{(r)}$.

Beweis. Die Koordinaten $e^i_{(r)}$ der Vektoren $e_{(1)}, \ldots, e_{(n)}$ bilden eine n-reihige quadratische Matrix A. Da es sich um paarweise senkrechte Einheitsvektoren handelt, ist $A^{\mathsf{T}}(g_{ij})\,A$ gleich der n-reihigen Einheitsmatrix E_n. Daraus folgt $A^{\mathsf{T}}(g_{ij}) = A^{-1}$, $(g_{ij}) = (A^{\mathsf{T}})^{-1}A^{-1} = (AA^{\mathsf{T}})^{-1}$ und schließlich $(g^{hk}) = (g_{ij})^{-1} = AA^{\mathsf{T}}$, d. h.

$$g^{hk} = \sum_{r=1}^{n} e^h_{(r)} e^k_{(r)}. \tag{100}$$

Nun können wir bequem K_r berechnen, indem wir neben (99) noch (96) und (100) benutzen:

$$K_r = \frac{1}{n-1} \sum_{s=1}^{n} K_{rs} = \frac{1}{n-1} \sum_{s=1}^{n} R_{hijk} e^h_{(s)} e^i_{(r)} e^j_{(r)} e^k_{(s)}$$

$$= \frac{1}{n-1} R_{hijk} g^{hk} e^i_{(r)} e^j_{(r)} = \frac{1}{n-1} R^k_{ijk} e^i_{(r)} e^j_{(r)} = \frac{1}{n-1} R_{ij} e^i_{(r)} e^j_{(r)}.$$

Damit ist der Zusatz bewiesen, aus dem der Satz unmittelbar folgt, w. z. b. w.

Das arithmetische Mittel der $K(e_{(r)}, e_{(s)})$ über alle $\dfrac{n(n-1)}{2}$ Koordinatenebenen steht in einem engen Zusammenhang zur skalaren Krümmung R, denn es gilt

$$R = \sum_{r,s=1}^{n} K_{rs} \tag{101}$$

(vgl. Aufgabe 3).

Ricci-Tensor und skalare Krümmung spielen in der allgemeinen Relativitätstheorie eine bedeutende Rolle, dort wird der *Einstein-Tensor*

$$E_{ij} := R_{ij} - \frac{R}{2} g_{ij} \tag{102}$$

betrachtet. Im Fall $R_{ij} = cg_{ij}$ spricht man von *Einsteinräumen.*

Aufgaben

1. Man begründe, daß vermöge (102) ein Tensor definiert wird.
2. Man stelle in der Flächentheorie ($n = 2$) die Gaußsche Krümmung mittels des Krümmungsskalars R dar.
3. Man bestätige (101) mit Hilfe des Zusatzes vom Satz 4.4 und der Beziehung (100).
4. Man überprüfe die Gültigkeit von (95).

4.9. Räume konstanter Krümmung

Die Riemannsche Krümmung (96) ist im allgemeinen vom betrachteten Punkt P und der Wahl eines zweidimensionalen Unterraumes (kurz: einer Ebene) von $T(P)$ abhängig. Ein Riemannscher Raum ist genau dann ein (Riemannscher) *Raum konstanter Krümmung*, wenn $K_P(a, b) = K_{\overline{P}}(\bar{a}, \bar{b})$ für alle Punkte $P, \overline{P}$ und durch a, b bzw. $\bar{a}, \bar{b}$ aufgespannte Ebenen gilt.

Beispiele

(4.8) Die *Euklidischen Räume* E^n mit $g_{ij} = \delta_{ij}$. Nach (81) verschwinden alle Christoffelsymbole, so daß nach (92) alle Komponenten des Krümmungstensors und nach (93) sämtliche Komponenten des kovarianten Krümmungstensors gleich null sind. Somit gilt nach (96) auch noch $K_P(a, b) = 0$. Dieses Resultat kann natürlich andererseits unmittelbar gewonnen werden, denn die Ebenen durch P sind Flächen verschwindender Gaußscher Krümmung.

(4.9) Die *n-Sphäre* S^n_R mit der Metrik δ_{ij} für den E^{n+1}. Da es stets eine Bewegung β gibt, für die bei gegebenen Punkten $P, \overline{P}$ und Tangentenvektoren $a, b, \bar{a}, \bar{b}$ (wegen $|v(OP)| = |v(O\overline{P})| = R, \quad a, b \perp v(OP)$ und $\bar{a}, \bar{b} \perp v(O\overline{P})$)

$$\overline{P} = P^\beta, \qquad \overline{P} + \bar{a} = (P + a)^\beta, \qquad \overline{P} + \bar{b} = (P + b)^\beta$$

gilt, haben wir konstante Krümmung. Ihren Wert können wir etwa im Punkt $(R, 0, \ldots, 0)$ für $a = (0, 1, 0, \ldots, 0)$ und $b = (0, 0, 1, 0, \ldots, 0)$ bestimmen. Weil der E^3 mit der Gleichung $u^4 = \cdots = u^n = 0$ aus S^n_R die (zweidimensionale) Kugel $(u^1)^2 + (u^2)^2 + (u^3)^2 = R^2$ herausschneidet, die $(R, 0, \ldots, 0)$ enthält und für die a, b Tangentenvektoren sind, ist ihre Gaußsche Krümmung, nämlich $1/R^2$, gleichzeitig die konstante Krümmung der n-Sphäre S^n_R.

Eine rechnerische Bestätigung dieses Ergebnisses kann auch folgendermaßen erreicht werden: Wir betrachten etwa für die „nördliche Halbsphäre" eine Karte mit den Parametern $u^1, \ldots, u^n$ aus E^n, wobei natürlich

$$(u^{n+1})^2 = R^2 - (u^1)^2 - \cdots - (u^n)^2 \tag{103}$$

ist. Für das Tensorfeld $g_{ij} = g_{ij}(u^1, \ldots, u^n)$ muß

$$g_{ij}\dot{u}^i\dot{u}^j = (\dot{u}^1)^2 + \cdots + (\dot{u}^{n+1})^2$$

gelten, wobei $(\dot{u}^{n+1})^2$ aus (103) bestimmt wird:

$$2u^{n+1}\dot{u}^{n+1} = -2u^1\dot{u}^1 - \cdots - 2u^n\dot{u}^n,$$

folglich, wenn wir $a_{ij} := u^i u^j$ setzen,

$$(\dot{u}^{n+1})^2 = (u^{n+1})^{-2}\,(u^1\dot{u}^1 + \cdots + u^n\dot{u}^n)^2 = (u^{n+1})^{-2}\,a_{ij}\dot{u}^i\dot{u}^j,$$

d. h. für das zu bestimmende Tensorfeld mit $R^2 = K^{-1}$

$$g_{ij} = \delta_{ij} + \left(\frac{1}{K} - (u^1)^2 - \cdots - (u^n)^2\right)^{-1} u^i u^j. \tag{104}$$

Die Ermittlung von K nach (96) ist recht aufwendig, deshalb wollen wir $K(a, b)$ nur im Nordpol $(u^1 = u^2 = \cdots = u^n = 0)$ errechnen: Zunächst gilt

$$g_{rs,t} = \frac{\delta_{rt}u^s + \delta_{st}u^r}{(u^{n+1})^2} + 2\,\frac{u^r u^s u^t}{(u^{n+1})^4};$$

im Nordpol verschwinden diese partiellen Ableitungen, so daß dort nach (81) alle Christoffelsymbole gleich null sind. Somit vereinfacht sich die Berechnung der Komponenten des kovarianten Krümmungstensors gemäß (94): Wir erhalten für $u^1 = u^2 = \cdots = u^n = 0$

$$g_{hj,i,k} = K(\delta_{hi}\delta_{jk} + \delta_{hk}\delta_{ij}) = g_{ik,h,j},$$

$$g_{ij,h,k} = K(\delta_{hi}\,\delta_{jk} + \delta_{hj}\,\delta_{ik}) = g_{hk,i,j}$$

und folglich

$$R_{hijk} = K(\delta_{hk}\delta_{ij} - \delta_{hj}\delta_{ik}). \tag{105}$$

Da im Nordpol für Vektoren des Tangentialraumes $g_{ij}x^i y^j = \delta_{ij}x^i y^j$ gilt, erhalten wir für zueinander senkrechte Einheitsvektoren x und y nach (96)

$$K(x, y) = R_{hijk}y^h x^i x^j y^k = K(\delta_{hk}\delta_{ij} - \delta_{hj}\delta_{ik})\, y^h x^i x^j y^k = K.$$

Bei dieser Rechnung wurde nicht benötigt, daß K positiv ist. Wir erhalten also

(4.10) *Räume konstanter negativer Krümmung* K, wenn wir (104) mit $K < 0$ verwenden. Dazu gehören

$$(u^1)^2 + \cdots + (u^n)^2 - (u^{n+1})^2 = K^{-1}$$

und

$$g_{ij}\dot{u}^i\dot{u}^j = (\dot{u}^1)^2 + \cdots + (\dot{u}^n)^2 - (\dot{u}^{n+1})^2.$$

Zusammenfassend können wir zunächst feststellen, daß *zu jeder reellen Zahl K ein Raum konstanter Krümmung K gehört.*

Die Räume konstanter Krümmung besitzen eine ganze Reihe besonderer Eigenschaften, von denen wir die *freie Beweglichkeit* — zu je zwei Punkten $P, \bar{P}$ und n-Beinen $e_{(1)}, \ldots, e_{(n)}$ bzw. $\bar{e}_{(1)}, \ldots, \bar{e}_{(n)}$ in P bzw. $\bar{P}$ gibt es Umgebungen U_P bzw. $U_{\bar{P}}$ und eine Isometrie α von U_P auf $U_{\bar{P}}$ mit $P^\alpha = \bar{P}$ und $e^\alpha_{(r)} = \bar{e}_{(r)}$ — hier herausstellen möchten. Vom Standpunkt des Physikers Hermann von Helmholtz (1821—1894) ist die freie Beweglichkeit von Maßstäben die Grundlage jeglicher Längenmessung; danach kämen nur Räume konstanter Krümmung als mathematische Modelle für den Kosmos in Frage. Die Argumentation setzt ein positiv definites Tensorfeld $g_{ij} = g_{ij}(u^1, u^2, u^3)$ für den dreidimensionalen Raum voraus. Die allgemeine Relativitätstheorie von Albert Einstein (1879—1955) für die vierdimensionale Raum-Zeit kann diese Voraussetzung nicht gestatten; nach ihr führt die Forderung nach freier Beweglichkeit von dreidimensionalen Maßstäben in der vierdimensionalen Raum-Zeit nicht mehr zu Räumen konstanter Krümmung. *Das mathematische Modell des Kosmos ist kein Raum konstanter Krümmung.* Mitunter wird die Aussage dahingehend präzisiert, daß im wesentlichen eine euklidische Metrik vorliegt, die lediglich in der Umgebung größerer Massen merklich davon abweicht; daneben wurden auch andere kosmologische Modelle vorgeschlagen und diskutiert. Trotzdem wollen wir uns noch etwas mit den Räumen konstanter Krümmung befassen.

Die obige Behauptung über die lokale freie Beweglichkeit eines Raumes konstanter Krümmung bedarf zu ihrem Beweis einiger Vorbereitungen, denen wir uns zunächst zuwenden. Mit Hilfe des kovarianten Krümmungstensors haben wir die Riemannschen Krümmungen $K(a, b)$ bestimmt; wenn wir ein n-Bein $e_{(1)}, \ldots, e_{(n)}$ auszeichnen, dann gibt es $n(n-1)/2$ Werte

$K_{rs} = K(e_{(r)}, e_{(s)})$. Wir fragen nun, warum mit Hilfe von diesen Werten und weiteren Schnittkrümmungen die n^4 Komponenten des Krümmungstensors R_{hijk} bestimmt werden konnten? Die Herleitung von (95*) bis (95***) beruhte ausschließlich auf den Symmetrieeigenschaften (95) des Krümmungstensors. In jedem Riemannschen Raum besitzt der Tensor

$$G_{hijk} := g_{hk}g_{ij} - g_{hj}g_{ik}$$

dieselben Symmetrieeigenschaften, es gilt nämlich offenbar

$$G_{hijk} = -G_{ihjk} = -G_{hikj} = G_{kjih},$$

$$G_{hijk} + G_{hjki} + G_{hkij} = 0;$$

folglich wird auch er durch seine Schnittkrümmungen vollständig bestimmt: Ist a, b ein orthonormiertes Vektorpaar aus $T(P)$, dann gilt

$$G(b, a, a, b) = 1 \cdot 1 - 0 \cdot 0 = 1.$$

Daraus folgt

Lemma 4.5. *Wenn in einem Punkt P eines Riemannschen Raumes $K(a, b)$ für $a, b \in T(P)$ stets ein und dieselbe Zahl K ergibt, dann gilt in P*

$$R_{hijk} = K \cdot (g_{hk}g_{ij} - g_{hj}g_{ik}).\text{[1]} \tag{106}$$

Mit Hilfe dieses Lemmas beweisen wir den

Satz 4.6. *Je zwei n-dimensionale Riemannsche Räume ein und derselben konstanten Krümmung K sind lokal isometrisch.*

Folgerung. *Jeder Raum konstanter Krümmung ist lokal isometrisch zu einem Raum der Beispiele* (4.8) *bis* (4.10).

Beweis. Es seien P und $\overline{P}$ beliebige Punkte und $e_{(1)}, \ldots, e_{(n)}$ und $\bar{e}_{(1)}, \ldots, \bar{e}_{(n)}$ beliebige n-Beine in $T(P)$ bzw. in $T(\overline{P})$. Wir suchen Umgebungen U_P und $U_{\overline{P}}$ sowie eine isometrische Abbildung α von U_P auf $U_{\overline{P}}$, d. h.,

---

[1]) Werden hier die Komponenten R_{hijk} bezüglich einer orthonormierten Basis $e_{(1)}, \ldots, e_{(n)}$ bestimmt, dann gilt für $h \neq i$

$$R_{hiih} = K = R_{ihhi}, \qquad R_{hihi} = -K = R_{ihih},$$

während alle übrigen Komponenten nach (95*), (95**) und (95***) verschwinden. Die Komponenten bezüglich einer anderen Basis können nach (106) oder einer Koordinatentransformation gewonnen werden.

wenn α^{-1} die Koordinatendarstellung $u^i = u^i(\bar{u}^1, \ldots, \bar{u}^n)$ hat, muß nach (82) und (66′)

$$\bar{g}_{ij} = g_{rs} a_i^r a_j^s, \qquad a_i^r = \frac{\partial u^r}{\partial \bar{u}^i}, \tag{107}$$

gelten. Ohne Beschränkung der Allgemeinheit seien die Koordinatensysteme so gewählt, daß P und $\bar{P}$ Koordinatenursprünge und die gegebenen n-Beine die ausgezeichneten Basen sind. Dann haben wir für (107) die Anfangsbedingungen

$$g_{ij}(0, \ldots, 0) = \bar{g}_{ij}(0, \ldots, 0) = \delta_{ij}, \qquad a_i^r(0, \ldots, 0) = \delta_i^r. \tag{108}$$

Indem wir die Integrabilität von $\dfrac{\partial u^r}{\partial \bar{u}^i} = a_i^r$, nämlich $a_{i,j}^r = a_{j,i}^r$, voraussetzen, erhalten wir aus (107) wegen

$$\bar{g}_{ij,k} = g_{rs,t} a_k^t a_i^r a_j^s + g_{rs} a_{i,k}^r a_j^s + g_{rs} a_i^r a_{j,k}^s$$

die Gleichungskette

$$a_\beta^\alpha \bar{\Gamma}_{ij}^\beta = a_\beta^\alpha \cdot \frac{1}{2} \bar{g}^{\beta k}(-\bar{g}_{ij,k} + \bar{g}_{jk,i} + \bar{g}_{ki,j})$$

$$= \frac{1}{2} a_\beta^\alpha \bar{a}_\gamma^\beta \bar{a}_\delta^k g^{\gamma\delta}(-g_{rs,t} a_i^r a_j^s a_k^t - g_{rs} a_{i,k}^r a_j^s - g_{rs} a_i^r a_{j,k}^s$$

$$+ g_{rs,t} a_j^r a_k^s a_i^t + g_{rs} a_{j,i}^r a_k^s + g_{rs} a_j^r a_{k,i}^s$$

$$+ g_{rs,t} a_k^r a_i^s a_j^t + g_{rs} a_{k,j}^r a_i^s + g_{rs} a_k^r a_{i,j}^s)$$

$$= \frac{1}{2} g^{\alpha\delta}(-g_{rs,\delta} + g_{s\delta,r} + g_{\delta r,s})\, a_i^r a_j^s + a_{i,j}^\alpha = \Gamma_{rs}^\alpha a_i^r a_j^s + a_{i,j}^\alpha$$

und damit das Differentialgleichungssystem

$$a_{i,j}^h = \bar{\Gamma}_{ij}^k a_k^h - \Gamma_{rs}^h a_i^r a_j^s, \qquad a_i^h = \frac{\partial u^h}{\partial \bar{u}^i}, \tag{107′}$$

Umgekehrt erfüllt jede Lösung von (107′) nach obiger Rechnung zumindest die Beziehung $\bar{g}_{ij} - g_{rs} a_i^r a_j^s = c_{ij}$ mit konstanten Gliedern c_{ij}; wegen der Anfangsbedingung (108) gilt $c_{ij}(0, \ldots, 0) = 0$ und somit (107). Es genügt also, statt der Lösbarkeit von (107) die von (107′) zu ermitteln.

Um die Gültigkeit der Integrabilitätsbedingungen von (107') festzustellen, betrachten wir $a^p_{i,j,k} - a^p_{i,k,j}$. Da wir die Gleichungen (107) und (107') verwenden dürfen, erhalten wir nach einigen Umformungen

$$a^p_{i,j,k} - a^p_{i,k,j} = a^p_q \bar{R}^q_{ijk} - R^p_{rst} a^r_i a^s_j a^t_k.$$

Überschieben wir die rechte Seite mit $g_{op} a^o_h$, dann erhalten wir

$$\bar{R}_{hijk} - R_{orst} a^o_h a^r_i a^s_j a^t_k. \tag{109}$$

Da nach Voraussetzung

$$\bar{R}_{hijk} = K(\bar{g}_{hk}\bar{g}_{ij} - \bar{g}_{hj}\bar{g}_{ik}), \qquad R_{orst} = K(g_{ot}g_{rs} - g_{os}g_{rt})$$

gilt, verschwindet der Ausdruck (109) und damit die Differenz $a^p_{i,j,k} - a^p_{i,k,j}$, d. h., daß die Integrabilitätsbedingungen von (107') erfüllt sind, w. z. b. w.

Als Folgerung erhalten wir nun den

Satz 4.7. *Die Räume konstanter Krümmung können durch freie Beweglichkeit charakterisiert werden.*

Beweis. Die Räume konstanter Krümmung gestatten nach dem Satz 4.6 freie Beweglichkeit. Besitzt umgekehrt ein Riemannscher Raum die Eigenschaft der freien Beweglichkeit, dann müssen alle Schnittkrümmungen einander gleich sein; mithin ist der Raum von konstanter Krümmung, w. z. b. w.

Anhang. Die Identität von Bianchi und ein Satz von F. Schur über Räume konstanter Krümmung[1])

Wir setzen im folgenden voraus, daß alle g_{ij} dreimal stetig differenzierbar sind. Für den Beweis des Schurschen Satzes benutzen wir die *Identität von Bianchi*

$$R_{hijk;l} + R_{hikl;j} + R_{hilj;k} = 0.$$

Zum Beweis der Gleichung dürfen wir im betrachteten Punkt P o. B. d. A. $\Gamma^r_{st} = 0$ voraussetzen (vgl. die Fußnote auf S. 107). Dann stimmt dort die kovariante Ableitung mit der partiellen überein, und nach (94) gilt wegen

[1]) Luigi Bianchi (1856–1928); Friedrich Heinrich Schur (1856–1923).

der Vertauschbarkeit der Differentiationsreihenfolge

$$
\begin{aligned}
&- 2(R_{hijk;l} + R_{hikl;j} + R_{hilj;k}) \\
&= g_{hk,i,j,l} - g_{hj,i,k,l} + g_{ij,h,k,l} - g_{ik,h,j,l} \\
&\quad + g_{hl,i,k,j} - g_{hk,i,l,j} + g_{ik,h,l,j} - g_{il,h,k,j} \\
&\quad + g_{hj,i,l,k} - g_{hl,i,j,k} + g_{il,h,j,k} - g_{ij,h,l,k} = 0 .
\end{aligned}
$$

Als Tensorgleichung hat die Identität von BIANCHI invariante Bedeutung, w. z. b. w.

Wenn die Riemannsche Krümmung in jedem Punkt konstant ist, dann gilt nach dem Lemma 4.5

$$R_{hijk} = K(u^1, \ldots, u^n)\,(g_{hk}g_{ij} - g_{hj}g_{ik}) .$$

Unter Berücksichtigung des Lemmas von RICCI verschwindet

$$K_{,l}(g_{hk}g_{ij} - g_{hj}g_{ik}) + K_{,j}(g_{hl}g_{ik} - g_{hk}g_{il}) + K_{,k}(g_{hj}g_{il} - g_{hl}g_{ij}) ,$$

so daß nach Überschiebung mit g^{jh} wegen $g^{jh}g_{hj} = n$

$$
\begin{aligned}
&K_{,l}(g_{ik} - ng_{ik}) + K_{,j}(\delta^j_l g_{ik} - \delta^j_k g_{il}) + K_{,k}(ng_{il} - g_{il}) \\
&= -(n-1)\,K_{,l}g_{ik} + (K_{,l}g_{ik} - K_{,k}g_{il}) + (n-1)\,K_{,k}g_{il} \\
&= (n-2)\,(K_{,k}g_{il} - K_{,l}g_{ik}) = 0
\end{aligned}
$$

folgt. Im Fall $n > 2$ gilt

$$K_{,k}g_{il} = K_{,l}g_{ik} ,$$

woraus nach Überschieben mit g^{fi}

$$K_{,k}\delta^f_l = K_{,l}\delta^f_k$$

entsteht, d. h. $K_{,l} = 0$ für $f = k \neq l$. Folglich haben wir den

Satz von F. SCHUR (1886). *Ist die Riemannsche Krümmung in jedem Punkt eines Riemannschen Raumes einer Dimension $n > 2$ konstant, dann liegt ein Raum konstanter Krümmung vor.*

Hierbei handelt es sich nicht nur um ein bemerkenswertes Kriterium für Räume konstanter Krümmung, sondern auch um eines der zahlreichen Beispiele der Sonderrolle der Dimension 2 in der Geometrie: Schon für

Flächen des Anschauungsraumes gilt $K = K(u^1, u^2)$, aber es gibt Flächen nichtkonstanter Gaußscher Krümmung.

4.10. Finslersche Räume

In den letzten Abschnitten wurde ein Bild von der Geometrie skizziert, die heute zu Ehren von BERNHARD RIEMANN benannt wird. Es ist bewunderungswürdig, wie er in seiner Probevorlesung den Begriff entwickelt, die wesentlichen Aussagen über die Krümmung unter Einschluß der Bedeutung von $n(n-1)/2$ Schnittkrümmungen und bei positiv definiter Maßbestimmung die Konsequenzen der freien Beweglichkeit darlegt. In [19] lesen wir außerdem: „„... noch kompliziertere Verhältnisse können eintreten, wenn die vorausgesetzte Darstellbarkeit eines Linienelementes durch die Quadratwurzel aus einem Differentialausdruck zweiten Grades nicht stattfindet. ... Es muß also entweder das dem Raume zugrunde liegende Wirkliche eine diskrete Mannigfaltigkeit bilden, oder der Grund der Maßverhältnisse außerhalb, in darauf wirkenden bindenden Kräften gesucht werden.

Die Entscheidung dieser Fragen kann nur gefunden werden, indem man von der bisherigen durch die Erfahrung bewährten Auffassung der Erscheinungen, wozu Newton den Grund gelegt, ausgeht und diese durch Tatsachen, die sich aus ihr nicht erklären lassen, getrieben allmählich umarbeitet; solche Untersuchungen, welche, wie die hier geführte, von allgemeinen Begriffen ausgehen, können nur dazu dienen, daß diese Arbeit nicht durch die Beschränktheit der Begriffe gehindert und der Fortschritt im Erkennen des Zusammenhangs der Dinge nicht durch überlieferte Vorurteile gehemmt wird.“

Die hier erahnte Bedeutung seiner Probevorlesung wurde — wie schon erwähnt — in der allgemeinen Relativitätstheorie von A. EINSTEIN glänzend bestätigt. Die folgende stürmische Entwicklung der mathematischen Theorie umfaßte auch die zu Beginn des Zitates klar herausgestellte Möglichkeit einer allgemeineren Maßbestimmung; so hat schon 1918 PAUL FINSLER (geb. 1894) in seiner Dissertation „Über Kurven und Flächen in allgemeinen Räumen“ (ebenfalls in Göttingen) eine Verallgemeinerung vorgelegt, die wir im abschließenden Abschnitt erläutern wollen.

Die Riemannsche Maßbestimmung macht jeden Tangentialraum zu einem Euklidischen Raum; insbesondere gilt „im Kleinen“ der Satz des PYTHAGORAS. (Falls man auf die positive Definitheit verzichtet, erhält man zumindest noch eine pseudoeuklidische Metrik in jedem Tangentialraum.) Hier beginnen wir mit der Erläuterung der Geometrie im Tangentialraum $T(O)$ mit einigen Beispielen. Aus Gründen der physikalischen Dimension kann man statt der sich aus dem Satz des PYTHAGORAS ergebenden Formel für den Einheitskreis in der x,y-Ebene (Abb. 44b)

$$\sqrt{x^2 + y^2} = 1$$

eine Bestimmung der Art

$$|x| + |y| = 1$$

(Abb. 44a) oder — wie schon von RIEMANN genannt —

$$\sqrt[4]{x^4 + y^4} = 1$$

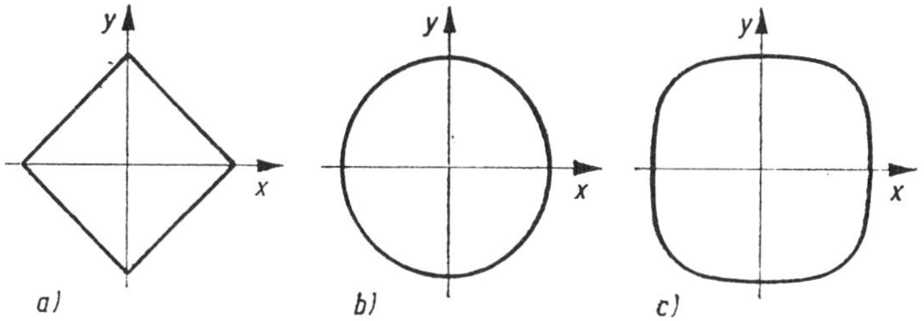

a) b) c)

Abb. 44

(Abb. 44c) betrachten. Allgemein wird eine richtungsabhängige Abstandsfunktion die Einheitskreise beschreiben; die Forderung nach der Gültigkeit der Dreiecksungleichung (für nicht notwendig nicht-kollineare Punkte) ergibt **konvexe** Einheitskreise. Für die Vektoren von $T(O)$ haben wir somit eine Norm mit den Eigenschaften

$$\|x\| = 0 \Rightarrow x = 0, \qquad \|\lambda x\| = |\lambda|\,\|x\|, \qquad \|x + y\| \leqq \|x\| + \|y\|;$$

sie bestimmt eine *Minkowskische Metrik.*[1]) Somit haben wir eine Theorie umrissen, die trotz der merkwürdig anmutenden Einheitskugeln (vgl. Abb. 45a, b) dennoch der Euklidischen Geometrie nächststehend ist: *Eine Minkowskische Metrik ist nämlich schon dann euklidisch, wenn eine der folgenden Bedingungen erfüllt ist* (vgl. [28]):

a) *Es besteht freie Beweglichkeit.*

b) *Es existiert an jeder Geraden eine Spiegelung.*

c) *Je zwei von O ausgehende Halbgeraden können ineinander gedreht werden.*

---

[1]) Eine elementare Einführung in diese Geometrie von HERMANN MINKOWSKI (1864—1909) enthält das vierte Kapitel von [28].

d) *Es gilt der Satz des Pythagoras oder die Parallelogrammbeziehung*

$$\|a + b\|^2 + \|a - b\|^2 = 2(\|a\|^2 + \|b\|^2).$$

Eine differenzierbare Mannigfaltigkeit mit einem richtungsabhängigen Tensorfeld für jede Karte

$$g_{ij} = g_{ij}(u^1, \ldots, u^n; x^1, \ldots, x^n) \tag{110}$$

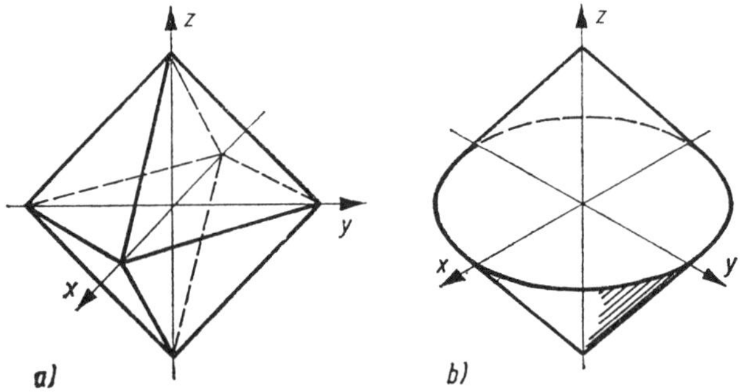

Abb. 45

derart, daß (110) in $T(P(u^1, \ldots, u^n))$ eine Minkowskische Metrik induziert, heißt *Finslerscher Raum.*

In einem Finslerschen Raum wird die *Bogenlänge* mit Hilfe des Integrals

$$\int_{t_0}^{t_1} \sqrt{g_{ij}(u^1, \ldots, u^n; \dot{u}^1, \ldots, \dot{u}^n)\, \dot{u}^i \dot{u}^j}\, dt$$

berechnet. Kürzeste $u^i = u^i(t)$ sind autoparallel

$$\ddot{u}^i + \Gamma^i_{jk}(u^1, \ldots, u^n; \dot{u}^1, \ldots, \dot{u}^n)\, \dot{u}^j \dot{u}^k = 0;$$

dabei gilt $\Gamma^i_{jk} = \frac{g^{ir}}{2}(-g_{jk,r} + g_{kr,j} + g_{rj,k})$, jedoch haben wir die Abhängigkeit von u^i und $\dot{u}^i$ zu beachten. Auf den Beweis können wir aus Raumgründen hier nicht eingehen.

Ein Finslerscher Raum, bei dem für jeden Tangentialraum eine der obigen Bedingungen erfüllt ist, muß ein Riemannscher Raum sein. Falls c) für jeden Tangentialraum zutrifft, ergibt sich also der sogenannte *Satz von Helmholtz*; mit Hilfe der lokalen freien Beweglichkeit, der freien Beweglichkeit von Maßstäben, kam HELMHOLTZ dann zu einer Charakterisierung der Räume konstanter Krümmung.

Die Riemannschen Räume besitzen genau einen mit der Metrik verträglichen affinen Zusammenhang. Existiert ein solcher für einen Finslerschen Raum, dann können wir die Metrik in einem beliebigen Punkt $P = P(u^1, \ldots, u^n)$ aus der Metrik g_{ij} in einem Punkt P_0 mittels einer linearen Abbildung $x_0^k = \alpha_r^k(u^1, \ldots, u^n)\, x^r$ darstellen:

$$g_{ij}(u^1, \ldots, u^n; x^1, \ldots, x^n) = g_{ij}(\alpha_r^1 x^r, \ldots, \alpha_r^n x^r). \tag{111}$$

Ohne Beweis teilen wir mit (Satz von H. Weyl[1])): *Wenn zu jedem nichtausgearteten Tensorfeld* $\alpha_r^k(u^1, \ldots, u^2)$ *die Metrik* (111) *einen verträglichen affinen Zusammenhang besitzt, dann ist sie Riemannsch.*

Die Riemannschen Räume sind spezielle affin zusammenhängende Räume. Für die Finslerschen Räume existiert eine analoge Verallgemeinerung, der *Wegeraum*; in ihm gibt es einen ausgezeichneten Differentiationsprozeß, und es können Parallelverschiebung und Autoparallele erklärt werden. Bezüglich weiterer Eigenschaften eines Wegeraumes sei auf die Literatur verwiesen.

Die logischen Beziehungen zwischen den genannten Raumformen können folgendermaßen in einer Übersicht deutlich gemacht werden:

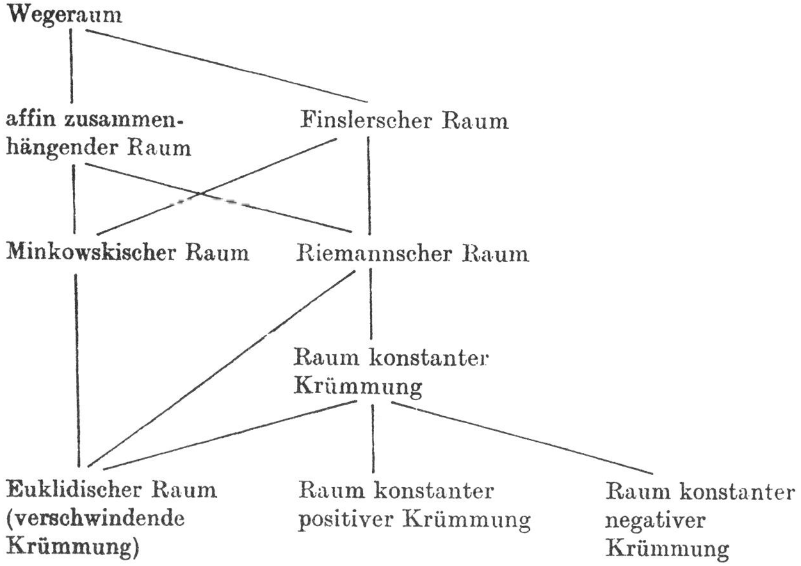

Diese Übersicht möge durch einige historische Daten ergänzt werden. Der Begriff des dreidimensionalen Euklidischen Raumes wurde um 300 v. u. Z.

[1]) Hermann Weyl (1885—1955).

in [6] durch Angabe von Axiomen sowie Postulaten formiert und 1899 von D. Hilbert (1862—1943) präzisiert (vgl. [27]). Die Entdecker der Lobačevskijschen Geometrie, nämlich Gauss (1777—1855), Lobačevskij (1792 bis 1856) und J. Bolyai (1802—1860), sind zwischen 1816 und 1831 auf einen Raum konstanter negativer Krümmung gestoßen. Die berühmte Habilitationsvorlesung von Riemann fand — wie schon oben erwähnt — 1854 statt. Die Idee der Minkowskischen Metrik finden wir 1896 in dem Buch „Geometrie der Zahlen"; das mathematische Gewand der speziellen Relativitätstheorie hat Minkowski kurz vor seinem Tode entwickelt. Die Dissertation von Finsler lag 1918 vor. Die Betrachtung der Parallelverschiebung geht auf Levi-Civita zurück (1917); daran anknüpfend hat Weyl wesentlich zur mathematischen Klärung des Raumbegriffes beigetragen. Das Interesse an allgemeinen Raumtypen wie beispielsweise am Finslerschen Raum von seiten der Physik ist die bedeutendste Triebkraft bei ihrer weiteren mathematischen Untersuchung.

Literatur

Das folgende Verzeichnis enthält keine Zeitschriftenartikel, auch wurden Lehrbuchreihen für Schulen, für Lehrer und Fachhochschulen – z.B. Mathematik für Ingenieure, Naturwissenschaftler, Ökonomen und Landwirte – ausgelassen.

[1] ALEXANDROW, A. D., Die innere Geometrie der konvexen Flächen, Akademie-Verlag, Berlin 1955 (Übersetzung aus dem Russischen).

[2] BAKELMAN, I. Ja., A. L. WERNER i B. E. KANTOR, Wwedenie w differenzialnuju geometriju „w zelom", Nauka, Moskwa 1973.

[3] BLASCHKE, W., und H. REICHARDT, Einführung in die Differentialgeometrie, 2. Aufl., Springer-Verlag, Berlin — Göttingen — Heidelberg 1960.

[4] BREHMER, S., und H. BELKNER, Einführung in die analytische Geometrie und lineare Algebra, 4. Aufl., Deutscher Verlag der Wissenschaften, Berlin/Verlag Harri Deutsch, Frankfurt a. M. — Zürich 1974.

[5] BREHMER, S., und H. HAAR, Differentialformen und Vektoranalysis, Deutscher Verlag der Wissenschaften, Berlin 1973.

[6] EUKLID, Die Elemente, Akademische Verlagsgesellschaft, Leipzig 1933 – 1937 (Übersetzung aus dem Griechischen von CLEMENS THAER).

[7] FICHTENHOLZ, G. M., Differential- und Integralrechnung, Bd. I, 14. Aufl., Bd. II, 10. Aufl., Bd. III, 12. Aufl., Verlag Harri Deutsch, Thun und Frankfurt am Main 1997, 1990 bzw. 1992 (Übersetzung aus dem Russischen).

[8] HAACK, W., Elementare Differentialgeometrie, Birkhäuser-Verlag, Basel und Stuttgart 1955.

[9] HILBERT, D., und S. COHN-VOSSEN, Anschauliche Geometrie, 2. Aufl., Springer-Verlag, Berlin — Göttingen — Heidelberg 1996.

[10] KAMKE, E., Differentialgleichungen I, 10. Auflage, B. G. Teubner, Stuttgart 1983.

[11] KREYSZIG, E., Differentialgeometrie, 2. Aufl., Akademische Verlagsgesellschaft Geest & Portig K.-G., Leipzig 1968.

[12] LAUGWITZ, D., Differentialgeometrie, 3. Aufl., B. G. Teubner Verlagsgesellschaft, Stuttgart 1977.

[13] v. MANGOLD, H., und K. KNOPP, Einführung in die höhere Mathematik, Bd. 1, 16. Aufl., Bd. 2, 15. Aufl., Bd. 3, 15. Aufl., Bd. 4, 3. Aufl., S. Hirzel Verlag, Leipzig/S. Hirzel Verlag, Stuttgart 1978 – 1981.

[14] NORDEN, A. P., Differentialgeometrie, Deutscher Verlag der Wissenschaften, Berlin 1956 (Übersetzung aus dem Russischen).

[15] PICKERT, G., Analytische Geometrie, 7.Aufl., Akademische Verlagsgesellschaft Geest & Portig K.-G., Leipzig 1976.

[16] POGORELOW, A. W., Wneschnjaja geometrija wypuklych powerchnostei, Nauka, Moskwa 1969.

[17] RASCHEWSKI, P. K., Riemannsche Geometrie und Tensoranalysis, 2. Aufl., Verlag Harri Deutsch, Thun und Frankfurt am Main 1995 (Übersetzung aus dem Russischen).
RASCHEWSKI, P. K., Elementare Einführung in die Tensorrechnung, 2. Aufl., Deutscher Verlag der Wissenschaften, Berlin 1966 (Übersetzung aus dem Russischen).
[18] REICHARDT, H., Vorlesungen über Vektor- und Tensorrechnung, 2. Aufl., Deutscher Verlag der Wissenschaften, Berlin 1968.
[19] RIEMANN, B., Über die Hypothesen, welche der Geometrie zu Grunde liegen, 2. Aufl., Verlag von Julius Springer, Berlin 1921 (Neu herausgegeben und erläutert von H. WEYL).
[20] ROTHE, R., Differentialgeometrie I, Walter de Gruyter & Co, Berlin 1944.
[21] STRUBECKER, K., Differentialgeometrie I — III, Walter de Gruyter & Co, Berlin 1955, 1958 bzw. 1959.
[22] SULANKE, R., und P. WINTGEN, Differentialgeometrie und Faserbündel, Deutscher Verlag der Wissenschaften, Berlin/Birkhäuser-Verlag, Basel und Stuttgart 1972.

Ergänzende Literatur zu Kapitel 4

[23] AMBARZUMJAN, V. A., B. G. KUSNEZOW, G. I. NAAN, J.A. SMORODINSKI und R. J. STEINMAN, Philosophische Probleme der modernen Kosmologie, Deutscher Verlag der Wissenschaften, Berlin 1965 (Übersetzung aus dem Russischen).
[24] EINSTEIN, A., Grundzüge der Relativitätstheorie, Akademie-Verlag, Berlin/Pergamon Press, Oxford/Vieweg & Sohn, Braunschweig 1979.
[25] EINSTEIN, A., Über die spezielle und die allgemeine Relativitätstheorie, Akademie-Verlag, Berlin/Pergamon Press, Oxford/Vieweg & Sohn, Braunschweig 1979.
[26] GROMOLL, D., W. KLINGENBERG und W. MEYER, Riemannsche Geometrie im Großen, Springer-Verlag, Berlin — Heidelberg — New York 1968.
[27] HILBERT, D., Grundlagen der Geometrie, 12. Aufl., B. G. Teubner, Stuttgart 1968.
[28] KLOTZEK, B., und E. QUAISSER, Nichteuklidische Geometrie, Deutscher Verlag der Wissenschaften, Berlin 1978.
[29] LIEBSCHER, D.-E., Relativitätstheorie mit Zirkel und Lineal, Akademie-Verlag, Berlin 1977.
[30] RUND, H., The differential geometry of Finsler spaces, Springer-Verlag, Berlin — Göttingen — Heidelberg 1959.
[31] TREDER, H.-J., Elementare Kosmologie, Akademie-Verlag, Berlin 1975.
[32] WEYL, H., Raum · Zeit · Materie, 5. Aufl., Verlag von Julius Springer, Berlin 1923.
[33] WEYL, H., Gesammelte Abhandlungen, Springer-Verlag, Berlin — Heidelberg — New York 1968.

Bezeichnungen und Symbole

max	Maximum 7, 9
min	Minimum 7, 9
inf	untere Grenze, Infimum 8
sup	obere Grenze, Supremum 8
f^{-1}	Umkehrfunktion 8
$U_\rho(x)$	ρ-Umgebung von x 8
$f_{x_i} = \dfrac{\partial f}{\partial x_i}$	partielle Ableitung 10
$\boldsymbol{A} = (a_{ik})$	Matrix 15
$\lvert\boldsymbol{A}\rvert = \lvert a_{ik}\rvert$	Determinante 15
$\boldsymbol{A}^{\mathrm{T}} = (a_{ik})^{\mathrm{T}}$	transponierte Matrix 17
$\boldsymbol{A}^{-1} = (a_{ik})^{-1}$	inverse Matrix 21
$\mathfrak{a} \parallel \mathfrak{b}$	parallele Vektoren 17
$\mathfrak{a} \perp \mathfrak{b}$	orthogonale bzw. senkrechte Vektoren 17
$\mathfrak{a}\mathfrak{b}$	Skalarprodukt 17
$\mathfrak{a} \times \mathfrak{b}$	Vektorprodukt, vektorielles Kreuzprodukt 18
$\mathfrak{a}\mathfrak{b}\mathfrak{c} = D(\mathfrak{a}, \mathfrak{b}, \mathfrak{c})$	Spatprodukt 19
$P + \mathfrak{a}$	Bild von P bei der Verschiebung $\mathfrak{a}$ 19
$\mathfrak{v}(PP') = P' - P$	durch $\overrightarrow{PP'}$ bestimmter Vektor 20
$\rho(\boldsymbol{A})$	Rang von $\boldsymbol{A}$ 21
$P(t)$	Parameterdarstellung einer Kurve 29, 32
$\dot{P}(t)$	Tangentenvektor, erste Ableitung 31f.
$\ddot{P}(t), \dddot{P}(t)$	zweite bzw. dritte Ableitung 32
$\dot{x}(t), \ddot{x}(t), \ldots$	erste, zweite, ... Ableitung 31f.
P'	Tangenten(einheits)vektor 39
P', P'', P'''	Ableitungen nach dem natürlichen Parameter, der Bogenlänge 39
$\mathfrak{t}(s)$	Tangenten(einheits)vektor 41
$\mathfrak{n}(s)$	Hauptnormalenvektor 41
$\mathfrak{b}(s)$	Binormalenvektor 41

$f_{,j}$, $x^i_{,k}$, $l_{i,k}$, $t^{j_1 \ldots j_s}_{i_1 \ldots i_r,k}$	partielle Ableitungen 152, 155, 226ff.
$x^i_{;k}$, $l_{i;k}$, $t^{\cdots}_{\ldots;k}$	kovariante Ableitungen 226ff.
f_M	Karte 212ff.
R^h_{ijk}	gemischter Krümmungstensor 231
R_{hijk}	kovarianter Krümmungstensor 243
R_{ij}	Ricci-Tensor 247
R	Krümmungsskalar 247
U_ρ, $U_{\sigma,\tau}$, U_P	Umgebungen 210
T_2	Hausdorffsches Trennungsaxiom 209

Namen- und Sachverzeichnis